한국의 날도래

The Korean Caddisflies

한국 생물 목록 30
CHECKLIST OF ORGANISMS IN KOREA

한국의 날도래
The Korean Caddisflies

펴낸날 2020년 7월 10일
지은이 강미숙

펴낸이 조영권
만든이 노인향, 백문기
꾸민이 ALL contents group

펴낸곳 자연과생태
주소 서울 마포구 신수로 25-32, 101(구수동)
전화 02) 701-7345~6 **팩스** 02) 701-7347
홈페이지 www.econature.co.kr
등록 제2007-000217호

ISBN 979-11-6450-011-6 96490

한국의 날도래

The Korean Caddisflies

글·사진 강미숙

자연과생태

The Korean Caddisflies

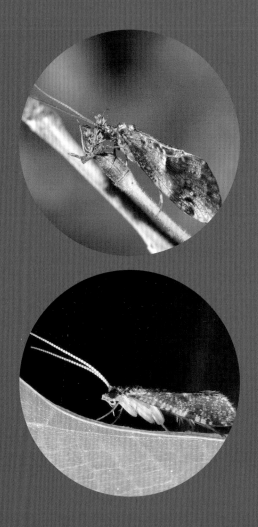

일러두기

- 한반도에 기록된 날도래 가운데 성충을 확인한 149종을 사진과 함께 자세히 소개하고, 성충을 확인하지 못한 105종은 첫 기록과 현황을 정리해 실었다. 기호로 기록된 유충은 해당 과 특징에서 소개했다.

- 25과를 분류하는 검색표를 실었으며 과별로 특징을 설명했다.

- 분류 체계는 국가생물종목록을 기준으로 삼았으며, 최근 연구 결과를 반영했다.

- 수컷 성충을 중심으로 동정했다. 종 소개에서는 동정 기준으로 삼은 날개와 교미기 옆면, 윗면, 아랫면 또는 앞면 사진을 실었다. 교미기는 맨눈 또는 돋보기로 살필 수 있는 범위에서 설명했다. 간혹 암컷 교미기를 실을 때는 '암컷'이라고 표기했다.

- 종 소개 기본 항목으로 성충 몸길이, 출현 시기, 서식지, 홑눈 유무, 작은턱수염 마디 수, 다리 가시 형태를 뽑았다. 여기서 몸길이는 머리부터 날개 끝까지 길이다. 일부 인용한 논문에서 앞날개, 뒷날개 길이만 밝힌 종은 몸길이가 아닌 날개 길이를 나타냈다.

- 기본 항목에 이어 더욱 자세한 내용은 성충, 유충, 번데기, 분류 순서로 설명했다. 다만 유충이나 번데기를 확인하지 못한 종도 있어서 정보 및 설명의 양은 종마다 차이가 난다.

날도래를 처음 만난 것은 2010년 초봄이었다. 얼음이 채 녹지 않은 계곡에서 긴발톱물날도래 유충과 눈맞춤했다. 이후 자연스레 날도래를 보려고 하천을 찾기 시작했고 날도래 무리가 살아가는 모습을 관찰하면 할수록 그 삶을 더욱 알고 싶어졌다. 물만 보면 뛰어드는 내 모습이 우스꽝스러우면서도 한겨울에 계곡 얼음까지 깨며 날도래 유충을 보는 모습이 뿌듯하기도 했다.

유충을 찾고 알아보다 보니 성충에 관심이 가는 것도 당연했다. 2014년부터 본격적으로 성충을 조사하기 시작했으며 6년 뒤인 2019년까지 500회 정도 현장 조사를 나갔다. 되도록 한 장소를 분기별로 찾아가려 했고, 같은 장소일지라도 중요하다 생각되는 곳은 봄부터 가을까지 매달 조사하기도 했다. 낮에는 하천 물속을 조사해 유충 상황을 살피고 수변부를 돌며 풀숲이나 바위에 있는 성충을 확인했으며, 해가 진 뒤에는 불을 밝혀 불빛에 날아오는 날도래를 관찰했다. 해마다 5~8월에 몇 번쯤은 등화 채집에 수천 마리가 날아들어 스크린을 다 덮는 날도래 폭탄을 맞기도 했고, 예상치 못한 새로운 날도래가 날아와 말로 표현할 수 없을 만큼 가슴 두근거리는 즐거움도 맛보았다. 지금도 조사를 갈 때면 또 어떤 날도래가 나를 반길지 설레고 기대된다.

이 책은 많은 사람이 날도래가 어떤 곤충인지 알아주기를 바라는 마음에서 썼다. 그래서 주로 하천 주변에서 나타나는 날도래에 초점을 맞추었다. 사실 날도래 성충은 나방이나 나비와 달리 눈에 잘 띄지 않는다. 우리나라 날도래 크기는 평균 10mm로 작은 편이고, 날개도 칙칙한 누런색이거나 갈색, 회색이어서 하천 주변 낙엽이나 바위와 잘 구별이 가지 않기 때문이다. 이것은 서식지 주변 색과 비슷하게 위장해 몸을 숨기려는 의도다. 날도래는 비록 작고 색도 화려하지 않지만 자세히 살펴보면 나름대로 특징이 소소하게 나타난다.

이 책에서는 이러한 특징(날개 무늬, 작은턱수염 형태, 홑눈 유무 등)을 정리해 실었다. 맨눈이나 돋보기 등으로도 볼 수 있는 특징이다. 그렇지만 정확한 동정은 수컷 교미기로 했다. 종마다 확연히 다르기 때문이다. 암컷은 확실히 구별되는 몇몇 종을 제외하고는 교미기로 동정하지 않았다.

날도래 성충은 현장에서 촬영하고 장소와 특징을 입력한 뒤에 80% 알코올에 담가 채집했으며, 연구실에서 고배율 실체현미경으로 동정했다. 종마다 수컷 교미기와 날개를 살펴 촬영했다. 촬영한 개체가 암컷일 경우에는 종을 특정할 수 없어서 서식지를 재차 방문해 수컷을 찾았으며, 사진을 촬영하는 과정에서 날아가 버린 종은 1년 뒤에 다시 서식지를 찾아가 채집하기도 했다. 채집은 했으나 전체 형태를 촬영하지 못한 종은 날개 및 생식기 사진만 실었다.

아쉬운 일도 있다. 크기 2~3mm로 매우 작은 애날도래과 성충들을 등화 장소에서 촬영한 뒤에 연구소로 가져와 현미경으로 부속기를 살피면 서로 다른 종으로 여겨지는 개체들이 있었지만, 성충의 외형이 거의 같은 탓에 어떤 부속기가 어떤 성충의 것인지를 확정하지 못해 sp.로 기술한 일이다. 한편, 종 결정을 유보해 sp.로 처리한 종에 대해서는 간략히 기술했다.

성충과 유충을 모두 확인한 종은 30종이며, 성충과 유충의 특징을 각각 설명했다. 그리고 우묵날도래과와 나비날도래과 일부에서 유충을 사육해 날개돋이까지 확인한 종들이 있지만, 이 가운데 유충을 정확히 동정하지 못한 경우도 있다. 동일 속(Genus) 유충의 특징이 거의 같기 때문에, 이런 경우에는 참고 자료용으로 유충 사진을 실었다. 성충을 발견하지 못한 종들은 문헌을 조사해 그 내용을 기재했다. 자료를 정리해 보니 아쉬움이 많이 남으나 앞으로 할 일이 뚜렷해졌다. 일본과 중국, 러시아와 비교할 때 우리나라에서는 아직 밝히지 못한 성충이 많고, 유충과 성충의 고리를 연결하는 작업은 여전히 남은 과제다. 앞으로 더욱 세밀히 조사해 미확인 날도래 유충과 성충 확인에 힘쓰고 생활사도 파악하고 싶다.

책 한 권을 완성하면서, 많은 분에게서 도움을 받고 마음을 나누는 따듯함을 경험했다. 무엇보다 날도래가 아니었더라면 이런 귀한 깨달음을 얻지 못했을 수 있기에 가장 먼저 날도래에게 고맙다는 말을 해야겠다. 날도래를 공부하는 데에 결정적인 도움을 준 황정훈 박사님께 정말 감사드린다. 직접 모은 방대한 날도래 자료를 아낌없이 내어 주셨기에 날도래 공부를 시작할 수 있었고, 이 책을 작업하는 데에도 세세히 조언해 주셨다. 항상 현장에 동행하고 같은 고민을 나누었던 박형례 선생님, 유충 사육으로 많은 도움을 준 이상욱 님, 남쪽 지역 날도래를 채집해 빠짐없이 보내 준 다초리 님, 서식지와 사진 촬영을 조언해 준 정광수 박사님, 매의 눈으로 새로운 날도래를 채집해 준 박동하 교수님, 조사에 필요한 여러 장비를 알아보고 챙겨 준 주은미 선생님, 날도래 무리를 어엿한 관심 대상으로 등극시켜 주고 표본을 챙겨 준 한국곤충동호회 회원 님들, 같이 공부하며 고민을 나눠 준 한국수서곤충동호회 회원 님들, 물심양면 든든한 후원군이 된 김명철 박사님과 SOKN생태보전연구소 식구들, 늘 응원해 주고 온갖 투정을 다 받아 준 남편 선중 씨와 딸 명지, 아들 수한이, 날도래 그림을 직접 그려 준 조카 훈아, 늦은 나이에 전국을 돌아다니는 딸 때문에 걱정이 많으셨던 부모님께 무한 감사를 드린다. 마지막으로 부족하지만 내가 공부한 자료가 책으로 완성될 수 있도록 애쓰신 〈자연과생태〉에 감사드린다.

2020년 7월
강미숙

contents

날 도 래   이 해

현황

수록 종 목록

생태와 형태_성충 | 유충 | 번데기

분류_아목 및 과 분류 | 과 검색표 및 특징

서식지 및 채집

현황

날도래는 나비목과 공통 조상에서 나뉘었다. 곤충강에서 7번째로 큰 무리로 전 세계에 49과 14,500종 이상이 알려졌다. 일생 대부분을 유충으로 물속에서 보내고 성충이 되어 뭍으로 올라온다.

날도래목 종에 관한 가장 오래된 기록은 기원전으로 거슬러 올라간다. 아리스토텔레스가 물 바닥에서 기어 다니는 유충을 보고 wooden aquatic worms 라고 일컬었다. 학술적인 첫 기록은 1758년 린네가 날도래속(*Phryganea*) 17종을 발표한 것이며, 지금 분류 체계는 Kolenati (1848, 1859)가 속과 종의 틀을 만들면서 확립되었다.

날도래목 학명 Trichoptera는 희랍어 trichos(털)와 pteron(날개)을 조합한 것으로 성충 날개가 털로 덮인 데서 유래했다. 영어권에서 주로 쓰는 이름은 caddisfly(성충)와 caddisworm(유충)이며, 이는 중세의 cadaz(리본)에서 유래한 것이라는 의견이 가장 설득력 있다. 15~17세기 영국에서 남성 의복에 필요한 리본 샘플을 코트에 붙이고 다니며 파는 남자들을 cadice men이라고 불렀다. 그 모습이 다양한 재료를 조각조각 붙여 지은 날도래 유충 집과 비슷하다는 데서 유래했다는 견해다.

우리나라 이름 '날도래' 유래는 정확히 알 수 없다. 다만 일제강점기에는 날도래를 토비케라로 불렀다. 일본어로 토비는 날다, 케라는 땅강아지를 뜻한다. 예부터 우리나라에서는 땅강아지를 땅개비, 도루래, 돌도래, 하늘강아지, 하늘밥도둑, 꿀도둑, 누고 등으로 불렀다. '도래'를 땅강아지의 다른 이름 도루래, 돌도래에서 온 말로 가정하면, 날도래라는 이름은 날다+땅강아지(도래)에서 비롯한 것으로 볼 수 있다. 북한 『곤충분류명집』에는 '풀미기목'으로 기록되어 있다.

한반도에는 25과 66속 231종(성충 213종, 유충 18종)이 기록되었으며(환경부, 2019), 이 가운데 성충과 유충을 모두 확인한 종은 31종으로 전체 기록 종의 약 10%다 (표1). 성충으로 기록된 213종 가운데 4종은 한반도 첫 기록 이후에 우리나라를 비롯한 동북, 동남 아시아에서 추가로 발견된 기록이 없으며(표2), 유충으로 기록된 종 가운데 17종은 발표 이후 성충이 보고된 적이 없어(표3) 검토 및 정리가 필요해 보인다. 또한, 아직 종 결정이 이루어지지 않은 유충 38종을 실었다(표4). 이 책을 준비하며 수행한 조사에서 성충 149종을 확인했다. 여기에는 그동안 북한 분포 종으로 알려졌던 11종(표5)과 새로이 성충 또는 유충, 성충을 모두 발견한 20종이 포함된다. 이 20종은 본문에 sp.로 수록했다. 그리고 날도래과의 참단발날도래와 매끈날도래, 우묵날도래과의 무늬날개우묵날도래, 채다리날도래과의 *Anisocentropus kawamurai*와 채다리날도래, 나비날도래과의 장수나비날도래와 요정연나비날도래와 연나비날도래는 유충을 사육해 성충을 확인했다. 또한 Oh (2012)가 제안한 우묵날도래과의 검은날개우묵날도래 KUa가 아무르검은날개우묵날도래인 것을 확인했다. 아울러 Pseudoneureclipsidae의 *Pseudoneureclipsis* 유충도 처음 채집해 그 내용을 과 특징에 실었으며, 둥근얼굴날도래과 *Dolichocentropus* 유충과 성충도 발견해 실었다.

일본에서 기록된 28과 500종, 일본을 제외한 극동아시아에서 기록된 25과 332종을 포함해 우리나라가 속한 구북구 동부에서는 약 1,200종이 보고되었다. 따라서 앞으로 우리나라에서도 더 많은 종이 밝혀질 것으로 본다.

＊표 내용은 16~19쪽 참조

표1. 성충과 유충을 모두 확인한 종

1	거친물날도래 *Rhyacophila impar* Martynov, 1914
2	무늬물날도래 *Rhyacophila narvae* Navas, 1926
3	용수물날도래 *Rhyacophila retracta* Martynov, 1914
4	연날개수염치레각날도래 *Stenopsyche bergeri* Martynov, 1926
5	멋쟁이각날도래 *Stenopsyche marmorata* Navas, 1920
6	산골줄날도래 *Diplectrona kibuneana* Tsuda, 1940
7	줄날도래 *Hydropsyche kozhantschikovi* Martynov, 1924
8	동양줄날도래 *Hydropsyche orientalis* Martynov, 1934
9	흰점줄날도래 *Hydropsyche valvata* Martynov, 1927
10	큰줄날도래 *Macrostemum radiatum* (Mclachlan, 1872)
11	별날도래 *Ecnomus tenellus* Rambur, 1842
12	참단발날도래 *Agrypnia czerskyi* (Martynov, 1924)
13	매끈날도래 *Oligotricha lapponica* (Hagen, 1864)
14	굴뚝날도래 *Semblis phalaenoides* (Linnaeus, 1758)
15	둥근날개날도래 *Phryganopsyche latipennis* Banks, 1906
16	둥근얼굴날도래 *Micrasema hanasense* Tsuda, 1942
17	아무르검은날개우묵날도래 *Asynarchus amurensis* (Ulmer, 1905)
18	캄차카우묵날도래 *Ecclisomyia kamtshatica* (Martynov, 1914)
19	띠무늬우묵날도래 *Hydatophylax nigrovittatus* McLachlan, 1872
20	무늬날개우묵날도래 *Hydatophylax grammicus* (McLachlan, 1880)
21	알록가시날도래 *Goera horni* Navas, 1926
22	일본가시날도래 *Goera japonica* Banks, 1906
23	그물가시날도래 *Goera parvula* Martynov, 1935
24	날개날도래 *Molanna moesta* Banks, 1906
25	수염치레날도래 *Psilotreta locumtenens* Botosaneanu, 1970
26	*Anisocentropus kawamurai* (Iwata, 1927)
27	채다리날도래 *Ganonema extensum* Martynov, 1935
28	잎사귀날도래 *Ceraclea lobulata* Martynov, 1935
29	장수나비날도래 *Ceraclea gigantea* Kumanski, 1991
30	요정연나비날도래 *Triaenodes pellectus* Ulmer, 1908
31	연나비날도래 *Triaenodes unanimis* McLachlan, 1877

01

표2. 성충으로 기록된 뒤 추가 기록이 없는 종

1	북해도물날도래 *Rhyacophila hokkaidensis* Iwata, 1927 *오동정 의심
2	너도물날도래 *Rhyacophila szeptyckii* Malicky, 1993 *발표 뒤로 기록 없음
3	광택날도래 *Glossosoma boltoni* Curtis, 1834 *모식산지는 영국, 동아시아 기록 없음
4	가람광택날도래 *Padunia fasciata* (Tsuda, 1942) *발표 뒤로 기록 없음

표3. 유충으로 기록된 뒤 성충이 발견되지 않는 종

1	주름물날도래 *Rhyacophila articulata* Morton, 1900
2	두잎물날도래 *Rhyacophila bilobata* Ulmer, 1907
3	넓은머리물날도래 *Rhyacophila brevicephala* Iwata, 1927
4	클레멘스물날도래 *Rhyacophila clemens* Tsuda, 1940
5	계곡물날도래 *Rhyacophila kuramana* Tsuda, 1942
6	검은머리물날도래 *Rhyacophila nigrocephala* Iwata, 1927
7	민무늬물날도래 *Rhyacophila shikotsuensis* Iwata, 1927
8	시베리아물날도래 *Rhyacophila sibirica* Mclachlan, 1879
9	곤봉물날도래 *Rhyacophila yamanakensis* Iwata, 1927
10	곰줄날도래 *Arctopsyche ladogensis* (Kolenati, 1859)
11	꼬마줄날도래 *Cheumatopsyche brevilineata* (Iwata, 1927)
12	강털줄날도래 *Hydropsyche setensis* Iwata, 1927
13	단발날도래 *Agrypnia pagetana* Curtis, 1835
14	가시우묵날도래 *Neophylax ussuriensis* (Martynov, 1914)
15	털가시날도래 *Goera pilosa* Fabricius, 1775
16	바수염날도래 *Psilotreta kisoensis* Iwata, 1927
17	달팽이날도래 *Helicopsyche yamadai* Iwata, 1927

표4. 종 결정을 못해 기호로 기록된 유충

1	물날도래 KUa *Rhyacophila* KUa
2	물날도래 KUb *Rhyacophila* KUb
3	긴발톱물날도래 KUa *Apsilochorema* KUa
4	애날도래 KUa *Hydroptila* KUa
5	*Stactobia* sp.
6	큰광택날도래 KUa *Agapetus* KUa
7	광택날도래 KUa *Glossosoma* KUa
8	넓은입술날도래 KUa *Dolophilodes* KUa
9	입술날도래 KUa *Wormaldia* KUa
10	꼬마줄날도래 KUa *Cheumatopsyche* KUa
11	꼬마줄날도래 KUb *Cheumatopsyche* KUb
12	줄날도래 KD *Hydropsyche* KD
13	줄날도래 KUb *Hydropsyche* KUb
14	줄날도래 KUd *Hydropsyche* KUd
15	*Nyctiophylax* sp.
16	깃날도래 KUa *Plectrocnemia* KUa
17	통날도래 KUa *Psychomyia* KUa
18	*Tinodes* sp.
19	검은날개우묵날도래 KUa *Asynarchus* KUa
20	*Dicosmoecus* sp.
21	모시우묵날도래 KUa *Limnephilus* KUa
22	띠우묵날도래 sp. *Nemotaulius* sp.
23	갈색우묵날도래 KUa *Nothopsyche* KUa
24	갈색우묵날도래 KUb *Nothopsyche* KUb
25	*Pseudostenophylax* sp.
26	애우묵날도래 KUa *Apatania* KUa
27	애우묵날도래 KUb *Apatania* KUb
28	네모집날도래 KUa *Lepidostoma* KUa
29	네모집날도래 KUb *Lepidostoma* KUb
30	털날도래 KUa *Gumaga* KUa
31	*Anisocentropus* sp.
32	채다리날도래 KUa *Ganonema* KUa

33	나비날도래 KUa *Ceraclea* KUa
34	나비날도래 KUb *Ceraclea* KUb
35	나비날도래 KUc *Ceraclea* KUc
36	청나비날도래 KUa *Mystacides* KUa
37	무늬나비날도래 sp. *Oecetis* sp.
38	연나비날도래 sp. *Triaenodes* sp.

표5. 북한 분포 종으로 발표되었으나 남한에서도 확인한 종

1	나도물날도래 *Rhyacophila soldani* Mey 1989
2	한가람각날도래 *Stenopsyche variablilis* Kumanski 1992
3	손가락깃날도래 *Nyctiophylax digitatus* Martynov, 1934
4	참깃날도래 *Plectrocnemia wui* (Ulmer, 1932)
5	북방갈래날도래 *Pseudoneureclipsis ussuriensis* Martynov, 1934
6	샛별날도래 *Ecnomus japonicus* Fischer, 1970
7	밝은별날도래 *Ecnomus yamashironis* Tsuda, 1942
8	*Hydatophylax soldatovi* (Martynov, 1914)
9	어리나비날도래 *Athripsodes ceracleoides* Kumanski, 1991
10	*Setodes pulcher* Martynov, 1910
11	요정연나비날도래 *Triaenodes pellectus* Ulmer, 1908

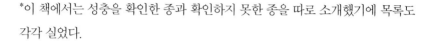

수록 종 목록

*이 책에서는 성충을 확인한 종과 확인하지 못한 종을 따로 소개했기에 목록도 각각 실었다.

성충을 확인한 종

물날도래과 Family Rhyacophilidae
    물날도래속 Genus *Rhyacophila*
        그물무늬물날도래 *Rhyacophila angulata* Martynov, 1910
        덕유산물날도래 *Rhyacophila confissa* Botosaneanu, 1970
        참물날도래 *Rhyacophila coreana* Tsuda, 1940
        거친물날도래 *Rhyacophila impar* Martynov, 1914
        카와무라물날도래 *Rhyacophila kawamurae* Tsuda, 1940
        금강산물날도래 *Rhyacophila kumgangsanica* Kumanski, 1990
        올챙이물날도래 *Rhyacophila lata* Martynov, 1918
        갯물날도래 *Rhyacophila maritima* Levanidova, 1977
        톱가지물날도래 *Rhyacophila mroczkowskii* Botosaneanu, 1970
        무늬물날도래 *Rhyacophila narvae* Navas, 1926
        용수물날도래 *Rhyacophila retracta* Martynov, 1914
        꼬마물날도래 *Rhyacophila riedeliana* Botosaneanu, 1970
        검은줄물날도래 *Rhyacophila singularis* Botosaneanu, 1970
        나도물날도래 *Rhyacophila soldani* Mey, 1989
        집게물날도래 *Rhyacophila vicina* Botosaneanu, 1970
        물날도래 sp.1 *Rhyacophila* sp.1
        물날도래 sp.2 *Rhyacophila* sp.2
        물날도래 sp.3 *Rhyacophila* sp.3

긴발톱물날도래과 Family Hydrobiosidae
    긴발톱물날도래속 Genus *Apsilochorema*
        긴발톱물날도래 *Apsilochorema sutshanum* Martynov, 1934

애날도래과 Family Hydroptilidae
    애날도래속 Genus *Hydroptila*
        애날도래 sp.1 *Hydroptila* sp.1

애날도래 sp.2 *Hydroptila* sp.2
애날도래 sp.3 *Hydroptila* sp.3
애날도래 sp.4 *Hydroptila* sp.4

긴다리애날도래속 Genus *Oxyethira*
긴다리애날도래 *Oxyethira* sp.1

광택날도래과 Family Glossosomatidae
큰광택날도래속 Genus *Agapetus*
시베리아큰광택날도래 *Agapetus sibiricus* Martynov, 1918

광택날도래속 Genus *Glossosoma*
알타이광택날도래 *Glossosoma altaicum* (Martynov, 1914)
우수리광택날도래 *Glossosoma ussuricum* (Martynov, 1934)

Genus *Electragapetus*
Electragapetus sp.1

입술날도래과 Family Philopotamidae
Genus *Chimarra*
앵도입술날도래 *Chimarra tsudai* Ross, 1956

넓은입술날도래속 Genus *Dolophilodes*
배돌기입술날도래 *Dolophilodes affinis* Levanidova & Arefina, 1996
멋쟁이입술날도래 *Dolophilodes mroczkowskii* Botosaneanu, 1970
넓은입술날도래 sp.1 *Dolophilodes* sp.1
넓은입술날도래 sp.2 *Dolophilodes* sp.2
넓은입술날도래 sp.3 *Dolophilodes* sp.3

Genus *Kisaura*
각시입술날도래 *Kisaura aurascens* (Martynov, 1934)
추다이입술날도래 *Kisaura tsudai* (Botosaneanu, 1970)

입술날도래속 Genus *Wormaldia*
긴꼬리입술날도래 *Wormaldia longicerca* Kumanski, 1992
입술날도래 *Wormaldia niiensis* Kobayashi, 1985

각날도래과 Family Stenopsychidae
각날도래속 Genus *Stenopsyche*
연날개수염치레각날도래 *Stenopsyche bergeri* Martynov, 1926

고려수염치레각날도래 *Stenopsyche coreana* (Kuwayama, 1930)
멋쟁이각날도래 *Stenopsyche marmorata* Navas, 1920
한가람각날도래 *Stenopsyche variablilis* Kumanski, 1992

줄날도래과 Family Hydropsychidae
곰줄날도래속 Genus *Arctopsyche*
수염곰줄날도래 *Arctopsyche palpata* Matynov, 1934

꼬마줄날도래속 Genus *Cheumatopsyche*
흰띠꼬마줄날도래 *Cheumatopsyche albofasciata* (McLachlan, 1872)
물결꼬마줄날도래 *Cheumatopsyche infascia* Martynov, 1934

산골줄날도래속 Genus *Diplectrona*
산골줄날도래 *Diplectrona kibuneana* Tsuda, 1940

줄날도래속 Genus *Hydropsyche*
줄날도래 *Hydropsyche kozhantschikovi* Martynov, 1924
동양줄날도래 *Hydropsyche orientalis* Martynov, 1934
흰점줄날도래 *Hydropsyche valvata* Martynov, 1927
줄날도래 sp.1 *Hydropsyche* sp.1
줄날도래 sp.2 *Hydropsyche* sp.2
줄날도래 sp.3 *Hydropsyche* sp.3

큰줄날도래속 Genus *Macrostemum*
큰줄날도래 *Macrostemum radiatum* (McLachlan, 1872)

강줄날도래속 Genus *Potamyia*
강줄날도래 *Potamyia chinensis* (Ulmer, 1915)

깃날도래과 Family Polycentropodidae
고리깃날도래속 Genus *Nyctiophylax*
손가락깃날도래 *Nyctiophylax* (*Paranyctiophylax*) *digitatus* Martynov, 1934
고리깃날도래 *Nyctiophylax* (*Paranyctiophylax*) *hjangsanchonus* Botosaneanu, 1970

깃날도래속 Genus *Plectrocnemia*
깃날도래 *Plectrocnemia baculifera* Botosaneanu, 1970
용추깃날도래 *Plectrocnemia kusnezovi* Martynov, 1934
참깃날도래 *Plectrocnemia wui* (Ulmer, 1932)

깃날도래 sp.1 *Plectrocnemia* sp.1

Genus *Polyplectropus*
그물깃날도래 *Polyplectropus nocturnus* Arefina, 1996

Family Pseudoneureclipsidae
Genus *Pseudoneureclipsis*
북방갈래날도래 *Pseudoneureclipsis ussuriensis* Martynov, 1934

별날도래과 Family Ecnomidae
별날도래속 Genus *Ecnomus*
샛별날도래 *Ecnomus japonicus* Fischer, 1970
별날도래 *Ecnomus tenellus* Rambur, 1842
밝은별날도래 *Ecnomus yamashironis* Tsuda, 1942

통날도래과 Family Psychomyiidae
Genus *Metalype*
갈고리통날도래 *Metalype uncatissima* (Botosaneanu, 1970)

Genus *Paduniella*
마르티노프통날도래 *Paduniella martynovi* Kumanski, 1992
Paduniella uralensis Martynov, 1914
Paduniella sp.1

통날도래속 Genus *Psychomyia*
십자통날도래 *Psychomyia cruciata* (Kumanski 1992)
집게통날도래 *Psychomyia forcipata* Martynov, 1934
꼬마통날도래 *Psychomyia minima* (Martynov, 1910)
묘향산통날도래 *Psychomyia myohyanganica* (Kumanski 1992)

Genus *Tinodes*
갈래통날도래 *Tinodes furcata* Li & Morse, 1997

날도래과 Family Phryganeidae
단발날도래속 Genus *Agrypnia*
참단발날도래 *Agrypnia czerskyi* (Martynov, 1924)

Genus *Oligotricha*
매끈날도래 *Oligotricha lapponica* (Hagen, 1864)

날도래속 Genus *Phryganea*
중국날도래 *Phryganea (Colpomera) sinensis* McLachlan, 1862
끝검은날도래 *Phryganea (Colpomera) japonica* McLachlan, 1866

굴뚝날도래속 Genus *Semblis*
굴뚝날도래 *Semblis phalaenoides* (Linnaeus, 1758)

둥근날개날도래과 Family Phryganopsychidae
둥근날개날도래속 Genus *Phryganopsyche*
둥근날개날도래 *Phryganopsyche latipennis* (Banks, 1906)

둥근얼굴날도래과 Family Brachycentridae
둥근얼굴날도래속 Genus *Micrasema*
둥근얼굴날도래 *Micrasema hanasense* Tsuda, 1942

Genus *Dolichocentrus*
Dolichocentrus sp.1

우묵날도래과 Family Limnephilidae
검은날개우묵날도래속 Genus *Asynarchus*
아무르검은날개우묵날도래 *Asynarchus amurensis* (Ulmer, 1905)

큰우묵날도래속 Genus *Dicosmoecus*
고려큰우묵날도래 *Dicosmoecus coreanus* Oláh & Park, 2018

깃우묵날도래속 Genus *Ecclisomyia*
캄차카우묵날도래 *Ecclisomyia kamtshatica* (Martynov, 1914)

띠무늬우묵날도래속 Genus *Hydatophylax*
우리큰우묵날도래 *Hydatophylax formosus* Schmid, 1965
무늬날개우묵날도래 *Hydatophylax grammicus* (McLachlan, 1880)
큰우묵날도래 *Hydatophylax magnus* (Martynov, 1914)
띠무늬우묵날도래 *Hydatophylax nigrovittatus* (McLachlan, 1872)
Hydatophylax soldatovi (Martynov, 1914)

모시우묵날도래속 Genus *Limnephilus*
동양모시우묵날도래 *Limnephilus orientalis* Martynov, 1935
모시우묵날도래 sp.1 *Limnephilus* sp.1

띠우묵날도래속 Genus *Nemotaulius*
  우묵날도래 *Nemotaulius* (*Macrotaulius*) *admorsus* (McLachlan, 1866)
  어리우묵날도래 *Nemotaulius* (*Macrotaulius*) *mutatus* (McLachlan, 1872)

갈색우묵날도래속 Genus *Nothopsyche*
  붉은가슴갈색우묵날도래 *Nothopsyche nigripes* Martynov, 1914
  큰갈색우묵날도래 *Nothopsyche pallipes* Banks, 1906

Genus *Pseudostenophylax*
  Pseudostenophylax amurensis (McLachlan, 1880)

가시날도래과 Family Goeridae
  가시날도래속 Genus *Goera*
    방동가시날도래 *Goera curvispina* Martynov, 1935
    알록가시날도래 *Goera horni* Navas, 1926
    일본가시날도래 *Goera japonica* Banks, 1906
    Goera kawamotonis Kobayashi, 1987
    그물가시날도래 *Goera parvula* Martynov, 1935
    Goera squamifera Martynov, 1909
    가시날도래 sp.1 *Goera* sp.1
    가시날도래 sp.2 *Goera* sp.2
    가시날도래 sp.3 *Goera* sp.3

가시우묵날도래과 Family Uenoidae
  가시우묵날도래속 Genus *Neophylax*
    Neophylax sillensis Park & Oláh, 2018

애우묵날도래과 Family Apataniidae
  애우묵날도래속 Genus *Apatania*
    Apatania aberrans (Martynov, 1933)
    큰애우묵날도래 *Apatania maritima* Ivanov & Levanidova, 1993
    애우묵날도래 *Apatania sinensis* (Martynov, 1914)

네모집날도래과 Family Lepidostomatidae
  네모집날도래속 Genus *Lepidostoma*
    네모집날도래 *Lepidostoma albardanum* (Ulmer, 1906)
    털머리날도래 *Lepidostoma coreanum* (Kumanski & Weaver, 1992)
    가시털네모집날도래 *Lepidostoma ebenacanthus* (Ito, 1992)
    흰점네모집날도래 *Lepidostoma elongatum* (Martynov, 1935)

한네모집날도래 *Lepidostoma itoae* (Kumanski & Weaver, 1992)
동양네모집날도래 *Lepidostoma orientale* (Tsuda, 1942)
굽은네모집날도래 *Lepidostoma sinuatum* (Martynov, 1935)

털날도래과 Family Sericostomatidae
　　털날도래속 Genus *Gumaga*
　　　　동양털날도래 *Gumaga orientalis* (Martynov, 1935)

날개날도래과 Family Molannidae
　　날개날도래속 Genus *Molanna*
　　　　날개날도래 *Molanna moesta* Banks, 1906

바수염날도래과 Family Odontoceridae
　　바수염날도래속 Genus *Psilotreta*
　　　　멧바수염날도래 *Psilotreta falcula* Botosaneanu, 1970
　　　　수염치레날도래 *Psilotreta locumtenens* Botosaneanu, 1970

채다리날도래과 Family Calamoceratidae
　　Genus *Anisocentropus*
　　　　Anisocentropus kawamurai (Iwata, 1927)

　　채다리날도래속 Genus *Ganonema*
　　　　채다리날도래 *Ganonema extensum* Martynov, 1935

나비날도래과 Family Leptoceridae
　　어리나비날도래속 Genus *Athripsodes*
　　　　어리나비날도래 *Athripsodes ceracleoides* Kumanski, 1991

　　나비날도래속 Genus *Ceraclea*
　　　　창나비날도래 *Ceraclea* (*Athripsodina*) *armata* Kumanski, 1991
　　　　한국나비날도래 *Ceraclea* (*Athripsodina*) *coreana* kumanski, 1991
　　　　잎사귀나비날도래 *Ceraclea* (*Athripsodina*) *lobulata* (Martynov, 1935)
　　　　연꽃나비날도래 *Ceraclea* (*Athripsodina*) *mitis* (Tsuda, 1942)
　　　　길주나비날도래 *Ceraclea* (*Athripsodina*) *shuotsuensis* (Tsuda, 1942)
　　　　시베리아나비날도래 *Ceraclea* (*Athripsodina*) *sibirica* (Ulmer, 1906)
　　　　가시나비날도래 *Ceraclea* (*Ceraclea*) *albimacula* (Rambar, 1842)
　　　　장수나비날도래 *Ceraclea* (*Ceraclea*) *gigantea* Kumanski, 1991
　　　　나비날도래 sp. 1 *Ceraclea* (*Ceraclea*) sp. 1

Genus *Leptocerus*
   Leptocerus sp. 1

청나비날도래속 Genus *Mystacides*
   청나비날도래 *Mystacides azureus* (Linnaeus, 1761)
   청동나비날도래 *Mystacides dentatus* Martynov, 1924

무늬나비날도래속 Genus *Oecetis*
   털나비날도래 *Oecetis antennata* (Martynov, 1935)
   점나비날도래 *Oecetis caucula* Yang & Morse, 2000
   연무늬나비날도래 *Oecetis dilata* Yang & Morse, 2000
   얼룩무늬나비날도래 *Oecetis nigropunctata* Ulmer, 1908
   무늬나비날도래 *Oecetis notata* (Rambur, 1842)
   길쭉나비날도래 *Oecetis testacea kumanskii* Yang & Morse, 2000
   고운나비날도래 *Oecetis yukii* Tsuda, 1942
   무늬나비날도래 sp.1 *Oecetis* sp.1

Genus *Setodes*
   갈래나비날도래 *Setodes furcatulus* Martynov, 1935
   Setodes pulcher Martynov, 1910

연나비날도래속 Genus *Triaenodes*
   요정연나비날도래 *Triaenodes pellectus* Ulmer, 1908
   연나비날도래 *Triaenodes unanimis* McLachlan, 1877

Genus *Trichosetodes*
   솜털나비날도래 *Trichosetodes japonicus* Tsuda, 1942

성충을 확인하지 못한 종

물날도래과 Family Rhyacophilidae
　　물날도래속 Genus *Rhyacophila*
　　　　주름물날도래 *Rhyacophila articulata* Morton, 1900
　　　　두잎물날도래 *Rhyacophila bilobata* Ulmer, 1907
　　　　넓은머리물날도래 *Rhyacophila brevicephala* Iwata, 1927
　　　　클레멘스물날도래 *Rhyacophila clemens* Tsuda, 1940
　　　　북해도물날도래 *Rhyacophila hokkaidensis* Iwata, 1927
　　　　계곡물날도래 *Rhyacophila kuramana* Tsuda, 1942
　　　　사랑무늬물날도래 *Rhyacophila manuleata* Martynov, 1934
　　　　묘향산물날도래 *Rhyacophila mjohjangsanica* Botosaneanu, 1970
　　　　검은머리물날도래 *Rhyacophila nigrocephala* Iwata, 1927
　　　　민무늬물날도래 *Rhyacophila shikotsuensis* Iwata, 1927
　　　　시베리아물날도래 *Rhyacophila sibirica* Mclachlan, 1879
　　　　너도물날도래 *Rhyacophila szeptyckii* Malicky, 1993
　　　　맑은물날도래 *Rhyacophila tonneri* Mey, 1989
　　　　곤봉물날도래 *Rhyacophila yamanakensis* Iwata, 1927

애날도래과 Family Hydroptilidae
　　애날도래속 Genus *Hydroptila*
　　　　뾰족애날도래 *Hydroptila angulata* Mosely, 1922
　　　　다른애날도래 *Hydroptila asymmetrica* Kumanski, 1990
　　　　꼬마애날도래 *Hydroptila botosaneanui* Kumanski, 1990
　　　　한국애날도래 *Hydroptila coreana* Kumanski, 1990
　　　　늪애날도래 *Hydroptila dampfi* Ulmer, 1929
　　　　막내애날도래 *Hydroptila extrema* Kumanski, 1990
　　　　어리애날도래 *Hydroptila giama* Oláh, 1989
　　　　팔가시애날도래 *Hydroptila introspinata* Zhou & Sun, 2009
　　　　첫애날도래 *Hydroptila moselyi* Ulmer, 1932
　　　　고은애날도래 *Hydroptila phenianica* Botosaneanu, 1970

　　네모애날도래속 Genus *Orthotrichia*
　　　　한국네모애날도래 *Orthotrichia coreana* Ito & Park, 2016
　　　　뿔애날도래 *Orthotrichia costalis* (Curtis, 1834)
　　　　민숭애날도래 *Orthotrichia tragetti* Mosely, 1930

　　긴다리애날도래속 Genus *Oxyethira*
　　　　방울애날도래 *Oxyethira campanula* Botosaneanu, 1970

02

구슬방울애날도래 *Oxyethira datra* Oláh, 1989
이슬방울애날도래 *Oxyethira josifovi* Kumanski, 1990
엄지애날도래 *Oxyethira miea* Oláh & Ito, 2013

여울애날도래속 Genus *Stactobia*

여울애날도래 *Stactobia makartschenkoi* Botosaneanu & Levanidova,
1988
두고리애날도래 *Stactobia nishimotoi* Botosaneanu & Nozaki, 1996
수양산애날도래 *Stactobia sujangsanica* Kumanski, 1990

광택날도래과 Family Glossosomatidae

큰광택날도래속 Genus *Agapetus*

큰광택날도래 *Agapetus jakutorum* Martynov, 1934

광택날도래속 Genus *Glossosoma*

광택날도래 *Glossosoma boltoni* Curtis, 1834
가람광택날도래 *Padunia fasciata* (Tsuda, 1942)

줄날도래과 Family Hydropsychidae

흰줄날도래속 Genus *Aethaloptera*

어리흰줄날도래 *Aethaloptera evanescens* (McLachlan, 1880)

곰줄날도래속 Genus *Arctopsyche*

곰줄날도래 *Arctopsyche ladogensis* (Kolenati, 1859)
솔곰줄날도래 *Arctopsyche spinifera* Ulmer, 1907

꼬마줄날도래속 Genus *Cheumatopsyche*

꼬마줄날도래 *Cheumatopsyche brevilineata* (Iwata, 1927)
타니다꼬마줄날도래 *Cheumatopsyche tanidai* Oláh & Johanson, 2008

줄날도래속 Genus *Hydropsyche*

날쌘줄날도래 *Hydropsyche dolosa* Banks, 1939
새롬줄날도래 *Hydropsyche newae* Kolenati, 1858
강털줄날도래 *Hydropsyche setensis* Iwata, 1927

큰줄날도래속 Genus *Macrostemum*

남방큰줄날도래 *Macrostemum austrovicinorum* Mey, 1989

Genus *Parapsyche*

점박이날도래 *Parapsyche maculata* (Ulmer, 1907)

강줄날도래속 Genus *Potamyia*
검은강줄날도래 *Potamyia czekanowskii* (Martynov, 1910)

깃날도래과 Family Polycentropodidae
고리깃날도래속 Genus *Nyctiophylax*
밤깃날도래 *Nyctiophylax* (*Nyctiophylax*) *angarensis* Martynov, 1910

Genus *Polyplectropus*
말리키깃날도래 *Polyplectropus malickyi* Nozaki, Katsuma,& Hattori, 2010

Family Pseudoneureclipsidae
Genus *Pseudoneureclipsis*
참갈래날도래 *Pseudoneureclipsis proxima* Martynov, 1934

통날도래과 Family Psychomyiidae
Genus *Paduniella*
가람통날도래 *Paduniella amurensis* Martynov, 1934
운문통날도래 *Paduniella unmun* Inaba & Park, 2017

통날도래속 Genus *Psychomyia*
참통날도래 *Psychomyia coreana* (Tsuda, 1942)

Genus *Tinodes*
Tinodes higashiyamanus Tsuda, 1942

날도래과 Family Phryganeidae
단발날도래속 Genus *Agrypnia*
단발날도래 *Agrypnia pagetana* Curtis, 1835
맵시단발날도래 *Agrypnia picta* Kolenati, 1848
소요산날도래 *Agrypnia sordida* (Mclachlan, 1871)
흰등날도래 *Agrypnia ulmeri* (Martynov, 1909)

Genus *Eubasilissa*
공주날도래 *Eubasilissa regina* (McLachlan, 1871)
샛별공주날도래 *Eubasilissa signata* Wiggins, 1998

Genus *Oligotricha*
그물눈날도래 *Oligotricha fulvipes* (Matsumura, 1904)

굴뚝날도래속 Genus *Semblis*
> 희시무루표범날도래 *Semblis atrata* (Gmelin, 1789)
> 먹굴뚝날도래 *Semblis melaleuca* (McLachlan, 1862)

둥근얼굴날도래과 Family Brachycentridae
둥근얼굴날도래속 Genus *Micrasema*
> 찬얼굴날도래 *Micrasema gelidum* Mclachlan, 1876

Genus *Brachycentrus*
> *Brachycentrus japonicus* (Iwata, 1927)

우묵날도래과 Family Limnephilidae
Genus *Brachypsyche*
> 슈미드우묵날도래 *Brachypsyche schmidi* Choe, Kumanski & Woo,
> 1999

큰우묵날도래속 Genus *Dicosmoecus*
> 누리우묵날도래 *Dicosmoecus jozankeanus* (Matsumura, 1931)
> 가람우묵날도래 *Dicosmoecus palatus* (McLachlan, 1872)

띠무늬우묵날도래속 Genus *Hydatophylax*
> 줄무늬우묵날도래 *Hydatophylax sakharovi* Kumanski, 1991

모시우묵날도래속 Genus *Limnephilus*
> 모시우묵날도래 *Limnephilus correptus* Mclachlan, 1880
> 검정모시우묵날도래 *Limnephilus fuscovittatus* Matsumura, 1904
> *Limnephilus quadratus* Martynov, 1914
> 비단우묵날도래 *Limnephilus sericeus* (Say, 1824)
> 북방우묵날도래 *Limnephilus sibiricus* Martynov, 1929

띠우묵날도래속 Genus *Nemotaulius*
> 줄우묵날도래 *Nemotaulius* (*Nemotaulius*) *brevilinea*
> (McLachlan, 1871)
> 고려우묵날도래 *Nemotaulius* (*Macrotaulius*) *coreanus* Oláh, 1985

갈색우묵날도래속 Genus *Nothopsyche*
> 두잎우묵날도래 *Nothopsyche bilobata* Park & Bae 2000
> 삵우묵날도래 *Nothopsyche ruficollis* (Ulmer, 1905)
> 맵시우묵날도래 *Nothopsyche speciosa* Kobayashi, 1959

Genus *Pseudostenophylax*
    헛우묵날도래 *Pseudostenophylax riedeli* Botosaneanu, 1970

가시날도래과 Family Goeridae
  가시날도래속 Genus *Goera*
    재원날도래 *Goera jaewoni* Park & Bae, 1999
    털가시날도래 *Goera pilosa* Fabricius, 1775
    북방가시날도래 *Goera tungusensis* Martynov, 1909
    잔가시날도래 *Goera yamamotoi* (Tsuda, 1942)

가시우묵날도래과 Family Uenoidae
  가시우묵날도래속 Genus *Neophylax*
    Neophylax goguriensis Oláh & Park, 2018
    Neophylax relictus (Martynov, 1935)
    가시우묵날도래 *Neophylax ussuriensis* (Martynov, 1914)

애우묵날도래과 Family Apataniidae
  애우묵날도래속 Genus *Apatania*
    Apatania yenchingensis Ulmer, 1932

네모집날도래과 Family Lepidostomatidae
  네모집날도래속 Genus *Lepidostoma*
    거친네모집날도래 *Lepidostoma hirtum* (Fabricius, 1775)
    각진네모집날도래 *Lepidostoma japonicum* (Tsuda, 1936)
    묘향산네모집날도래 *Lepidostoma myohyangsanicum* (Kumanski & Weaver, 1992)

날개날도래과 Family Molannidae
  날개날도래속 Genus *Molanna*
    언저리날개날도래 *Molanna submarginalis* Mclachlan, 1872

바수염날도래과 Family Odontoceridae
  바수염날도래속 Genus *Psilotreta*
    Psilotreta kerka Oláh, 2018
    바수염날도래 *Psilotreta kisoensis* Iwata, 1927

채다리날도래과 Family Calamoceratidae
  채다리날도래속 Genus *Ganonema*
    Ganonema uchidai Iwata, 1930

나비날도래과 Family Leptoceridae
    나비날도래속 Genus *Ceraclea*
        반지나비날도래 *Ceraclea* (*Athripsodina*) *annulicornis* (Stephens, 1836)
        끝나비날도래 *Ceraclea* (*Athripsodina*) *excisa* (Morton, 1904)
        뾰족나비날도래 *Ceraclea* (*Athripsodina*) *hastata* (Botosaneanu, 1970)

    Genus *Leptocerus*
        참나비날도래 *Leptocerus valvatus* (Martynov, 1935)

    무늬나비날도래속 Genus *Oecetis*
        세점무늬나비날도래 *Oecetis tripunctata* (Fabricius, 1793)

    Genus *Setodes*
        은나비날도래 *Setodes argentatus* Matsumura, 1907
        엇나비날도래 *Setodes crossotus* Martynov, 1935
        맨드리나비날도래 *Setodes ujiensis* (Aakagi, 1960)

달팽이날도래과 Family Helicopsychidae
    달팽이날도래속 Genus *Helicopsyche*
        달팽이날도래 *Helicopsyche yamadai* Iwata, 1927

생태와 형태

성충

생태 특징

물가나 근처 숲에서 보인다. 나방과 생김새가 비슷하며 온몸이 어두운 갈색이나 노란색, 회색이다. 날개에 무늬가 있더라도 주변 환경과 어우러져 눈에 잘 띄지 않는다. 앉을 때 날개를 지붕 모양으로 접는다. 낮에는 주로 숨어 지내지만 때때로 물을 흡수하거나 짝을 찾고자 돌아다니기도 한다. 해가 질 무렵에 활발해지고 짝짓기 비행을 시작한다. 대부분 성충이 불빛에 잘 날아온다. 종에 따라 다르지만 수명은 2주~2달이다. 큰턱은 없거나 퇴화해 씹어 먹지 못하고 흡관으로 물을 흡수한다. 과즙이나 수액, 진딧물 분비물 등을 빠는 종도 있다.

날도래 성충은 한 방향으로 나는 하루살이나 강도래와 달리 여러 방향으로 난다. 짝짓기 비행 시 많은 수컷이 동시에 날아올라 군무를 펼치며 짝을 만날 기회를 찾는다. 또한 수컷은 날개를 빠르게 움직이거나 배 밑에 있는 가시 모양 돌기를 돌과 같은 단단한 바닥에 부딪치며 진동을 일으켜 암컷에게 신호를 보내기도 한다. 암컷은 페르몬을 분비해 수컷을 유인하며, 암수는 배 끝을 서로 맞대고 짝짓기한다.

암컷은 대개 성숙한 난자를 품고 날개돋이한다. 짝짓기를 마친 암컷은 알 낳을 곳을 찾아 물 위를 빠르게 스치듯이 날거나 한곳에서 오르락내리락한다. 적당한 곳을 찾으면 배 끝을 물속에 넣거나 물속으로 기어 들어가 알을 낳아 붙인다. 잠수하는 종 암컷 가운데다리는 헤엄치기에 알맞도록 노처럼 납작하고 털이 많다.

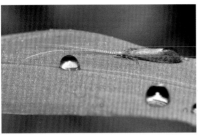

잎사귀나비날도래

수염치레날도래 짝짓기

물 위를 나는 수염치레날도래 무리

물을 흡수하는 동양모시우묵날도래

형태 특징

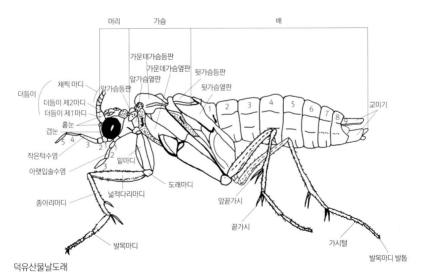

덕유산물날도래

더듬이: 여러 마디로 이루어졌고 채찍 모양이다. 더듬이가 몸길이보다 짧은 종도 있고 2배 넘게 긴 종도 있다. 특히 제1마디는 다른 마디보다 길고 두드러지며 과를 구별하는 중요한 형질이다. 이를테면 네모집날도래과 수컷은 제1마디가 길게 늘어나 두 부분으로 나뉘고, 긴 털과 돌기가 있으며, 암컷도 수컷보다는 밋밋하지만 길게 늘어났다. 나비날도래과 일부 수컷은 제1, 2마디에 냄새를 맡을 수 있는 털 다발이 있다.

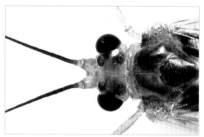

큰줄날도래 더듬이 제1마디

흰점네모집날도래 더듬이 제1마디

털나비날도래 더듬이 제1마디

연나비날도래 더듬이 제1마디

눈: 겹눈이 발달했다. 일부 과 수컷은 겹눈이 암컷보다 크며, 털날도래과를 비롯한 몇몇 과는 겹눈에 가늘고 짧은 털이 촘촘하다. 홑눈은 머리 앞쪽과 양쪽 옆면에 있으며 구슬모양에 맑고 투명하다. 홑눈이 작은

용수물날도래 홑눈

종은 털에 가려 잘 보이지 않는다. 홑눈 유무는 과를 구별하는 중요한 형질이다. 애날도래과는 속에 따라 홑눈이 있거나 없다.

입: 주둥이는 하인두와 아랫입술이 합쳐져 변형된 막질로, 끝이 스펀지 같으며 미세한 털이 가지런히 나 있어 물이 흡수되는 흡관 형태이다. 작은턱수염과 아랫입술수염이 발달했다. 작은턱수염은 과에 따라 마디 수와 크기, 털 유무 등이 다르므로 과를 나누는 중요한 형질이다.

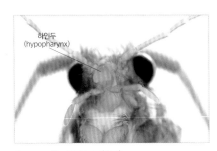

하인두
(hypopharynx)

*G. squamifera*의 주둥이(흡관)

작은턱수염: 맨눈으로 동정할 때 홑눈과 함께 가장 확실한 분류 형질이다. 대개 Spicipalpia에 딸린 종은 암수 모두 5마디이고, 마지막 제5마디 길이가 다른 마디와 비슷하다. 환상수아목은 암수 모두 5, 6마디이며 마지막 마디가 다른 마디보다 길고 채찍 모양이다. 무환수아목은 몇 과를 제외하고는 수컷은 3마디이고 암컷은 5마디로 같은 종일지라도 암수 마디 수가 다르기도 하다. 수염치레날도래과, 채다리날도래과, 나비날도래과, 털날도래과는 마디가 온통 털로 덮였다. 가시날도래과 수컷은 제3마디가 막질이고 막대 모양이 아니며, 네모집날도래과 수컷은 마디에 난 털이 길고 구부러졌다.

큰우묵날도래 암컷

A. kawamurai

가시날도래류

수염치레날도래

가시날도래류

가슴: 앞가슴은 가운데가슴, 뒷가슴보다 짧고 옆으로 길며, 타원형 혹이 1쌍 또는 2쌍 있다. 가운데가슴은 가슴 대부분을 차지할 만큼 크고 세 부분(순판, 소순판, 후순판)으로 나뉜다. 순판(방패판)은 크고 그 아래 소순판(작은방패판)은 삼각형이며, 그 아래에는 작고 옆으로 긴 후순판이 있다. 가운데가슴 순판과 소순판에 혹이 있다. 뒷가슴은 작고 혹이 없으며, 가운데가슴처럼 세 부분으로 나뉜다.

머리와 가슴에 있는 혹: 표피와 뚜렷하게 구분되는 돌기로 둥글거나 길쭉하다. 그러나 날개 털과 강모로 덮여 있어서 털을 제거해야 볼 수 있다. 머리 윗면에는 앞혹, 뒷혹, 후측혹이 있다. 앞가슴과 가운데가슴 윗면에는 뚜렷하거나 표피와 구분되지 않는 혹이 있다. 앞가슴과 가운데가슴에 있는 혹은 과에 따라서 모양과 크기, 개수가 달라서 과를 나누는 중요한 형질이다. 줄날도래과, 나비날도래과, 채다리날도래과는 혹이 뚜렷하게 구분되지 않는다.

고려물날도래　　　산골줄날도래　　　우리큰우묵날도래　　　알록가시날도래

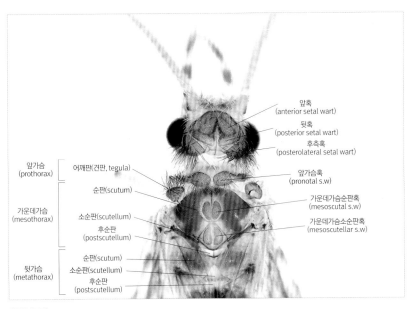

앞혹
(anterior setal wart)

뒷혹
(posterior setal wart)

후측혹
(posterolateral setal wart)

앞가슴
(prothorax)

어깨판(견판, tegula)

앞가슴혹
(pronotal s.w)

순판(scutum)

가운데가슴
(mesothorax)

소순판(scutellum)

가운데가슴순판혹
(mesoscutal s.w)

후순판
(postscutellum)

가운데가슴소순판혹
(mesoscutellar s.w)

뒷가슴
(metathorax)

순판(scutum)

소순판(scutellum)

후순판
(postscutellum)

샛별날도래

날개: 날개 모양은 종을 구별하는 중요한 형질이다. 날개는 대개 몸을 덮을 정도거나 몸길이보다 길다. 앞날개는 뒷날개보다 좁고 길며 뒷날개는 넓다. 털로 덮여 있으나 몇몇 종에서는 털이 누워 매끈하며, 일부가 투명한 비늘처럼 보이기도 한다. 수컷 날개가 암컷 날개보다 색이 짙거나 무늬가 다른 종들도 있다. 또 몇몇 종에서는 비행 효율을 높이고자 앞날개 뒤쪽에 있는 가시와 뒷날개 앞

쪽에 있는 갈고리 모양 강모가 결합되어 있다.

날개맥은 몇몇 종을 제외하고는 털을 제거해야 볼 수 있다. 때로 통날도래과, 깃날도래과처럼 작은 종은 털을 제거해도 날개맥이 잘 드러나지 않아 현미경으로 살펴야 한다. 종맥이 많고 횡맥은 적다. 종맥 분기 여부와 횡맥 유무, 이 두 맥으로 만들어지는 주요 방(cell)과 날개 끝 열린 방(apical fork, f)의 개수는 과와 속을 분류하는 중요한 형질이다.

종맥(세로맥, 날개 길이 방향, longitudinal vein)은 전연맥(costa, C), 아전연맥(subcosta, Sc), 경맥(radius, R), 중맥(media, M), 주맥(cubitus, Cu), 둔맥(anal vein, A)으로 나눈다. 경맥(R)은 최대 경맥1~5(R_1~R_5)까지 5개로 갈라지며, 중맥(M)은 M_1~M_4까지 최대 4개로 갈라진다. 주맥(Cu)은 Cu_1, Cu_2 2개로 갈라지며 Cu_1은 다시 Cu_1a, Cu_1b로 나뉜다. 둔맥은 1A, 2A, 3A 3개로 갈라진다.

횡맥(가로맥, 날개 너비 방향, cross-vein)은 r: 경맥1(R_1)과 경맥2(R_2) 사이, s: 경맥3(R_3)과 경맥4(R_4) 사이, r-m: 경맥(R)과 중맥(M) 사이, m: 중맥2(M_2)와 중맥3(M_3) 사이, m-cu: 중맥(M)과 주맥(Cu)사이에 있다.

주요 방(cell)은 중실(discodidal cell), 부중실(medial cell), 경실(thyridial cell)로 나뉘

나도물날도래 앞날개

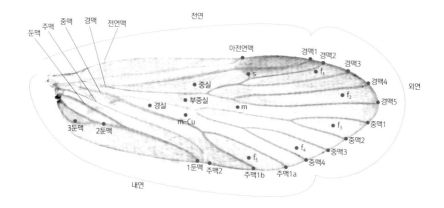

03

나도물날도래 뒷날개

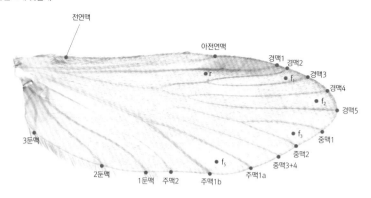

전연맥
아전연맥
경맥1 경맥2
r
경맥3
f₁
경맥4
f₂
경맥5
f₃
중맥1
3둔맥
중맥2
f₅
중맥3+4
2둔맥
1둔맥 주맥2 주맥1b 주맥1a

며, 중실은 횡맥 s, 부중실은 횡맥 m, 경실은 횡맥 m-cu로 닫힌다. 또한 작은
눈 모양 점인 흑점(ny)은 대개 앞날개와 뒷날개 제2맥 사이에 있다.
날개 끝 열린 방(apical fork, f)은 경맥, 중맥, 주맥에 따라 포크 머리처럼 생겼다.

종아리마디 가시: 앞다리는 짧고 가늘며 가운데다리와 뒷다리는 길고 가늘다.
각 다리 종아리마디에는 털이 변형된 날카로운 가시(spur)가 있다. 종아리마
디 가시(tibial spur) 수는 과와 속을 구별하는 중요한 형질이다. 일부 과는 속에

우수리광택날도래

참단발날도래

수염치레날도래

따라서도 가시 수가 다르고 같은 종이더라도 암수에 따라 다르다. 우묵날도래과, 날도래과, 애우묵날도래과 등에서는 종아리마디 가시 외에도 가시 같은 털(spine)이 날카롭게 나 있다. 광택날도래과 수컷의 뒷다리 종아리마디 가시 2개 가운데 하나는 구부러지거나 납작하게 눌린다. 일부 과의 암컷 가운데다리는 알을 붙이거나 물속에 들어가 헤엄치기에 알맞게 종아리마디가 납작하다.

종아리마디 가시 수를 나타낼 때는 앞다리, 가운데다리, 뒷다리에 있는 끝가시(apical spur)와 앞끝가시(preapical spur) 수를 적는다. 예를 들어 수염치레날도래는 앞다리에 끝가시만 2개 있고 가운데다리와 뒷다리에는 각각 앞끝가시 2개와 끝가시 2개가 있어서 2-4-4로 나타낸다.

배: 10마디이며 마디가 모두 뚜렷하다. 제1배마디는 뒷가슴과 맞닿은 듯이 보이고 작다. 성충은 제5배마디에 있는 분비샘 1쌍에서 페르몬을 방출하며, 성충을 잡으면 고약한 냄새가 난다. 분비샘은 대개 제5배마디 끝에 있고 동그란 돌기처럼 생겼지만 일부 종은 가는 필라멘트 모양이기도 하며, 줄날도래과 *Diplectrona*는 가느다란 실 모양이다.

가시날도래과 수컷 제6배마디 아랫면에는 빗살 모양 돌기가 있으며, 종마다 빗살 모양과 개수가 달라서 종을 구별하는 주요 형질이 된다. 긴발톱물날도래과, 애날도래과, 광택날도래과, 입술날도래과 수컷은 제6배마디 또는 제7배마

방동가시날도래 수컷
제6배마디 돌기

시베리아큰광택날도래
제6배마디 돌기

우수리광택날도래 암컷
배 윗면 강모

산골줄날도래 수컷 제5배
마디(필라멘트 모양 분비
샘)

우묵날도래류 암컷 제5배마디(돌기 분비샘)

디 아랫면에 돌기가 있고 종에 따라 모양과 크기가 다르다. 암컷도 제6, 7배마디 아랫면에 돌기가 있다. 광택날도래과 일부 암컷 배마디 윗면에는 마디 끝을 따라 강모가 한 줄로 나 있는데 종마다 이 모양이 달라 종을 구별할 때 유용하다.

수컷은 제9배마디와 제10배마디가 외부 교미기로 변형되었으며, 제10배마디는 구조가 복잡하고 생김새가 달라 분류군마다 가리키는 명칭이 다르다. 일부 종 암컷 배마디 내부는 교미하는 동안 수컷 정액을 받아들일 수 있는 구조다.

수컷 교미기: 수컷 교미기 차이로 종을 결정한다. 교미 때 암컷을 붙잡는 수컷 하부속기는 종마다 생김새가 다르고, 가장 확실히 눈에 띈다. 종을 동정할 때는 수컷 제6배마디 이하를 10% 수산화칼륨 용액에 담가 내부 기관을 제거한 뒤에 살펴본다. 다만 이 책에서는 교미기 외형을 보여 주고자 했으므로 내부 기관을 제거하지 않은 사진을 옆면, 윗면, 아랫면 또는 앞면 순으로 실었다.

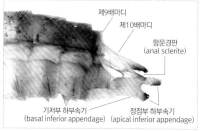

집게물날도래 옆면

집게물날도래 윗면

집게물날도래 아랫면

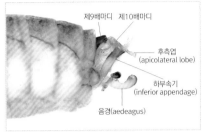

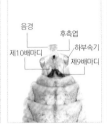

흰점줄날도래 옆면   흰점줄날도래 윗면   흰점줄날도래 아랫면

암컷 교미기: 수컷에 비해 교미기 모양이 단순하다. 알을 낳기에 알맞도록 기다랗게 내밀 수 있는 관 모양이거나 알 덩어리를 붙들 수 있는 짧고 오목한 모양이다. 그래서 대개 암컷 교미기 모양만으로는 동정이 어렵다. 배마디 윗면 강모 유무, 제6, 7배마디 아랫면에 튀어나온 중복부돌기 유무, 미모(cercus) 모양 등을 살펴 동정할 수는 있으나 극히 일부 종에서만 가능하다.

광택날도래 알 낳기   애우묵날도래 알집

물날도래과 암컷   바수염날도래과 암컷

암컷 교미기로 정확히 동정하려면 10% 수산화칼륨 용액으로 교미기 내부 기관을 제거하고 저정낭돌기(processus spermatheca) 모양을 살펴야 한다. 그러나 저자는 암컷으로 종을 동정하지 않아 이 책에서는 눈으로 확실히 구별되는 몇 종을 제외하고는 암컷 교미기 사진을 싣지 않았다.

알 낳기

알은 원형, 타원형, 도넛형에 흰색, 노란색, 초록색이며 1개씩 또는 덩어리로 낳는다. 우묵날도래과, 바수염날도래과 같이 덩어리로 알을 낳는 종의 암컷은 알 덩어리를 몇 개씩 낳고 덩어리 하나에 알이 10~600개 들어 있다. 많은 종의 암컷이 알을 낳고자 물속으로 기어 들어가며 알을 돌이나 이끼 등에 붙이지만, 우묵날도래과 일부 종은 물 밖 식물 줄기나 바위 등에 붙인다.

알에서 깨어난 유충은 알 덩어리에서 1령 상태로 자라다가 물속으로 뛰어든다. 알은 수분을 흡수하면서 부푸는 끈끈한 다당류(젤라틴)에 싸여 있으며, 이 다당류는 얇고 투명한 물질로 둘러싸여 있다.

유충은 며칠 만에 부화하지만 종에 따라 알로 겨울을 나거나 몇 달간 휴면하기도 한다. 깃날도래과 일부 종의 알은 물이 말라 버린 수풀에 있다가 봄에 물이 보충되면 부화한다.

둥근얼굴날도래과 *Dolichocentrus* 암컷이 알 낳는 과정을 관찰했다. 암컷은 알 낳을 곳을 찾아 물이 흐르는 방향 반대편 돌에서 물속으로 기어 들어갔다. 날개 털이 공기층을 만들어 몸이 물에 젖지 않았으며 물속에 들어간 암컷은 은 빛으로 빛났다. 돌에 알 덩어리를 붙였으나 알 덩어리에 암컷 몸도 달라붙어서 빠져나오지 못했다. 암컷을 만져 보니 온몸이 끈적끈적했다.

알 덩어리

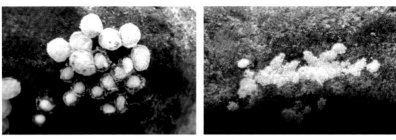

줄날도래류   애우묵날도래류

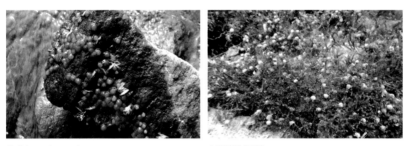

Dolichocentrus sp.1   수염치레날도래

우묵날도래류

둥근얼굴날도래과 *Dolichocentrus* 암컷 알 낳기

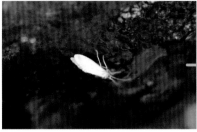

물속으로 들어가려고 한다.

머리부터 들어간다.

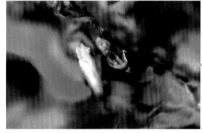

완전히 물속으로 들어간다.

알 낳을 곳을 정한다.

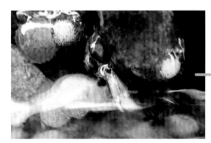

알을 낳는다.

알을 낳은 뒤 물에서 나오지 못하고 죽는다.

유충

생태 특징

많은 종이 차갑고 깨끗한 물에 살지만 일부는 수온이 높고 오염이 심한 곳, 때로는 물이 말라 버리는 웅덩이처럼 혹독한 환경에서도 산다. 유충이 짓는 집은 몸을 보호하고, 안전하게 사냥하는 데에 도움을 준다. 집 안에서 몸을 계속 움직이며 물결을 일으켜 호흡 효율도 높인다.

유충은 잡식성으로 물속에 있는 조류, 낙엽 등 유기물을 먹으며 수서곤충, 연체동물 사체를 먹는다. 종에 따라 식물성이거나 동물성으로 선호하는 먹이가 다르기도 하고 같은 종일지라도 영기에 따라 먹이가 다르기도 하다. 그러면서 날도래 유충은 민물고기, 일부 양서류와 파충류, 새의 먹이가 된다.

유충은 5번 허물을 벗으며 1년 정도 물속에서 생활한 뒤에 번데기가 되지만, 일부 종은 2개월~2년을 유충으로 지내기도 한다. Ross (1944)는 유충을 집 짓는 습성, 생활형에 따라 아래 5가지로 구분했다.

자유 생활을 하는 종: 물날도래과, 긴발톱물날도래과가 해당한다. 유충은 집을 짓지 않는다. 다른 종 유충에 비해 몸이 튼튼하며 꼬리발톱이 강하다. 산간 계류 여울에 살며 자신보다 작은 수서동물을 잡아먹거나 사체를 먹는다. 일부 종은 조류와 관속식물을 먹기도 한다.

주름물날도래 유충

그물을 치는 종: 입술날도래과, 각날도래과, 줄날도래과, 깃날도래과, Pseudoneureclipsidae, 별날도래과, 통날도래과가 해당한다. 대개 그물을 치거나 고정된 은신처를 만든다. 그물은 입구가 넓고 끝이 좁은 깔때기 모양, 끝

그물 집

각날도래류

줄날도래

줄날도래류

통날도래류

이 긴 나팔관 모양, 양 끝이 뚫린 긴 관 모양 등 다양하다. 대부분 유충이 여울에서 발견되지만 깃날도래과의 일부 종과 별날도래과는 물살이 약하거나 물이 고인 소(pool)에 집을 짓는다. 그물 집은 돌과 커다란 나무 파편 같은 고정된 물체에 단단히 붙이며 실을 내어 주변 이끼, 조류, 모래, 자갈 등을 붙여 만든다. 입구에 쳐 놓은 그물에 물이 통과하면서 먹이인 유기물이 걸러지는 구조다. 유충은 그물에 걸린 먹이를 은신처로 옮겨 와 먹는다.

거북 등 모양 집을 짓는 종: 광택날도래과가 해당한다. 모래와 작은 돌로 윗면은 볼록하고 아랫면은 평평한 집을 짓는다. 아랫면 양쪽 끝에 구멍이 나 있어 머리와 꼬리다리가 나

광택날도래 KUa 유충

49

온다. 물 흐름이 완만한 계류에 살고 암석 표면을 기어 다니며 조류를 긁어 먹거나 유기물을 주워 먹는다.

지갑 모양 집을 짓는 종: 애날도래과가 해당한다. 유충은 과탈바꿈을 하는데 1~4령까지는 자유 생활을 하다가 5령 시기에 배가 부풀며 몸이 납작한 형태로 급변한다. 물 흐름이 완만한 강과 호수에 살며 고운 모래, 식물질로 집을 짓는다. 조류를 먹으며 일부 속은 규조류를 먹는다.

Hydroptilia KUa

관 모양 집을 짓는 종: 날도래과, 둥근날개날도래과, 둥근얼굴날도래과, 우묵날도래과, 가시날도래과, 가시우묵날도래과, 애우묵날도래과, 네모집날도래과, 달팽이날도래과, 털날도래과, 날개날도래과, 바수염날도래과, 채다리날도래과, 나비날도래과가 해당한다.

식물질, 광물질로 관 모양 집을 짓는다. 종마다 집 모양이 다르지만, 같은 종일지라도 환경에 따라 재료를 바꾸기도 하며 영기에 따라 재료와 모양을 바꾸기도 한다. 집 안에서 몸을 움직여 물결을 일으키며 용존산소량을 늘리는 까닭에 다양한 수서환경에 적응할 수 있다. 낙엽이나 유기물을 주워 먹거나 썰어 먹으며, 돌 표면의 조류를 긁어 먹는다.

우묵날도래가 집 짓는 과정을 관찰했다. 유충은 가장 먼저, 몸을 자유롭게 움직일 수 있도록 다소 여유 있게 사각기둥 모양 기초 틀을 만든다. 낙엽을 잘게 조각내어 만드는데 네모집날도래과 유충처럼 반듯한 사각형은 아니다. 이어서 단단한 낙엽을 타원형으로 잘라 사각기둥 윗면에 붙이기 시작한다. 낙엽을 오리고 남은 작은 조각은 버리지 않고 안쪽 사각기둥에 덧붙였다. 집 뒤쪽이 될 곳부터 붙였고 앞쪽에 쓸 잎은 뒤쪽보다 크게 오렸다. 집 윗면과 아랫면을 번갈아 가며 붙였고 주로 윗면에 4장, 아랫면에 4장을 붙였으나 상황에 따라 수가 달랐다. 집을 다 짓는 데는 48시간 정도 걸렸다. 우묵날도래과 유충은 영기가 바뀌고 몸집이 커지면 집을 버리지 않고 보수하며 키워 나간다. 관찰한 띠우묵날도래류 유충은 서식 환경이 바뀌자 집을 새로이 지었으며 집을 완성한 뒤 몸집이 더욱 커졌다.

굴뚝날도래

둥근날개날도래

띠우묵날도래류

아무르검은날개우묵날도래

가시날도래류

네모집날도래류

털날도래 KUa

연나비날도래

무늬나비날도래류

형태 특징

유충은 형태에 따라 크게 좀형 (campodeiform)과 나비유충형 (eruciform)으로 나눈다. 좀형은 Spicipalpia 일부 종과 환상수아목 종의 유충으로 꼬리다리가 배마디와 분리되었거나 절반 정도 합쳐진 모양이다. 나비유충형은 무환수아목 종의 유충으로 두꺼운 꼬리다리가 제9배 마디와 합쳐진 모양이다.

물날도래류 유충(좀형)

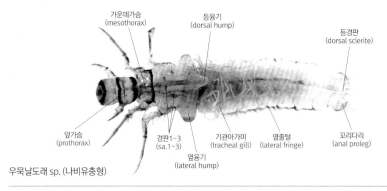

가운데가슴 (mesothorax)
등융기 (dorsal hump)
등경판 (dorsal sclerite)
앞가슴 (prothorax)
경판1~3 (sa.1~3)
옆융기 (lateral hump)
기관아가미 (tracheal gill)
옆줄털 (lateral fringe)
꼬리다리 (anal proleg)

우묵날도래 sp. (나비유충형)

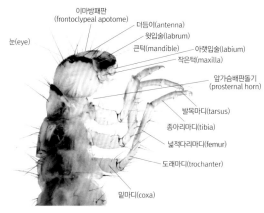

이마방패판 (frontoclypeal apotome)
더듬이(antenna)
윗입술(labrum)
아랫입술(labium)
눈(eye)
큰턱(mandible)
작은턱(maxilla)
앞가슴배판돌기 (prosternal horn)
발목마디(tarsus)
종아리마디(tibia)
넓적다리마디(femur)
도래마디(trochanter)
밑마디(coxa)

머리와 가슴

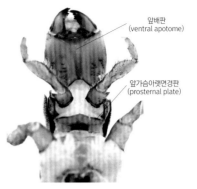

덧발톱

고리발톱

이빨

용수물날도래 꼬리다리

앞배판
(ventral apotome)

앞가슴아랫면경판
(prosternal plate)

곰줄날도래 머리 아랫면

머리: 경판으로 덮였으며 머리 윗면에는 Y자 모양 이마방패선과 두개간선(coronal suture)이 있고 성충으로 날개돋이할 때 탈피선이 생겨 3개 판으로 나뉜다. 머리 아랫면에도 딱딱한 판이 있으며 앞배판에 따라 완전히 나뉜다. 대부분 유충에서 더듬이는 흔적만 있거나 매우 작으나 나비날도래과 유충은 머리 폭의 6배 이상으로 길다. 구기는 큰턱과 작은턱, 윗입술, 아랫입술로 이루어진다. 윗입술은 이마방패판 앞쪽에 있으며 튼튼하고 두드러지며, 입술날도래과는 윗입술이 막질이다. 견사는 아랫입술 끝에 있는 견사선(silk gland)에서 나온다. 눈은 홑눈의 집합체로 겹눈과는 다르다.

가슴: 앞가슴 윗면은 딱딱한 판 2개로 덮였으며, 아랫면 한가운데에는 손가락 같은 막질인 앞가슴배판돌기가 있다. 이 돌기는 집을 짓는 날도래류에서 보인다. 가운데가슴과 뒷가슴 윗면은 딱딱한 판 또는 작은 판으로 덮여 있거나 막질이며, 과를 구별하는 중요한 분류 형질이다. 줄날도래과를 비롯한 일부 과는 앞가슴 아랫면도 딱딱하다. 앞가슴옆판이 변형된 앞도래마디는 과와 속을 나누는 중요한 분류 형질로 각날도래과, 깃날도래과, 통날도래과 유충에서 두드러진다. 가운데가슴과 뒷가슴 윗면은 크고 딱딱하거나 또는 작은 경판으로 이루어지거나, 전혀 없는 3가지로 나뉜다. 특히 무환수아목에 속하는 과

는 뒷가슴 형태 3가지(sa1, sa2, sa3) 경판 모양은 종을 구별하는 데에 유용하다. Spicipalpia, 환상수아목에 속하는 유충은 다리 3쌍 길이가 비슷하고 튼튼하며 가시, 빗살, 강모 같은 털이나 작은 가시가 있다. 특히 꼬리다리 발톱에 톱니 같은 가시가 나기도 한다. 무환수아목에 속하는 집 짓는 종 일부는 다리 중에서 뒷다리가 가장 길다.

배: 10마디로 이루어지며 무환수아목에 속하는 종은 대부분 제1배마디에 막질 등융기가 있거나 양 옆에 옆융기가 있다. 이런 융기가 있어 집과 유충의 몸 사이에 틈이 생겨 집 안으로 물이 잘 흘러들고 자세를 유지할 수 있다. 또한 각 배마디 옆면에 가늘고 짧은 옆줄털이 있다. 물날도래과를 비롯한 일부 종에서는 제9배마디 윗면에 딱딱한 판이 있으며 감각모가 나 있다. 튼튼한 고리발톱에 덧발톱이 있는 종도 있다.

많은 종이 기관아가미가 있다. 기관아가미는 배마디 체벽 일부가 변형된 것으로 배 윗면, 옆면, 아랫면에 있고 실 모양이거나 털 다발 모양이다. 기관아가미 배열은 유충으로 종을 구별할 때 중요한 분류 형질이다. 물날도래과, 줄날도래과의 몇 종은 가슴 아랫면에도 털 다발이 있으며, 일부 과에서는 제10배마디에 손가락 모양 항문아가미가 있다. 우묵날도래과, 날개날도래과, 애날도래과는 제2~7배마디 윗면 또는 아랫면에 있는 염류상피를 통해 이온을 흡수한다.

염류상피

우묵날도래류 염류상피

전용기

종령기 유충이 번데기로 탈바꿈하기 직전을 전용기(prepupa)라고 한다. 유충은
더는 먹지 않으며, 몸이 줄어들고 배 색깔이 짙어진다. 몸이 딱딱해지기 전에
번데기시기를 보낼 장소를 찾아 이동한다. 번데기 방을 구축하는 것은 매우 중
요한 일로 유충시기에 집을 지었던 종은 그 집을 그대로 이용하고, 자유생활을
하거나 그물을 치며 살았던 종은 돔 형태로 짓는다. 일부 종은 상황에 따라 전
용기 상태로 휴면하기도 한다.

흰점줄날도래

물날도래류

큰줄날도래 유충의 번데기 방 짓기

멋쟁이각날도래 유충의 번데기 방 짓기

번데기

생태 특징

번데기는 2~3주 동안 물속 번데기 방에서 지낸다. 단단한 바위나 돌, 나뭇가지에 견고하게 번데기 방을 짓고 그 안에서 견사와 미네랄 입자로 고치를 짓는다. 고치 양쪽 끝을 방 안쪽 벽면에 고정한다.

물속에서 번데기들이 무리 지어 있는 모습을 볼 수 있다. 이는 짧은 성충시기에 짝짓기 확률을 높이고자 여기저기 흩어져 살던 유충들이 한 곳으로 모여 번데기시기를 보낸 뒤 함께 날개돋이를 준비하기 때문이다. 일부 종은 몇 달씩 번데기로 휴면하기도 하며 가시우묵날도래과는 봄에 번데기가 되어 여름잠을 자고 가을에 날개돋이한다는 보고가 있다.

유충시기에 몸을 감싸던 딱딱한 각질은 몸에서 떨어져 고치 뒤쪽에 모인다. 이 조각을 근거로 어떤 유충이 고치를 지었는지 짐작할 수 있다.

바수염날도래류 번데기 입구 막기

장수나비날도래 번데기

가시날도래류 번데기 집단

바수염날도래류 번데기

애날도래류 번데기

줄날도래류 번데기

물날도래류 고치

형태 특징

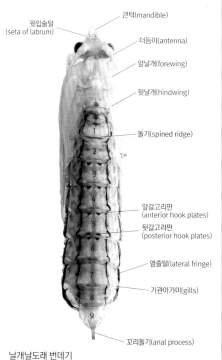

윗입술털
(seta of labrum)

큰턱(mandible)

더듬이(antenna)

앞날개(forewing)

뒷날개(hindwing)

돌기(spined ridge)

앞갈고리판
(anterior hook plates)

뒷갈고리판
(posterior hook plates)

옆줄털(lateral fringe)

기관아가미(gills)

꼬리돌기(anal process)

날개날도래 번데기

옆줄털(lateral fringe)

꼬리돌기(anal process)

날개날도래 번데기

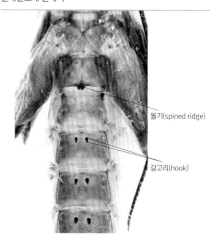

돌기(spined ridge)

갈고리(hook)

우묵날도래과 번데기

가운데발목마디 수영모
(metatarsus modified
for swimming)

채다리날도래 번데기

번데기시기에는 형태에 큰 변화가 일어난다. 더듬이는 길어지고 큰턱은 매우 발달하며 날개싹(시아)이 돋아나고 배마디 윗면에 갈고리가 생기며 다리가 길어진다. 가운데다리에는 수영모가 길게 나 날개돋이하려고 물 밖으로 탈출할 때 헤엄칠 수 있다.

큰턱은 송곳니처럼 뾰족하고 매우 단단해 물과 함께 고치 안으로 들어오는 유기물이나 부스러기를 치우고 날개돋이할 때 고치를 찢는다. 배마디 윗면 갈고리판은 번데기가 고치 안에서 움직이는 데에 도움을 준다. 대개 갈고리는 제3~7배마디 윗면 각 마디 앞쪽에 1쌍씩 있고 뒤쪽을 향하며, 제5배마디에는 뒤쪽에도 1쌍이 있으며 앞쪽을 향한다. 갈고리판은 종마다 모양이 달라 종을 구별하는 중요한 형질이다. 또한 제1배마디 윗면 돌기는 번데기가 고치를 찢고 나올 때 중요하게 쓰인다.

유충시기 기관아가미를 그대로 활용하며 그 외에는 피부로 호흡한다. 몇몇 과에서는 옆줄털이 제8배마디 아랫면을 둥그렇게 감싸며 배 끝에 가늘고 긴 꼬리돌기가 있다.

멋쟁이각날도래 큰턱

날개돋이(우화, 羽化)

번데기는 큰턱으로 고치를 찢고 닫아 놓았던 집 뚜껑을 자른 뒤 밖으로 나온다. 더듬이와 뒷다리는 몸에 붙이고 앞다리와 가운데다리로 수면을 향해 비스듬한 각도로 헤엄쳐 올라온다. 이때 몸과 허물 사이에는 가스(emerging gas)가 차오르며 이 때문에 빛이 부서져 몸이 반짝인다. 물고기는 이 반짝임을 보고 날도래를 사냥한다. 수면에 다다르면 몸을 수면과 수평으로 두고 빙빙 돌다가 수면에서 바로 날개돋이하거나 물 밖으로 기어 나와 날개돋이한다.

날개돋이할 때는 배를 물결치듯 움직여 허물을 벗는다. 제일 먼저 등껍질이 찢어지며 머리, 가슴이 빠져나오고 날개는 나오면서부터 펼친다. 몸이 다 빠져나온 뒤에는 대부분 날갯짓을 몇 번 한 뒤에 날아오른다. 때로 몸이 완전히 딱딱해지지 않고 날개 색이 완전히 드러나지 않았는데도 날아간다. 허물은 날개돋이한 곳에 남으며, 그것을 보고 어떤 날도래가 날개돋이 했는지 알 수도 있다.

집게날도래 날개돋이 모습

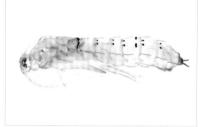

채나리날도래 허물

수면우화: 유충 또는 번데기가 수면을 향해 떠오르거나 헤엄쳐서 수면에 다다른 뒤 수면에서 날개돋이하는 방법이다. 유충 또는 번데기는 몸속 가스 부력으로 움직임 없이 수면을 향해 오르거나 헤엄쳐서 올라온다. 수면에 다다른 뒤에는 배를 움직여 허물을 벗는다. 깔다구류, 하루살이류는 허물을 벗는 동시에 날아오르지만 날도래는 스케이트를 타듯 수면에서 빠르게 돌아다니거나 물풀, 돌을 붙들고 기어올라 날개를 몇 번 폈다 오므리기를 반복한 뒤에 날아오른다.

수면우화는 광택날도래과, 각날도래과, 줄날도래과, 비수염날도래과, 채다리날
도래과가 쓰는 방법이며, 하루살이목 유충과 파리목 번데기에서도 보인다.

수중우화: 물속에서 허물을 벗고 몸속 가스 부력으로 수면으로 오른 뒤 몇 초
안에 날개를 펴고 날아오른다. 물속에서 완전히 허물을 벗고 수면으로 떠오르
기도 하며, 허물을 벗으면서 수면으로 떠오르기도 한다. 날도래목에서는 이 방
법을 쓰는 종이 없으며, 하루살이목 유충과 파리목 번데기에서 보인다.

이수우화: 유충 또는 번데기가 물 밖으로 기어 나와 날개돋이하는 방법이다. 수
면으로 헤엄쳐 오른 다음 붙들 수 있는 단단한 돌이나 바위, 나무나 물풀을 찾
아 기어오른다. 날개가 완전히 빠져 나오면 몇 번 날갯짓하고는 날아오른다. 물
날도래과, 우묵날도래과, 둥근날개날도래과, 네모집날도래과, 나비날도래과 등
많은 날도래가 이 방법을 쓰며, 강도래목, 잠자리목, 하루살이목 일부 종에서도
보인다.

둥근날개날도래의 이수우화 과정

분류

아목 및 과 분류

날도래목은 견사를 쓰는 방식, 그물이나 집 유무, 번데기 방을 짓는 방법에 따라 3아목으로 나누며, 우리나라에는 25과가 기록되었다.

날도래목 Trichoptera

Spicipalpia
- 물날도래과 Rhyacophilidae
- 긴발톱물날도래과 Hydrobiosidae
- 애날도래과 Hydroptilidae
- 광택날도래과 Glossosomatidae

환상수아목 Annulipalpia
- 입술날도래과 Philopotamidae
- 각날도래과 Stenopsychidae
- 줄날도래과 Hydropsychidae
- 깃날도래과 Polycentropodidae
- Pseudoneureclipsidae
- 별날도래과 Ecnomidae
- 통날도래과 Psychomyiidae

무환수아목 Integripalpia
- 날도래과 Phryganeidae
- 둥근날개날도래과 Phryganopsychidae
- 둥근얼굴날도래과 Brachycentridae
- 우묵날도래과 Limnephilidae
- 가시날도래과 Goeridae
- 가시우묵날도래과 Uenoidae
- 애우묵날도래과 Apataniidae
- 네모집날도래과 Lepidostomatidae
- 털날도래과 Sericostomatidae
- 날개날도래과 Molannidae
- 바수염날도래과 Odontoceridae
- 채다리날도래과 Calamoceratidae
- 나비날도래과 Leptoceridae
- 달팽이날도래과 Helicopsychidae

Spicipalpia

유충시기에는 자유 생활을 하거나 이동 가능한 집을 짓지만 번데기시기에는 여울에 있는 돌에 작은 돌이나 모래로 돔 모양 번데기 방을 고정되게 짓는다. 고치는 반투과성 막으로 물과 직접 닿기는 하지만 물이 드나들지는 않고 고치 벽을 통해 산소만 드나든다. 이런 호흡 방법은 용존산소량이 높아야 가능해서 유충이 산간 계류 여울에 사는 이유이기도 하다. 날도래목 중에서도 원시형에 속한다.

긴발톱물날도래 KUa 유충

번데기

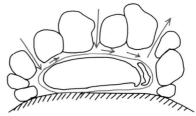

고치

환상수아목(Annulipalpia)

유충일 때 여울에 그물을 치거나 은신처를 짓는다. 번데기시기에는 모래, 작은 돌, 낙엽, 이끼 등으로 단단하게 고정한 돔 모양 번데기 방을 짓는다. 번데기 방 모양은 Spicipalpia와 비슷하나 산소를 공급하는 방법이 다르다. 고치에 그물 모양 구멍이 있어 물이 고치 안으로 들어갈 수 있다. 환상수아목의 또 다른 특징은 성충의 작은턱수염 마지막 마디가 마디 중에서 가장 길고 부드럽다.

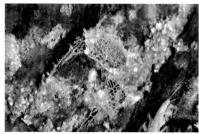

그물 은신처

줄날도래과 번데기

고치

입구

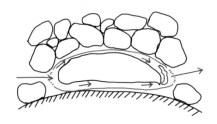

입구

무환수아목(Integripalpia)

유충시기에 식물질이나 광물질로 이동 가능한 집을 짓는다. 번데기시기에도 유충 때 집을 그대로 이용하며, 집 한쪽을 큰 돌이나 바위에 붙이거나 단단한 바닥에 양쪽 입구를 붙여 수평으로 고정한다. 집 한쪽 입구는 그물 모양이어서 물이 고치 안으로 들어갈 수 있다. 날도래목 가운데 가장 분화가 잘 된 무리다.

갈색우묵날도래 KUa 유충

가시날도래류 유충

바수염날도래과 유충

띠무늬우묵날도래류 번데기(한쪽 면을 붙인 모양)

모시우묵날도래류 번데기(한쪽 면을 붙인 모양)

나비날도래 *Ceraclea* 종의 번데기(양쪽 입구를 붙인 모양)

입구를 돌에 붙인 모양(견사로 고정시킨 모양)

우묵날도래류가 입구를 막은 모양

과 검색표 및 특징

1. 앞날개 길이는 5mm 이하이며, 폭이 좁고 끝이 뾰족하며 뒷날개에 긴 털이 있다. …… 애날도래과
   앞날개가 5mm보다 길다. 5mm 이하이면 뒷날개에 긴 털이 없다. ……………………………… 2

애날도래속 뒷날개

2. 홑눈이 있다. ……………………………………………………………………………………… 3
   홑눈이 없다. ……………………………………………………………………………………… 12

고려우묵날도래 홑눈

3. 작은턱수염이 5마디이고 제5마디가 제4마디보다 2배 이상 길다. ……………………………… 4
   작은턱수염이 3, 4마디 또는 5마디이며, 5마디이면 제5마디가 다른 마디와 길이가 비슷하거나
   짧다. ……………………………………………………………………………………………… 5

멋쟁이각날도래   올챙이물날도래

4. 몸길이가 15mm 이하다. 더듬이 길이가 앞날개와 비슷하거나 짧다. ……………… 입술날도래과
   몸길이가 15mm 이상이다. 더듬이가 앞날개보다 길다. ………………………………… 각날도래과

5. 작은턱수염은 5마디이고 제1마디와 제2마디 길이가 비슷하며 짧다. ································· 6
   작은턱수염은 3~5마디이고 제1마디보다 제2마디가 길다. ······························· 8

큰우묵날도래

6. 작은턱수염 제1마디와 제2마디가 막대 모양이다. ······························· 긴발톱물날도래과
   작은턱수염 제1마디와 제2마디가 공 모양이며 털이 있다. ····························· 7

긴발톱물날도래   덕유산물날도래

7. 앞다리 종아리마디에 앞끝가시가 나 있어 3-4-4형이다. ····························· 물날도래과
   앞다리 종아리마디에 앞끝가시가 없고 2-4-4형이다. ····························· 광택날도래과

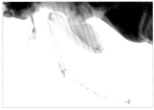

그물무늬물날도래   우수리광택날도래

8. 종아리마디 가시는 2-4-4형이다. ·· 9
   종아리마디 가시는 0(1)-2(3)-2(4)형이다. ··10

9. 앞날개 m-cu가 길다. 또한 중맥(M)에서 주맥1(Cu₁)이 날개 기부로 늘어난다.
   ·· 둥근날개날도래과
   앞날개 m-cu가 짧다. 또한 중맥(M)에서 주맥1(Cu₁)이 날개 끝으로 늘어난다. ··········· 날도래과

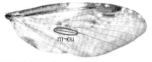

둥근날개날도래

참단발날도래

10. 더듬이 제1마디가 머리 길이보다 길다. 뒷날개 앞 가장자리에 갈고리 모양 강모가 있다.
    ·· 가시우묵날도래과
    더듬이 제1마디가 머리 길이와 비슷하거나 짧다. 뒷날개 앞 가장자리에 강모가 없고 전체가 완만
    한 곡선이다. ···11

가시우묵날도래

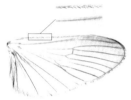

뒷날개

애우묵날도래

11. 앞날개 아전연맥(Sc)은 c-r로 갑자기 끊어지고 길이는 10mm 이하다. ··········· 애우묵날도래과
    앞날개 아전연맥(Sc)은 c-r로 끊어지지 않고 무늬가 나타나는 경우가 많으며 길이는 10mm 이상
    이다. ·· 우묵날도래과

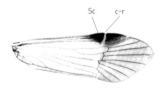

애우묵날도래

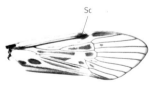

띠무늬우묵날도래

12. 작은턱수염은 5마디 또는 6마디다. 5마디이면 제5마디는 가늘고 길며 채찍 모양이거나 다른 마
    디보다 길다. 6마디이면 제6마디 길이가 다른 마디 길이와 비슷하다. ··································· 13
    작은턱수염은 2~6마디이며 5마디이면 제5마디는 채찍 모양이 아니다. ·························· 17

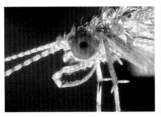 

줄날도래   수염치레날도래

13. 가운데가슴 순판에 혹 모양 돌기가 없다. ··· 줄날도래과
    가운데가슴 순판에 혹 모양 돌기가 1쌍 있다. ·· 14

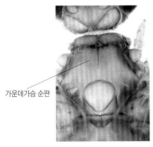 

가운데가슴 순판혹

가운데가슴 순판

동양줄날도래   별날도래

14. 앞날개 경맥1(R₁) 끝이 갈라진다. ·· 별날도래과
    앞날개 경맥1(R₁) 끝이 갈라지지 않는다. ·· 15

경맥

 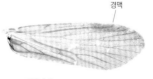

경맥

밝은별날도래   *P. wui* 앞날개

15. 앞다리 종아리마디에 앞끝가시가 있어 3-4-4형이다. ······································ 16
    앞다리 종아리마디에 앞끝가시가 없어 2-4-4형이다. ································· 통날도래과

16. 뒷날개 앞 가장자리에 튀어나온 곳이 없다. ······························· 깃날도래과
    뒷날개 앞 가장자리 가운데가 약간 튀어나왔다. ···················· Pseudoneureclipsidae

P. wui 뒷날개   *P. ussuriensis* 뒷날개

17. 가운데가슴 순판에 혹 모양 돌기가 없으며 굵고 억센 털이 세로로 한 줄 나 있다. ·············· 18
    가운데가슴 순판에 혹 모양 돌기가 1쌍 있다. ··· 20

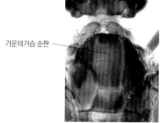

가운데가슴 순판

가운데가슴 순판

날개날도래   한네모집날도래

18. 다리 가시는 0-2-2, 1-2-2 또는 2-2-2형이며 더듬이는 몸길이의 2~3배다. ··· 나비날도래과
    다리 가시는 1-4-4, 2-4-3 또는 2-4-4형이다. ·································· 19

19. 앞날개에 중실이 있고 더듬이 제1마디가 제2더듬이보다 2배 길다.················ 채다리날도래과
    앞날개에 중실이 없고 더듬이 제1마디가 제2더듬이보다 3배 길다.···················· 날개날도래과

중실

채다리날도래 앞날개   날개날도래 앞날개

채다리날도래 더듬이 제1마디   날개날도래 더듬이 제1마디

20. 다리 가시는 1-2-4형이다. ·· 달팽이날도래과
    다리 가시가 1-2-4형이 아니다. ·· 21

21. 다리 가시는 2-2-2, 2-2-3 또는 2-3-3형이다. ················ 둥근얼굴날도래과
    다리 가시가 위와 형태가 다르다. ·· 22

22. 다리 가시는 2-2-4형이다. 가운데가슴 앞 가장자리 가운데가 움푹
    파였다. ··· 털날도래과
    다리 가시는 2-4-4형이다(일부 1-2-2). ············· 23

동양털날도래

23. 가운데가슴 소순판에 혹 모양 돌기가 1쌍 있다. 수컷
    작은턱수염은 마디가 변형되어 털로 덮였고 굽었다.
    ·· 네모집날도래과
    가운데가슴 소순판에 혹 모양 돌기가 없으며 돌기가
    전체에 퍼져 있다. ···························· 24

한네모집날도래

24. 가운데가슴 소순판 돌기는 길쭉한 타원형이다. 작은턱수염은 5마디이고 털이 있다.
    ··· 바수염날도래과
    가운데가슴 소순판 돌기는 길쭉한 타원형이거나 돌기가 없다. 작은턱수염은 수컷은 3마디, 암컷
    은 5마디이고 수컷은 위쪽으로 구부러진 막 같다. ······························· 가시날도래과

수염치레날도래

알록가시날도래

알록가시날도래 작은턱수염

01

물날도래과
Rhyacophilidae

전 세계에 700여 종이 알려졌다. 한반도에는 1속 29종이 기록되었으며, 그중 16종은 유충으로 기록되었다. 또한 학명이 결정되지 않은 유충이 2종 있다. 조사 결과 과거에 기록된 유충 16종 가운데 거친물날도래, 무늬물날도래, 용수물날도래 3종은 성충을 확인했다. 나머지 13종은 성충 기록이 없다. 또한 북한 분포 종으로 기록된 나도물날도래를 채집해 남한 서식을 확인했다. 이 책에는 새롭게 발견한 성충 3종을 물날도래 sp.1, 2, 3으로 실었다.

성충은 전국에서 3~10월에 나타나며, 4~5월에 대부분 종을 볼 수 있고, 연 1회 출현하지만 봄과 가을 연 2회 나타나는 종도 있다. 주로 산간 계류에서 보이며 일부 종은 평지 하천에서도 보인다. 낮에 활발하며 밤에는 수풀 속이나 바위 밑으로 숨는다. 등화 채집 때 보면 불빛에 민감하게 반응하지 않는 편이다.

덕유산물날도래. 강원 홍천. 2018.05.

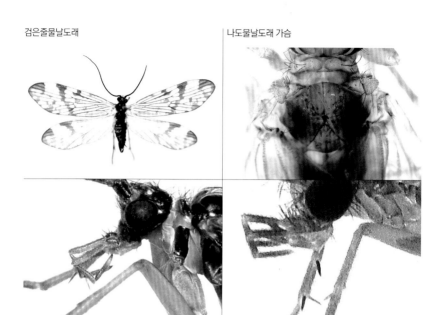

검은줄물날도래

나도물날도래 가슴

나도물날도래 작은턱수염

나도물날도래 앞끝가시

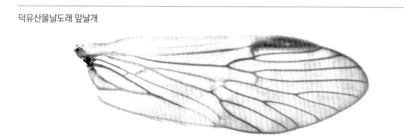

덕유산물날도래 앞날개

덕유산물날도래 뒷날개

몸길이는 5~15mm이다. 홑눈이 있다. 더듬이는 몸길이보다 길거나 약간 짧으며 가는 채찍 모양이다. 작은턱수염은 암수 모두 5마디로 제1, 2마디 길이가 같고 짧으며 제2마디는 동그랗다. 가운데가슴 순판에 있는 혹 1쌍은 V자 모양이다. 소순판 아래에 작고 동그란 혹이 1개 있다.

앞날개는 밝고 투명하거나 뚜렷한 무늬가 있거나 암갈색 털로 덮여 있는 등 다양하다. 앞날개와 뒷날개 크기와 모양이 비슷하다. 날개 무늬만으로 뚜렷하게 구별되는 종이 많으나 몇몇 종은 털이 빠진 후 무늬가 사라지므로 구별되지 않는다. 날개맥은 뚜렷하다. 앞날개에는 f_1~f_5가 모두 있고 경실이 매우 길다. 뒷날개는 f_1~f_3, f_5가 있다. 다리 가시는 3-4-4형으로 앞다리 종아리마디에 앞끝 가시가 있다.

유충은 산간 계류, 평지 하천 여울에 살며 집을 짓지 않고 자유 생활을 한다. 몸길이는 10~20mm이며 집을 짓는 유충에 비해 몸이 튼튼하다. 머리와 앞가슴

서식지. 강원 영월. 2016.08.

미소 서식지

유충

머리 윗면   꼬리다리

윗면은 커다란 경판으로 덮였고 가운데가슴과 뒷가슴은 막질이다. 배마디에 기관아가미가 있거나 없으며 제9배마디 윗면에는 경판이 있고 털이 있다. 각 다리 길이는 비슷하다. 꼬리다리가 튼튼해서 센 물살을 견딜 수 있다. 옆새우, 깔따구, 하루살이 등 자신보다 작은 수서동물을 잡아먹는다.

번데기시기에는 돌에다 번데기 방을 짓는다. 모래와 돌 조각을 모아 돔 모양으로 지으며 때로 가장 큰 돌 조각을 돔 뚜껑으로 덮는다. 번데기 방이 완성되면 유충은 그 안에서 약간 투명한 갈색 고치를 짓고 양쪽 끝을 막는다. 고치 안으로 물이 들어오지 않고 벽을 통해 산소만 들어오는 구조여서 번데기는 호흡 효율을 높이려고 물살이 센 곳에서 지낸다. 번데기는 2주 정도 번데기 방에 머물다가 물 밖 돌로 기어 나와 날개돋이한다.

번데기 방을 짓는 유충

물날도래속 번데기 방

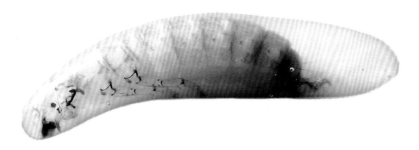

물날도래속 고치

02

긴발톱물날도래과
Hydrobiosidae

전 세계에 400여 종이 알려졌으며, 한반도에는 성충으로 1속 1종, 유충 1종(학명 미결정)이 기록되었다.

성충은 전국에서 4~10월에 나타나며 4~5월과 9~10월에 주로 보인다. 산간 계류에서 볼 수 있으며, 고도가 높거나 수온이 낮은 곳에서는 여름에도 볼 수 있다. 낮에 활발히 움직이며 등화 채집 때 날아오기는 하지만 불빛에 민감한 편은 아니다.

몸길이는 10~15mm이고 전체가 어두운 갈색이다. 머리에는 홑눈이 있다. 더듬이는 몸길이와 같거나 조금 길며, 제1마디는 짧고 굵다. 작은턱수염은 암수 모두 5마디이고 제2마디는 막대 모양이며 제1마디보다 길다. 아랫입술수염은 암수 모두 3마디다. 가운데가슴 순판에 있는 혹 1쌍은 세로로 길어 가슴 양 끝

긴발톱물날도래. 전남 강진. 2016.03.

가슴 윗면

작은턱수염

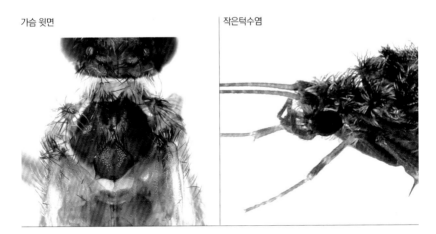

앞날개

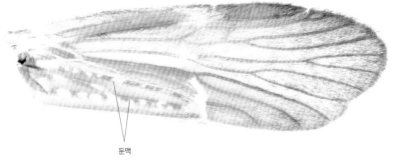

둔맥

뒷날개

에 닿으며 소순판에 있는 혹 1쌍은 삼각형으로 맞닿았다.

앞날개는 폭보다 길이가 2배 이상 길며, 둔맥은 점선 모양이다. 다리 가시는 1(2)-4-4형이다. 수컷 제6, 7배마디 아랫면에 가시 모양과 확장된 부속물이 있으며, 이는 종에 따라 모양과 크기가 달라서 종을 구별하는 중요한 형질이다. 유충은 산간 계류 경사와 물 흐름이 완만한 여울에 산다. 유충과 번데기 형태와 생태는 물날도래과와 비슷하다. 유충으로 기록된 긴발톱물날도래 KUa는 몸이 옥색 또는 청색을 띠며 머리와 앞가슴 윗면은 밝은 갈색이며 경판으로 덮였고, 앞가슴은 앞쪽이 넓고 뒤쪽이 좁은 사다리꼴이다. 앞다리 넓적다리마디는 매우 넓고 발톱은 갈고리 모양으로 길다. 기관아가미가 없으며 꼬리다리는 튼튼하다.

서식지. 강원 평창. 2016.05.

긴발톱물날도래 KUa 유충

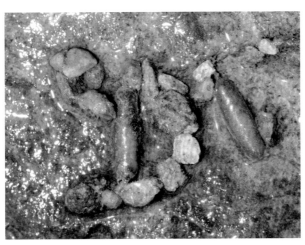

긴발톱물날도래 KUa 고치

애날도래과
Hydroptilidae

애날도래목 가운데 큰 무리이며 전 세계에 2,000여 종이 알려졌고, 한반도에는 성충으로 4속 19종, 유충 1종(학명 미결정)이 기록되었다. 최근 Ito & Park (2016), Park *et al.* (2018)이 새로운 속과 종의 성충을 밝혔다. 성충은 작아서 현미경으로도 동정이 어렵다. 이 책에서는 속 수준으로 정리했다.

성충은 전국에서 4~10월에 나타나며 주로 6~9월에 많이 보인다. 낮에 나뭇잎 뒷면에서 쉬는 모습도 봤지만 등화 채집 때 주로 봤다. 몸길이는 2.5~4mm이며 연약하고 작다. 머리에 홑눈 3개가 있거나 없다. 더듬이는 몸길이보다 짧으며 제1마디는 머리 길이보다 짧고 뭉툭하다. 나머지 마디는 구슬을 꿰어 놓은 것처럼 보인다. 종마다 마디 수가 다르고 특정한 띠무늬가 나타나지만 무늬만으로 어떤 종이라고 단정 짓기는 어렵다. 애날도래속 일부 종 수컷은 머리 뒤

애날도래 sp.3. 경기 연천. 2017.10.

애날도래속 수컷

애날도래속 머리 윗면

긴다리애날도래속 머리 윗면

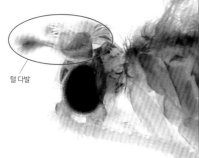

털 다발

애날도래속 수컷 털 다발

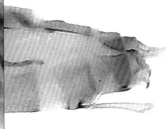

애날도래속 수컷 제7배마디 돌기

에 암컷 냄새를 맡는 털 다발이 있다. 작은턱수염은 암수 모두 5마디다. 가운데 가슴 순판에는 혹이 없으며 소순판 끝에 길쭉한 V자 혹이 1쌍 있다. 다리는 연약하고 가시는 (0~1)-(2~3)-4형이다. 때로 가운데다리와 뒷다리의 끝가시가 1쌍인 경우 하나는 매우 길고 하나는 절반에 미치지 못한다. 암컷 다리 종아리마디와 발목마디에 털이 많다.

날개는 폭이 좁고 끝이 뾰족하며, 앞날개에는 여러 방향으로 털이 나 있고 뒷날개는 안쪽 가장자리에 긴 털이 머리카락처럼 나온다. 수컷 제7배마디에는 가시 모양 돌기가 있으며 돌기 길이, 모양이 종마다 다르다. 배는 전체가 털로 덮였다.

유충은 계류, 평지 하천, 강, 호수 등에 산다. 물살이 약하거나 멈춘 곳, 하천 바닥에 가는 모래가 있는 곳, 물가에 물풀이 있는 곳을 선호한다. 조류를 먹지만 일부 속은 규조류도 먹는다. 애날도래과 유충은 과탈바꿈한다. 1~4령까지는 집을 짓지 않고 자유 생활을 하지만 5령이 되면서 집을 짓는다. 또한, 모습도 완전히 바뀌어 전혀 다른 종의 유충 같다. 일부 종은 알에서부터 4령까지 시

기가 매우 짧으며, 몇 주 만에 5령으로 성장한다. 집 길이는 3~5mm이다. 5령
유충 머리와 모든 가슴 윗면은 경판으로 덮였고 갈색이거나 밝은 오렌지색이
며, 배마디는 부풀었다. 각 다리 길이는 비슷하다.

애날도래속 종아리마디 가시 | 애날도래속 앞날개

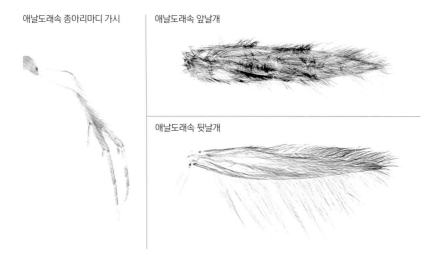

애날도래속 뒷날개

서식지. 경기 연천. 2015.05.

유충은 속에 따라 집 모양과 재료가 다르다. 애날도래속은 가늘고 고운 모래나 식물질로 지갑 모양 집을 짓고, 긴다리애날도래속은 조류를 써서 투명한 호리병 모양으로 지으며, 네모애날도래속은 조류를 써서 양쪽 방향으로 뚫린 밀전병 모양 집을 짓는다. 여울애날도래속은 식물질로 양 끝이 넓게 퍼지는 관 모양 집을 짓는다.

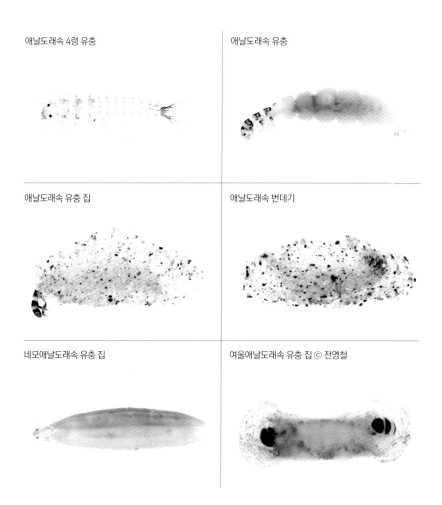

애날도래속 4령 유충

애날도래속 유충

애날도래속 유충 집

애날도래속 번데기

네모애날도래속 유충 집

여울애날도래속 유충 집 ⓒ 전영철

유충 애날도래 KUa는 주로 강과 평지 하천에서 보이나 기수역과 도심 하천에서도 보인다. 수변부 돌맹이 위나 물풀 줄기에 유충이 함께 모여 산다. 시간이 지나면서 집 모래가 닳아 없어지기도 해서 안쪽 벽 견사만 남기도 한다. 번데기는 유충 때 집을 그대로 쓰며 양쪽 끝을 물풀이나 돌에 견사로 단단히 붙인다. 때로는 달팽이 껍데기나 다른 날도래 집에 붙이기도 한다.

애날도래속 번데기

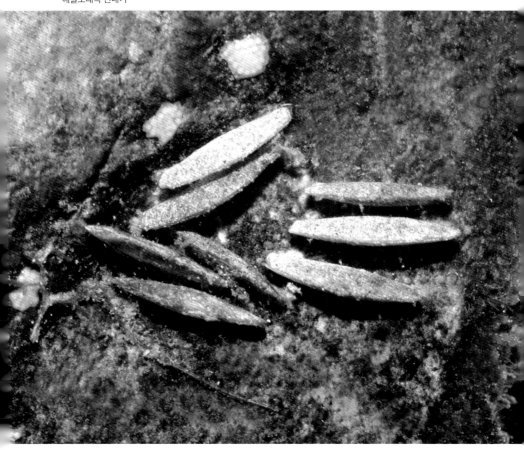

광택날도래과
Glossosomatidae

전 세계에 530종이 알려졌으며, 한반도에는 성충 3속 6종, 유충 2종(학명 미결정)이 기록되었다. 조사 결과 *Electragapetus* 성충을 새롭게 발견해 이 책에 *Electragapetus* sp.1로 실었다.

성충은 전국에서 3~10월에 나타나며 특히 봄과 가을에 많다. 산간 계류 및 평지 하천에서 보이나 낮에는 발견하기가 어려우며, 등화 채집 때 잘 날아온다. 몸길이는 5~12mm이며 전체가 암갈색이다. 홑눈이 있다. 더듬이는 몸길이와 비슷하며 제1마디는 짧고 뭉툭하다. 작은턱수염은 암수 모두 5마디이고 제2마디는 짧으며 둥글고 털이 있다. 아랫입술수염은 암수 모두 3마디다. 가운데가슴 순판에 있는 혹 1쌍은 V자 모양이며 소순판에 있는 혹 1쌍은 작은 타원형이다.

우수리광택날도래. 경남 하동. 2017.06.

우수리광택날도래 윗면

큰광택날도래속 가슴

광택날도래속 작은턱수염

광택날도래속 암컷 가운데다리

큰광택날도래속 수컷 배마디

앞날개와 뒷날개는 크기와 모양이 비슷하다. 특히 뒷날개 중실 유무와 크기, 모양은 속을 구별하는 중요한 형질이다. 광택날도래속 앞날개에는 모양이 일정한 점이 있다. 다리 가시는 0-4-3 또는 2-4-4형이며, 암컷 가운데다리 발목마디는 납작하다. 광택날도래속 수컷 뒷다리 발목마디 끝에 가시가 있으며, 종마다 모양과 크기가 다르다. 수컷 제6, 7배마디 아랫면에는 속에 따라 가시 모양 돌기가 있다. 암컷 제7배마디 아랫면에도 짧은 돌기가 있다.

알타이광택날도래 앞날개

알타이광택날도래 뒷날개

유충은 산간 계류 및 평지 하천 여울에 살지만 산간 계류를 지나 계곡 그늘이 사라지고 경사가 완만해지는 평지 하천에 더욱 많다. 돌을 기어 다니며 조류와 유기물을 긁어 먹는다. 작은 자갈로 거북 등 모양 집을 짓는다. 집 아랫면은 윗면보다 작은

서식지. 강원 원주. 2019.03.

돌로 평평하게 하며, 양쪽 입구를 뚫어 놓는다. 몸집이 커졌을 때 집을 보수하며 키워 나가는 다른 종 유충과 달리 영기가 바뀔 때마다 집을 새로 지으며, 위험에 처하면 쉽게 집을 버리고 도망가기도 한다. 고치 틀 때가 되면 유충 때 쓰던 집을 그대로 사용하되, 집 아랫면 돌을 버리고 위쪽만 남긴 상태에서 견사를 내어 바위나 돌에 붙인다.

미소 서식지 집단 서식

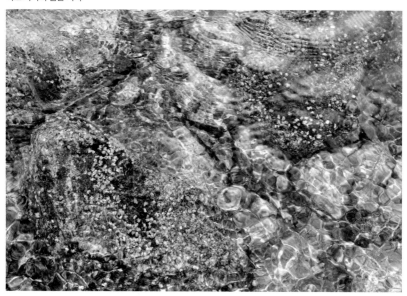

유충 몸길이는 5~10mm이며 머리는 갈색이고 무늬가 없다. 앞가슴등판은 경판으로 덮였으며 앞쪽으로 둥글고 넓다. 제9배마디 윗면에도 갈색 경판이 있다. 기관아가미가 없으며 고리발톱은 매우 짧다. 큰광택날도래 KUa는 크기가 5mm 안팎이며 머리와 앞가슴 윗면은 진한 갈색이고 경판으로 덮였다. 앞가슴 큰 경판은 앞쪽에서 2/3 지점의 폭이 가장 넓으며 가운데가슴과 뒷가슴 윗면에는 작은 경판이 1쌍씩 있다. 광택날도래 KUa는 크기 10mm 안팎이며 앞가슴은 큰 경판으로 덮였고 앞쪽에서 1/3 지점의 폭이 가장 넓으며 가운데가슴과 뒷가슴 윗면이 막질이다.

광택날도래 KUa 유충 집

광택날도래 KUa 유충

광택날도래 KUa 번데기

광택날도래 KUa 번데기 아랫면

입술날도래과
Philopotamidae

05

날도래목 가운데 큰 무리다. 전 세계에 1,000여 종이 알려졌고, 한반도에는 성충 4속 9종과 유충 2종(학명 미결정)이 기록되었다. 조사 결과 넓은입술날도래속 성충 3종을 새롭게 발견해 이 책에는 넓은입술날도래 sp.1, 2, 3으로 실었다. 성충은 전국에서 3~11월, 산간 계류와 평지 하천에서 보인다. 입술날도래속 성충은 3~5월, 9~10월 연 2회 많이 나타나며 여름에는 보이지 않는다. *Kisaura*와 넓은입술날도래속 성충은 5~10월에 같은 장소에서 함께 나타나며 생김새가 매우 비슷하다. 낮에 날아다니다가 나뭇잎이나 돌 틈에서 쉬며, 등화 채집 때 잘 날아온다.

입술날도래. 경남 창원. 2015.04.

넓은입술날도래속 윗면

추다이입술날도래 가슴

입술날도래속 작은턱수염

입술날도래속 가슴 윗면 털

성충 몸길이는 4.5~10mm이다. 홑눈이 있으며, 일부 종은 겹눈에 털이 있다. 더듬이는 몸길이와 거의 같고 제1마디는 다른 마디와 비슷하게 얇고 짧다. 작은턱수염은 암수 모두 5마디이고 제5마디는 제4마디보다 두 배 이상 길지만 채찍 모양은 아니다. 앉아 있을 때 작은턱수염은 긴 ㄷ자 모양이다. 아랫입술수염은 암수 모두 3마디다. 앞가슴 가운데 혹은 동그랗고 작으며 튀어나왔다. 가운데가슴 순판에 타원형 혹이 1쌍 있으며 일부 종에서는 흔적만 있다. 소순판은 삼각형이며 혹 1쌍이 소순판을 가득 메운다. 앞날개와 뒷날개는 모양이 비슷하며 끝이 둥글다. 입술날도래속과 *Chimarra*의 앞날개는 갈색이고 무늬가 없다. 넓은입술날도래속과 *Kisaura*의 앞날개에는 노란색 또는 황갈색 반점이

배돌기입술날도래 앞날개

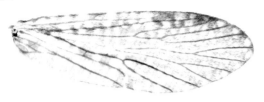

배돌기입술날도래 뒷날개

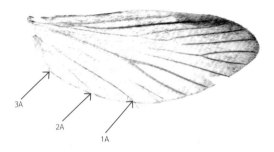

3A
2A
1A

있다. 뒷날개 둔맥 1A, 2A, 3A의 결합 형태는 속을 구별하는 주요 형질이다. 다리 가시는 1-4-4 또는 2-4-4형이다. 입술날도래속 수컷 제7, 8배마디 아랫면에 뾰족하거나 뭉툭한 돌기가 있다.

유충은 산간 계류, 평지 하천에 산다. 물이 차갑고 물살이 센 여울을 선호한다. 바닥을 기어 다니며 미세한 유기물을 걸러 먹는다. 막질에 투명한 T자 모양인 윗입술로 먹이를 모은다. 집은 긴 자루 같은 그물망 모양으로 돌 틈이나 아랫면에 짓는다. 그물망은 매우 미세해 작은 유기물 조각을 걸러 낸다. 입술날도래 KUa 유충은 돌 윗면이나 아랫면에 자기 분비물과 조류를 섞어 모양이 일정하지 않은 그물망 집을 짓는다. 번데기시기에는 돌 사이 물살이 약한 곳으로 이동하고 돌에 모래와 자갈을 모아 돔 모양 번데기 방을 짓는다.

유충 몸길이는 10~15mm이다. 머리와 앞가슴 윗면은 경판으로 덮였고 황갈색이며 무늬가 없다. 가운데가슴과 뒷가슴은 막질이다. 기호로 기재한 넓은입술날도래 KUa는 앞다리 도래마디에 손가락 모양 돌기가 길게 있고, 입술날도래 KUa는 손가락 모양 돌기가 가늘고 짧다.

서식지. 경북 봉화. 2017.03.

입술날도래 KUa 유충

입술날도래 KUa 유충 T자형 윗입술

앞다리 도래마디 돌기

넓은입술날도래 KUa

입술날도래 KUa 번데기

각날도래과
Stenopsychidae

전 세계에 90종이 알려졌으며, 한반도에는 성충 1속 4종과 유충 1종이 기록되었다. 유충 수염치레각날도래는 멋쟁이각날도래의 유충으로 정리해 실었다. 조사 결과 북한 분포 종으로 알려진 한가람각날도래가 남한에도 서식하는 것을 확인했다.

성충은 전국에서 4~10월까지 산간 계류, 평지 하천에서 나타난다. 특히 5~7월 평지 하천에서 많이 볼 수 있다. 수컷들이 해 질 녘에 동시에 날아올라 근처 큰 나무 위를 빙빙 돌듯이 날아다닌다. 다른 종과 달리 한 방향으로 곧게 날아가고, 등화 채집 때도 잘 날아온다.

성충 몸길이는 15~30mm이다. 홑눈이 있으며, 겹눈이 크다. 더듬이는 몸길이보다 길며 수컷 더듬이는 앞날개의 1.5배 정도 길다. 제1마디는 짧고 두껍다.

멋쟁이각날도래. 강원 인제. 2016.05.

멋쟁이각날도래 표본

멋쟁이각날도래 가슴 윗면

암컷 교미기

멋쟁이각날도래 뒷날개

멋쟁이각날도래 앞날개

작은턱수염은 암수 모두 5마디이고 제5마디는 매우 길고 채찍 모양이다. 아랫입술수염은 암수 모두 3마디이고 제3마디는 다른 마디에 비해 길며 가늘다. 앞가슴 가운데 있는 혹 1쌍은 가로로 길어 앞가슴을 거의 덮는다. 가운데가슴 순판에 있는 혹 1쌍은 편평하고 넓으며, 소순판 혹은 1개로 소순판 절반 정도 크기이고 둥글며 아래에 있다. 앞날개는 밝은 갈색 또는 갈색으로 그물망 모양 반점이 있으며, 종에 따라 무늬가 다르다. 뒷날개는 무늬가 없고 반투명하며 폭이 넓다. 다리 가시는 (0~3)-4-4형이다. 앞다리, 가운데다리 종아리마디와 발목마디에는 뚜렷한 갈색 반점이 있다. 암컷 가운데다리는 납작하다.

유충은 산간 계류, 평지 하천의 물살 센 여울에 산다. 몸길이는 30~40mm이고 하천 바닥에 있는 크고 작은 돌을 견사로 연결해 그물망을 튼튼하게 한다. 특히 서식 환경이 맞는 평지 하천에서는 많은 수가 집단으로 살며, 이들의 그물 집이 하천에 거미줄을 쳐 놓은 것처럼 보인다. 유충 머리는 폭이 좁고 길어 말 머리를 닮았고 밝은 갈색 바탕에 암갈색 반점이 있다. 다리 길이는 거의 비슷하고 앞다리 밑마디에는 뚜렷한 가시 모양 돌기가 있으며, 돌기 길이는 종을 구별하는 요소다. 발톱이 튼튼해서 여울에서 잘 버티며 이동할 수 있다. 유기물과 조류를 걸러 먹는다. 번데기가 될 때 자갈을 모아 길쭉한 돔 모양 번데기 방을 짓고 돌에 단단히 붙인다.

그물 집. 강원 평창. 2016.11.

그물 집 짓기

번데기 방 짓기

멋쟁이각날도래 번데기 윗면 　　　　　 멋쟁이각날도래 번데기 아랫면

강원 지역에서는 예부터 꼬네기 낚시법이라고 해서 날도래, 강도래, 하루살이 유충을 낚시 미끼로 이용해 왔다. 대개 '꼬네기'는 각날도래과 유충을 일컬으며, 그 외에도 가시날도래과 유충은 몸이 하얗고 쌀 크기와 비슷해 '쌀꼬네기'라 하고, 강도래 유충은 몸이 납작하므로 '납작꼬네기'라고 불렀다. 일본 나가노현 가미이나 지방에서는 각날도래과 유충을 조림으로 만들어 먹었다. 주로 12~2월 내장이 비어 풋내가 나지 않을 때 채집했다. 지금도 마을 사람 가운데 허가받은 이들이 채집과 조림 제조과정 전통을 이어간다.

줄날도래과
Hydropsychidae

날도래목 가운데 큰 무리다. 전 세계에 1,500여 종이 알려졌으며, 한반도에는 성충 8속 17종과 유충 3종이 기록되었으며, 미결정종이 5종 있다. 성충으로 기록된 17종 가운데 5종은 유충이 밝혀졌다. 조사 결과 줄날도래속 성충 3종을 새롭게 발견해 이 책에는 줄날도래 sp.1, 2, 3으로 실었다.

성충은 전국에서 4~11월까지 나타나며 정수역을 제외한 모든 하천에서 보인다. 산간 계류에서는 수염곰줄날도래, 동양줄날도래, 산골줄날도래가 주로 나타나며 평지 하천에는 이 3종을 제외한 나머지 종이 매우 많이 나타난다. 4~9월까지 많은 성충이 등화 채집 때 날아온다.

줄날도래. 경기 양평. 2018.04.

성충 몸길이는 7~20mm이다. 홑눈이 없고 일부 수컷은 겹눈이 크다. 더듬이
는 몸길이보다 길고 가늘다. 작은턱수염은 암수 모두 5마디이며 제5마디는 다
른 마디보다 길고 채찍 모양이다. 앞가슴 가운데 혹 1쌍은 가로로 길고 앞가슴
을 거의 덮는다. 가운데가슴 순판은 세로로 길고, 작은 점이 길게 퍼져 있다. 소
순판 혹은 1쌍이고 소순판 길이만큼 길쭉한 반달 모양이다. 다만 큰줄날도래
속은 순판이 짧고 소순판이 길다. 다리 가시는 2-4-4형이다. 암컷 가운데다리
는 대부분 납작하다. 앞날개 무늬는 그물맥, 반점, 검은 줄 등으로 종에 따라 뚜
렷하게 다르며, 같은 종에서도 개체에 따라 변이가 나타난다. 뒷날개는 앞날개
와 달리 폭이 넓고 무늬가 없으며 반투명하다. 앞날개에는 f_1~f_5가 보이며 중실

큰줄날도래 표본

줄날도래 작은턱수염

줄날도래 가슴

동양줄날도래 앞날개

동양줄날도래 뒷날개

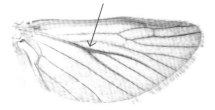

과 부중실은 닫혔다. 뒷날개에는 f_1~f_3과 f_5가 보이며 중실과 부중실, 경실이 닫혔 거나 열렸으며, 중맥과 주맥의 간격 차이 는 속을 나누는 중요한 형질이다. 배에는 속에 따라 부속지가 있으며 산골줄날도 래속은 제6배마디에 긴 끈 모양 부속지가 있다.

유충은 계곡, 평지 하천, 강의 물살 센 여울에 산다. 견사로 모래, 돌, 식물질을 얽어서 돌이나 돌 틈에 은신처를 짓는다. 입구에는 그물을 쳐서 유기물이 걸러지도록 한다. 유충마다 먹이 크기에 알맞게 그물

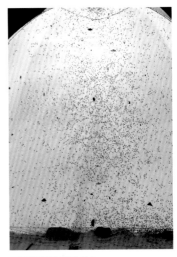

등화 채집 때 날아온 성충

간격이 다르며 원 모양, 반원 모양으로 만든다. 옆에서 보면 깔때기 모양이다. 유충은 은신처 안쪽에 있다가 조류나 유기물, 작은 무척추동물이 그물에 걸리면 머리를 내밀고 먹지만 작은 무척추동물을 포획해 먹는 모습도 관찰된다. 유충 머리 윗면은 종에 따라 색과 무늬가 다르다. 곰줄날도래속 유충과 줄날도래속 일부 종은 머리 아랫면에 빨래판 같은 홈이 있다. 은신처 안으로 다른 날도래가 침입할 때 이 홈을 앞다리로 비비며 경고음을 낸다.

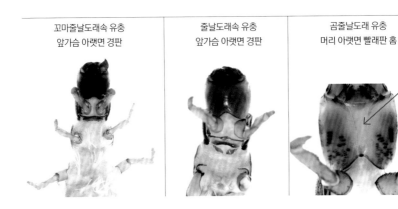

| 꼬마줄날도래속 유충 앞가슴 아랫면 경판 | 줄날도래속 유충 앞가슴 아랫면 경판 | 곰줄날도래 유충 머리 아랫면 빨래판 홈 |

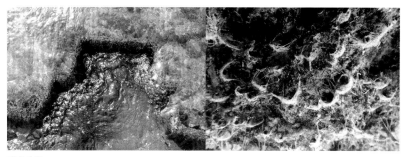

집단 서식

유충 집

곰줄날도래 유충 그물 모양 집

번데기 때는 유충 때와 달리 센 여울을 피해 물이 흐르는 방향 반대편 돌 위나 바위 아랫면으로 이동해 모래와 자갈로 돔 모양 번데기 방을 짓고 단단히 붙인 다. 번데기 방이 완성되면 투명한 갈색 고치를 튼다. 번데기 방 양쪽 끝은 모래 로 막지만 그물 모양이어서 물이 통과할 수 있다.

줄날도래 KD 유충

꼬마줄날도래속 유충

| 꼬마줄날도래 유충 머리 윗면 | 꼬마줄날도래 KUa 유충 머리 윗면 | 꼬마줄날도래 KUb 유충 머리 윗면 |

줄날도래속 번데기

줄날도래 번데기

유충은 각 가슴 윗면은 모두 경판으로 덮였고 꼬리다리 끝에 긴 털이 부채꼴로 나 있다. 꼬마줄날도래속 유충은 크기 10mm 안팎이며 앞가슴 아랫면에 작은 경판이 있다. 머리 윗면 무늬와 앞쪽 가장자리 모양이 다르므로 종을 구별하는 데에 유용하다. 또한 줄날도래속 유충은 크기 15mm 정도로 꼬마줄날도래속보다 크며 앞가슴 아랫면에 크고 뚜렷한 경판이 1쌍 있다. 곰줄날도래속 유충은 20mm 이상으로 크며 머리와 가슴 윗면에는 갈색 줄무늬와 점이 선명하다.

깃날도래과
Polycentropodidae

전 세계에 650여 종이 알려졌으며, 한반도에는 성충 3속 8종과 유충 2종(학명
미결정)이 기록되었다. 조사 결과 북한 분포 종으로 기록된 손가락깃날도래, 참
깃날도래가 남한에도 서식하는 것을 확인했고, 깃날도래속 성충을 새롭게 발
견해 깃날도래 sp.1로 실었다.

성충은 전국에서 4~10월까지 나타나고 산간 계류와 평지 하천에서 보이며 등
화 채집 때 잘 날아온다. 입술날도래과 성충과 크기와 날개 반점이 비슷해 매
우 헷갈린다. 눈으로 살필 때는 깃날도래과는 가슴 윗면과 날개 기부 털의 방
향이 일정하지 않으나 입술날도래과는 털이 머리 쪽으로 고르게 나 있어 구별
할 수 있다.

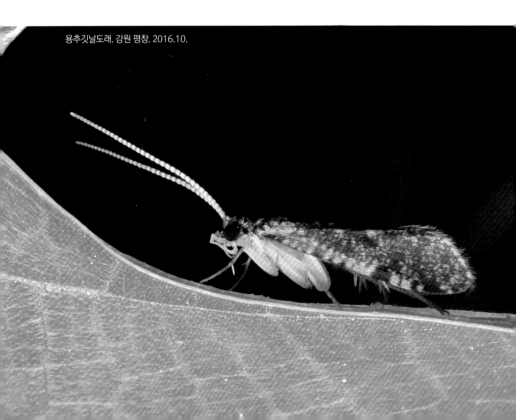

용추깃날도래. 강원 평창. 2016.10.

깃날도래속 윗면　　　　　　　그물깃날도래 작은턱수염

용추깃날도래 앞날개

용추깃날도래 뒷날개

성충 몸길이는 5~10mm 안팎이다. 홑눈이 없다. 더듬이는 몸길이보다 짧으며
가늘고, 제1마디는 짧고 두껍다. 작은턱수염은 암수 모두 5마디이고 제5마디
는 다른 마디보다 길다. 아랫입술수염은 암수 모두 3마디다. 앞가슴 가운데 혹
은 넓고 평평해 앞가슴 전체를 덮는다. 가운데가슴 순판에는 봉합선을 마주하

서식지. 경북 상주. 2018.06.

는 작은 타원형 혹 1쌍이 있고, 소순판에는 소순판 길이와 같은 초승달 모양 혹이 1쌍 있다. 앞날개에는 종에 따라 다른 무늬가 있으며, f_1~f_5가 있다. 하지만 속에 따라 f_1과 f_5가 있거나 없으며, 뒷날개에도 f_1이 있거나 없다. 다리 가시는 3-4-4형이고 암컷 가운데다리는 납작하다.

유충은 산간 계류, 평지 하천에 폭넓게 분포하며 종에 따라 선호하는 서식지가 다르다. 물살이 센 계곡을 선호하는 종은 자신보다 작은 수서동물을 잡아먹거나 유기물을 먹기도 한다. 물살이 약한 곳을 선호하는 종은 유기물을 먹는다.

고리깃날도래속 유충은 조류를 이용해 앞뒤로 뚫린 납작한 모양으로 돌 표면 함몰된 곳에 은신처를 짓는다. 같은 종이어도 여울에 사는 유충 은신처는 양쪽 입구에 견사를 촘촘히 쳐 놓아 견고하고 물살이 약하거나 소에 사는 유충 은신처는 조금 엉성해 조류가 엉킨 듯하고 모양도 일정하지 않다. 고치 틀 때는 유충 때 이용하던 은신처 양쪽 입구를 막고 위쪽에 작은 구멍을 뚫어 놓는다.

여울에 사는 고리깃날도래속 유충의 은신처

소에 사는 고리깃날도래속 유충의 은신처

깃날도래속 유충

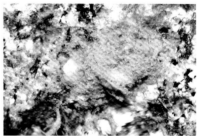

깃날도래속 유충 집

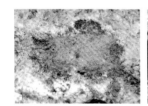

고리깃날도래속 번데기

깃날도래속 번데기

깃날도래속 고치

깃날도래 KUa는 조류나 흙을 분비물과 섞어 돌에 은신처를 짓는다. 그래서 돌에 조류가 뭉친 듯 보이기도 한다. 바닥에 자갈이 많은 평지 하천에서 많은 유충을 볼 수 있다. 고치 틀 때가 되면 유충은 은신처에 식물을 덧대어 번데기 방을 짓고 돌에 단단히 붙인다.

유충 몸길이는 10~15mm이며 머리와 앞가슴 윗면은 경판으로 덮였고 무늬가 있다. 배마디에는 기관아가미가 없고 꼬리다리는 길고 직각으로 굽었다.

⑨ Pseudoneureclipsidae

전 세계에 170여 종이 알려졌으며, 한반도에는 성충 1속 2종이 북한 분포 종으로 기록되었다. 조사 결과 북방갈래날도래가 남한에 서식하는 것을 확인했으며, 이 과의 유충을 처음으로 채집해 *Pseudoneureclipsis* sp.1로 싣는다. 유충이 강원, 전남 등에 사는 것으로 보아 성충도 전국에 분포할 것으로 예상한다.

성충 몸길이는 5~10mm이다. 홑눈이 없다. 작은턱수염은 암수 모두 5마디이고 제5마디가 다른 마디보다 길다. 가운데가슴 순판에는 봉합선을 마주하는 작은 타원형 혹이 1쌍 있고 소순판에는 소순판 길이만 한 초승달 모양 혹이 1쌍 있다. 앞날개와 뒷날개 크기가 비슷하며 무늬가 없다. 앞날개에는 f_5가 없고

서식지. 전남 강진. 2015.04.

북방갈래날도래 가슴

북방갈래날도래 앞날개

북방갈래날도래 뒷날개

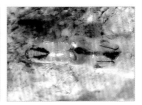

Pseudoneureclipsis sp.1 유충 집   Pseudoneureclipsis sp.1 유충   Pseudoneureclipsis sp.1
머리와 가슴 윗면

뒷날개 앞 가장자리 가운데가 약간 튀어나왔다. 다리 가시는 3-4-4형이고 앞
다리 앞끝가시는 매우 연약하다.

유충은 상류와 평지 하천의 물 흐름이 완만한 곳에 산다. 모래로 긴 관 모양 집
을 지어, 통날도래과 유충 집과 비슷하지만 모래 입자가 조금 더 크고 엉성하
다. 유충은 평지 하천 바닥이 모래인 곳과 계곡 수폭이 좁고 수량이 적은 암반이
있는 곳 등에서 채집했다. 그러나 아직까지 이 과의 생태는 밝혀진 것이 적다.

유충 몸길이는 5~7mm이며 전체가 밝은 갈색이다. 머리 윗면은 밝은 노란색
이며 이마방패선을 따라 V자 모양 검은 선이 뚜렷하다. 앞가슴 윗면은 경판으
로 덮였고 점이나 무늬가 없다. 뒷가슴 윗면에는 세로로 가늘고 검은 줄이 1쌍
있다. 배마디에 기관아가미가 없다.

⑩ 별날도래과
Ecnomidae

전 세계에 360종이 알려졌으며, 한반도에는 1속 3종이 기록되었다. 조사 결과 북한 분포 종으로 기재된 샛별날도래와 밝은별날도래가 남한에도 서식하는 것을 확인했다. 성충은 전국에서 5~9월에 나타나고 6~8월에 집중적으로 날아오르며, 평지 하천과 강, 연못에서 보인다. 등화 채집 때도 잘 날아온다. 크기가 비슷한 입술날도래과, 깃날도래과와 닮았지만 별날도래과 성충은 날개 끝이 완만한 곡선 형태로 앉아 있을 때 날개 끝이 부드러운 느낌이다.

성충 몸길이는 5~7mm이다. 홑눈이 없다. 더듬이는 몸길이와 비슷하고 제1마디는 얇고 짧다. 머리 윗면에 혹이 5쌍 있으며 머리 전체를 덮는 듯하다. 작은 턱수염은 암수 모두 5마디이고 제1마디는 가장 짧으며 제5마디는 모든 마디

샛별날도래. 경기 연천. 2017.09.

별날도래 작은턱수염

별날도래 가슴 윗면

샛별날도래 앞날개

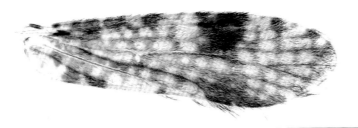

샛별날도래 뒷날개

유충 서식지. 충북 괴산. 2017.05.

를 더한 길이만큼 길다. 아랫입술수염은 암수 모두 3마디이고 제3마디가 가장 길다. 가운데가슴 순판에 있는 혹 1쌍은 가운데를 기준으로 마주 보며, 소순판에 있는 혹 1쌍은 반달 모양이다. 날개에 흑갈색 반점이 있으며 날개 폭은 좁고 끝은 둥글다. 앞날개 경맥은 경맥1, 경맥2로 갈라지나 현미경으로나 볼 수 있다. 중실과 부중실은 닫혔다. 다리 가시는 2(3)-3(4)-4형이다.

유충은 물살이 약한 평지 하천, 강의 모래와 진흙이 섞인 곳, 물 흐름이 없고 보가 생긴 곳에 산다. 저수지나 웅덩이 같은 정수역에서도 보인다. 바위, 나무 또는 물풀에 가는 모래와 미세한 부식질로 긴 관처럼 집을 짓지만 형태가 뚜렷하지 않고 흐물흐물하다. 플랑크톤이나 유기물을 걸러 먹는다.

별날도래 유충

번데기

통날도래과
Psychomyiidae

전 세계에 420종이 알려졌으며, 한반도에는 성충 4속 11종과 유충 2종(학명 미 결정)이 기록되었다. 이 책에서는 *Paduniella* 성충을 새롭게 발견해 *Paduniella* sp.1로 기록했다.

성충은 전국에서 4~10월까지 나타나고 정수역을 제외한 유수역 하천에서 보이며, 특히 5~8월 평지 하천에서 많은 성충이 날아오른다. 낮에는 하천 주변 물풀 줄기나 나뭇잎에 앉아 있으며 등화 채집 때도 잘 날아온다. 같은 장소에 여러 종이 함께 나타나며 크기나 생김새가 거의 똑같아 맨눈으로 종을 동정하기가 매우 어렵다.

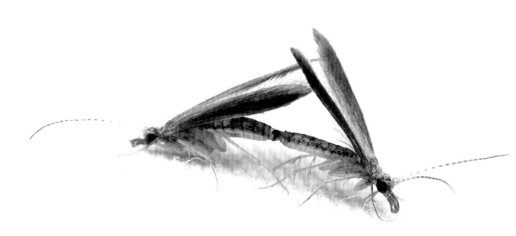

꼬마통날도래. 경기 연천. 2017.09.30.

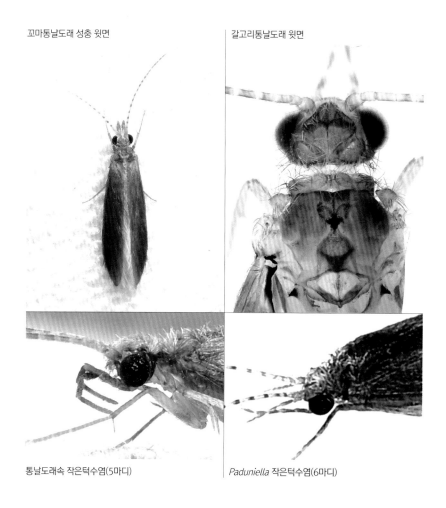

꼬마통날도래 성충 윗면

갈고리통날도래 윗면

통날도래속 작은턱수염(5마디)

Paduniella 작은턱수염(6마디)

성충 몸길이는 3~8mm이고 전체가 황갈색이며 연약하다. 홑눈이 없다. 더듬
이는 몸길이와 비슷하고 제1마디는 가늘다. 수컷 작은턱수염은 5마디 또는 6
마디다. 5마디인 종은 제5마디가 가늘고 길다. 아랫입술수염은 3마디 또는 4
마디다. 가운데가슴 순판에 있는 혹 1쌍은 작고 둥글며 한가운데에서 맞닿는
다. 소순판에 있는 혹 1쌍은 세로로 긴 타원형이며 한가운데에서 떨어져 있다.
앞날개와 뒷날개는 폭이 좁다. 뒷날개는 날개 끝이 뾰족하고 앞 가장자리 중간

집게통날도래 앞날개

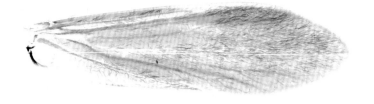

집게통날도래 뒷날개

쯤이 튀어나왔다. 앉아 있을 때 날개 끝 긴 털이 솟은 듯이 보인다. 날개맥은 매우 흐릿해 잘 보이지 않는다. 앞날개에 f_1은 없고 중실은 짧으며 경실은 매우 작다. 다리 가시는 2-4-4형이고 암컷 가운데다리 종아리마디와 발목마디는 납작하고 털이 많다.

유충은 산간 계류, 평지 하천, 강 유수역에 산다. 하천 바닥에서는 자갈과 모래가 있고 물살이 약한 곳, 수변부, 보가 설치된 곳의 콘크리트 바닥 등에서 보인다. 저수지나 웅덩이 같은 정수역으로 유입되는 좁은 수로에서도 많은 유충을 볼 수 있다. 돌이나 바위에 모래와 이끼, 부식질로 구불구불한 관 모양 집을 돌위에 짓는다. 입구는 양쪽으로 뚫렸으며 한쪽 끝은 물이 닿아 항상 수분이 공급되어 마르지 않도록 한다. 통날도래속 유충은 평지 하천과 강에 폭넓게 분포한다. 서식하기 적합한 곳 돌에는 구불구불한 관 모양 집이 빈 공간이 없을 정

통날도래속 서식지. 경남 합천. 2018.03.

통날도래속 유충

통날도래속 머리 윗면

통날도래속 유충 집

Tinodes 서식지. 전남 강진. 2016.04.

Tinodes 유충

도로 빼곡하다. 유충은 돌에서 부착 조류나 유기물을 주워 먹거나 긁어 먹는다. 번데기를 틀 때는 조류와 모래를 섞어 길쭉한 타원형 고치를 만들어 돌에 붙인다.

유충 몸길이는 7~10mm이고 앞가슴 윗면이 딱딱하며 앞다리 도래마디 끝은 사각형이다. 머리 앞쪽 가장자리 가운데가 오목하다. 배마디에 기관아가미나 옆줄털이 없다.

Tinodes 유충 집

통날도래속 번데기

통날도래속 번데기 아랫면

날도래과

Phryganeidae

⑫

전 세계에 80종이 기록된 작은 무리다. 한반도에는 성충 5속 15종과 유충 1종이 기록되었다. 날도래목 가운데 크기가 가장 크고 날개 무늬도 다양하며 화려하다. 그러나 이 과의 성충 대부분이 북한 지역에서 채집한 표본으로 발표되었으며 우리나라에서는 Hwang (2005)이 2종을 확인했다. 지금까지 단발날도래 유충으로 알려진 종을 사육한 결과 참단발날도래 성충으로 날개돋이했으며, *Oligotricha* 유충을 사육한 결과 매끈날도래 성충으로 날개돋이했다. 성충은 전국에서 4~9월까지 나타나며 산간 계류, 평지 하천, 고산 습지, 연못에서 보인다. 대부분 등화 채집 때 잘 날아오지 않지만, 단발날도래속은 잘 날아온다.

중국날도래. 경기 포천. 2016.09.

참단발날도래 머리 윗면

중국날도래 수컷 작은턱수염

매끈날도래 뒷날개

굴뚝날도래 암컷 작은턱수염

중국날도래 뒷날개

굴뚝날도래 뒷날개

성충 몸길이는 20~45mm이다. 홑눈이 있다. 더듬이는 몸길이와 비슷하고 튼튼하다. 제1마디는 짧고 둥글며 두껍다. 날도래속은 더듬이 끝 몇 마디가 다른 마디와 달리 진한 담황색이다. 작은턱수염은 수컷은 4마디, 암컷은 5마디다. 제1마디는 다른 마디보다 짧고 제2마디는 제1마디보다 2~3배 길다. 앞날개는 색과 무늬가 뚜렷하고 짧은 털로 덮였다. 뒷날개는 폭이 넓고 반투명하며 끝에 뚜렷한 띠가 있다. 수컷 앞날개에는 $f_1 \sim f_3$과 f_5, 뒷날개에는 f_1, f_2, f_5가 나타나며,

암컷 앞날개에는 $f_1 \sim f_5$가 뒷날개에는 $f_1 \sim f_3$과 f_5가 있다. 앞날개 중실과 부중실은 길고 좁으며 횡맥 m-cu가 짧고 중맥(M)에서 Cu_1이 날개 끝으로 늘어난다. 뒷날개 중실은 작고 삼각형이다. 다리 가시는 2-4-4형이다. 종아리마디와 발목마디에 잔가시가 있다. 종에 따라 각 다리 종아리마디와 발목마디에 뚜렷한 갈색 반점이 있다.

유충은 산간 계류와 고산 습지, 강 물가 배후 습지, 호수, 연못 등 다양한 곳에서 살지만 대체로 고지대의 물이 차갑고 좁은 수로와 나무 그늘이 있는 곳에서 보인다. 속에 따라 선호하는 서식지가 달라 *Eubasilissa*와 굴뚝날도래속은 산간 계류의 물이 고인 곳에서, 단발날도래속, 날도래속, *Oligotricha*는 정수역에 보인다. 유충은 식물을 긴 직사각형으로 오리고 그 조각들을 연속해서 말아 올려 단의 경계가 나뉘지 않도록 하거나(나선형), 벽돌을 쌓듯이 1, 2단으로 쌓거

서식지. 충북 단양. 2017.05.

굴뚝날도래 유충 고리형 집

참단발날도래 유충 나선형 집

매끈날도래 유충 나선형 집

나(고리형), 불규칙한 원통형으로 말아 올려 몸보다 더 긴 집을 짓는다. 하천 바닥을 기어 다니며 낙엽을 썰어 먹지만 때로는 수서동물을 잡아먹기도 한다. 머리 윗면 이마방패선 주위로 암갈색 세로줄이 3개 있으며, 양쪽 옆면에도 줄이 1쌍 있다. 앞가슴등판은 딱딱하며 앞뒤 테두리로 굵은 가로줄이 있거나 세로줄이 1쌍 있다. 제1배마디의 등융기와 옆융기가 매우 뚜렷하며, 배마디 기관아가미는 줄 하나로 되어 있다.

속	유충 몸길이	유충 집 모양	성충 특징
단발날도래속	15~20mm	나선형	앞날개에 모양이 다른 암갈색 줄이 있다.
Eubasilissa	30~45mm	고리형	뒷날개는 짙은 자줏빛이고 끝에 두꺼운 노란색 띠가 있다.
날도래속	30~35mm	나선형	뒷날개는 부드럽고 불투명한 노란색이며 끝에 뚜렷한 암갈색 띠가 있다.
굴뚝날도래속	30~40mm	고리형	뒷날개는 노란색으로 반투명하며 끝에 암갈색 띠가 있다.
Oligotricha	15~20mm	나선형	뒷날개는 노란색이며 뚜렷하지 않은 갈색 띠가 있거나 없다.

⑬ 둥근날개날도래과

Phryganopsychidae

전 세계에서 10여 종이 알려진 매우 작은 무리다. 한반도에서는 1속 1종 둥근날개날도래가 기록되었다. 성충은 전국에서 산간 계류와 평지 하천에서 3~5월과 10월 연 2회 나타나며 여름에는 보이지 않는다. 이른 봄 계곡 양지 쪽 낙엽이나 바람이 들지 않는 바위 아랫면에 붙어 있다. 날갯짓은 민첩하지 않고 특히 평평한 바닥에 몸을 바짝 붙이고 앉아서는 잘 이동하지 않는다. 등화 채집 때 날아온다.

둥근날도래. 전남 영암. 2016.04.

성충 몸길이는 15~20mm이며 홑눈이 있다. 더듬이는 몸길이와 비슷하며 튼튼하고 제1마디는 짧고 두껍다. 작은턱수염은 수컷 4마디, 암컷 5마디다. 아랫입술수염은 암수 모두 3마디다. 가운데가슴 순판에 길쭉한 혹이 1쌍 있으며 소순판에도 순판 길이만 한 길쭉한 혹이 1쌍 있다. 날개는 광택이 돌며 앞날개와 뒷날개 크기와 모양이 비슷하다. 다리 가시는 2-4-4형이다.

표본

머리 윗면

수컷 작은턱수염

암컷 작은턱수염

앞날개

뒷날개

서식지. 경기 가평. 2015.05.

미소 서식지

번데기

유충집

유충은 계곡과 평지 하천의 물 흐름이 완만하고 식물이 쌓인 물가에 산다. 집 길이는 30mm 정도로 몸집에 비해 크며 식물 부스러기로 흐물거리는 원통형 이다. 물속에서는 낙엽 부스러기가 뭉친 것처럼 보이고 집을 만져 보면 단단하 지 않고 축 늘어지는 느낌이다. 바닥을 기어 다니며 낙엽과 유기물을 주워 먹 거나 썰어 먹는다. 고치 틀 때는 유충시기에 쓰던 집을 그대로 쓰며, 집은 짧고 단단해진다. 집 한쪽을 돌에 직각으로 붙인다.

둥근얼굴날도래과

14

Brachycentridae

전 세계에 110종이 알려졌고, 한반도에는 2속 3종이 기록되었다. 조사 결과 *Dolichocentrus*를 새롭게 발견해 이 책에 *Dolichocentrus* sp.1로 유충과 성충을 수록했다. 성충은 전국 산간 계류와 평지 하천에서 3~8월까지 나타난다. 둥근얼굴날도래속은 5~8월에 주로 보이며 *Dolichocentrus*는 3월에서 4월 초에만 볼 수 있다.

성충 몸길이는 5~6.5mm이고 전체가 갈색 또는 암갈색이다. 홑눈이 없다. 더듬이는 몸길이보다 짧고 튼튼하며 제1마디는 짧고 두껍다. 작은턱수염은 수컷 3마디, 암컷 5마디다. 특히 수컷 작은턱수염은 짧은 털로 덮였으며 위로 구부러졌다. 아랫입술수염은 암수 모두 3마디다. 가운데가슴 순판에 있는 혹 1쌍

둥근얼굴날도래. 전남 강진. 2017.05.

둥근얼굴날도래 가슴

둥근얼굴날도래 수컷 작은턱수염

둥근얼굴날도래 암컷 작은턱수염

둥근얼굴날도래 앞날개

둥근얼굴날도래 뒷날개

둥근얼굴날도래 유충

은 긴 타원형이고, 소순판에 있는 혹 1쌍도 길쭉한 타원형으로 마주 본다. 앞날 개와 뒷날개 크기와 모양이 비슷하고 끝이 둥글다. 수컷 앞날개에는 f_1~f_3과 f_5 가 있고, 뒷날개에는 f_1과 f_5 또는 f_1, f_2, f_5가 있다. 암컷은 앞날개에는 f_1~f_5 또는 f_1~f_3과 f_5가 있고, 뒷날개는 f_1~f_3과 f_5 또는 f_1과 f_5가 있다. 앞날개 경맥 굴곡 유 무는 속을 구별하는 중요한 형질이다. 다리 가시는 2-2(3)-2(3)형으로 속에 따라 다르다.

유충은 산간 계류, 평지 하천에서 산다. 종에 따라 선호하는 서식지가 다르 다. 둥근얼굴날도래속 유충은 계류 물이 차갑고 흐름이 완만한 여울, 나무 그 늘이 드리워지고 돌에 이끼가 덮인 곳에서 보이며, 이끼나 나뭇잎 조각으 로 가늘게 말아 겹겹이 쌓아 올려 아래쪽이 좁아지는 원통형 집을 짓는다. *Brachycentrus*와 *Dolichocentrus* 유충은 폭이 넓은 평지 하천 여울에서 보

Dolichocentrus sp.1 유충

Brachycentrus 유충

둥근얼굴날도래 번데기

Dolichocentrus sp.1 번데기

인다. *Brachycentrus* 유충은 식물질로 겹겹이 쌓아 사각기둥 모양으로 집을 짓고, *Dolichocentrus* 유충은 모래로 원통형 집을 짓는다. 유충 몸길이는 5~10mm이고 조류와 부유하는 유기물을 먹는다. 번데기는 유충 때 집을 그대로 쓰며 양쪽 입구를 식물질이나 모래로 막는다.

우묵날도래과

Limnephilidae

⑮

전 세계에 900여 종이 알려졌으며, 한반도에는 성충 9속 30종과 유충 7종(학명 미결정)이 기록되었다. 조사 결과 북한 분포종으로 기록된 *Hydatophylax soldatovi*가 남한에도 서식함을 확인했고, 무늬날개우묵날도래는 유충을 사육해 성충을 확인했다. 또한 모시우묵날도래속 성충을 새롭게 발견해 모시우묵날도래 sp.1로 실었다.

성충은 전국에서 4~10월에 나타나고 종에 따라 나타나는 계절이 뚜렷이 다르다. 봄, 가을에 나타나는 종은 4~5월, 8월 말~10월 연 2회 나타났고, 5월 뒤로 나타나는 종은 5~9월에 보였다. 대체로 봄, 가을에 더 많은 종이 보인다. 우리나라 대부분 하천에서 보이고 산간 계류에서는 나타나는 종이 다양했으며, 습지 같은 정수역에서는 한 종이 집단 날개돋이했다.

큰우묵날도래. 강원 평창. 2017.10.

큰우묵날도래 윗면

고려큰우묵날도래 가슴 윗면

띠무늬우묵날도래 수컷 작은턱수염(3마디)

큰우묵날도래 암컷 작은턱수염(5마디)

성충 몸길이는 7~30mm으로 다양하나, 큰 종이 많다. 홑눈은 3개다. 더듬이는 몸길이와 비슷하거나 조금 길며 일부 종은 톱니 모양이다. 더듬이 제1마디는 다른 마디보다 짧고 얇다. 작은턱수염은 수컷 3마디, 암컷 5마디다. 수컷 제1마디는 매우 짧고 제2, 3마디는 같은 길이로 길다. 가운데가슴 순판에 길쭉한 혹이 1쌍 있으며 순판 길이만큼 길거나 조금 짧다. 소순판에도 순판처럼 길쭉한 혹이 1쌍 있다. 앞날개 모양과 무늬는 종을 구별하는 요소다. 날개에는 반점, 선, 반투명하거나 투명한 곳이 있다. 끝은 굴곡이 없는 곡선이거나 물결 모양, 굴곡이 심한 모양 등 다양하다. 뒷날개는 앞날개보다 매우 넓으며 반투명하거나 투명하다. 몇몇 종은 날개 끝에 색깔이 있기도 하지만 앞날개처럼 무늬는 없다. 날개맥은 뚜렷하며 앞날개와 뒷날개에 f_1~f_3과 f_5가 있다. 앞날개 중

139

띠무늬우묵날도래 앞날개

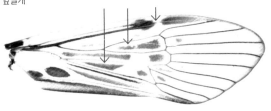

띠무늬우묵날도래 뒷날개

실과 부중실의 크기와 길이는 속을 구별하는 데에 유용하다. 다리 가시는 대개 1-3-4형이나 0-1-1, 또는 1-2-2형도 있다. 종아리마디와 발목마디에는 잔가시가 있다.

유충은 모든 물 환경에서 보이며 종에 따라 선호하는 서식지가 조금씩 다르다. 산간 계류에는 다양한 종이 살며 물 흐름이 느리고 낙엽이 쌓인 곳, 물가를 선호한다. 식물질, 광물질을 모두 이용해 집을 짓는다. 종마다 집 모양과 재료가 다르므로 집을 보고 어떤 종인지 구별할 수도 있으나 몇몇 종은 같은 종일지라도 서식지 상황과 영기에 따라 재질을 바꿔 집을 짓기도 한다. 특히 띠무늬우묵날도래와 모시우묵날도래류는 서식지 상황에 따라 다양한 재료를 쓴다. 습지 같은 정수역에 사는 유충은 완전히 고립되지 않으면서 물이 계속 유입되는 곳 근처, 물가, 수생식물이 자라는 곳을 선호한다. 집은 식물질로 짓는다.

검은날개우묵날도래 유충 집

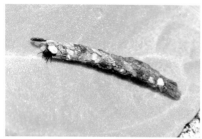

큰우묵날도래속 유충 집

캄차카우묵날도래 유충 집

띠무늬우묵날도래속 유충 집

띠우묵날도래속 유충 집

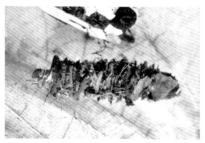

모시우묵날도래속 유충 집

갈색우묵날도래 KUa 유충 집

무늬날개우묵날도래 유충 집

띠우묵날도래속. 잎을 오리는 유충

잎을 먹는 갈색우묵날도래 KUa 유충

띠무늬우묵날도래속 번데기

막아 놓은 입구

유충 몸길이는 10~30mm이고 머리와 앞가슴과 가운데가슴은 경판으로 덮였으며 뒷가슴은 작은 경판으로 나뉜다. 제1배마디에 옆융기와 등융기가 있다. 기관아가미는 하나이거나 여러 개로 갈라진 모양으로 속에 따라 갈래 수가 다르다. 바닥을 기어 다니며 식물 부스러기를 썰어 먹거나 유기물을 주워 먹는다. 고치 틀 때에는 돌 상류 쪽 아래에 모여서 집을 붙인다.

캄차카우묵날도래, 띠무늬우묵날도래 성충이 밝혀졌다. Oh (2012)는 검은날개우묵날도래 KUa, 갈색우묵날도래 KUa, 갈색우묵날도래 KUb 유충을 사육해서 날개돋이까지 관찰한 결과 아무르검은날개우묵날도래, 큰갈색우묵날도래, 붉은가슴우묵날도래로 확인했다. 저자는 아무르검은날개우묵날도래 유충과 성충을 확인했다. 또한 조사 기간에 모시우묵날도래속, 띠우묵날도래속 유충을 사육해 날개돋이까지 관찰했지만 유충 생김새만으로 종을 결정할 수 없어 미제로 남겨 두었다.

날개돋이하려고 기어오르는 번데기

허물

16

가시날도래과
Goeridae

전 세계에 170종이 알려졌고, 한반도에는 성충 1속 9종이 기록되었다. 그중 일본가시날도래, 알록가시날도래, 그물가시날도래 3종은 유충이 밝혀졌다. 조사결과 성충 3종을 새롭게 발견해 이 책에 가시날도래 sp.1, 2, 3으로 실었다.

성충은 전국 산간 계류 및 평지 하천에서 4~10월에 나타난다. 등화 채집 때 잘 날아오지만 성충은 크기가 비슷하고, 날개가 대부분 황갈색이거나 갈색이며 무늬가 없어서 생김새로는 종을 구별하기 어렵다. 성충이 바닥에 몸을 딱 붙이고 앉는 모습이 관찰된다.

성충 몸길이는 7~12mm이고 전체가 황갈색 또는 갈색이다. 홑눈이 없다. 더듬이는 튼튼하고 몸길이보다 약간 짧다. 제1마디는 다른 마디보다 두껍고 짧

알록가시날도래. 경기 용인. 2017.05.

알록가시날도래 수컷 작은턱수염

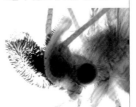
그물가시날도래 수컷 작은턱수염

알록가시날도래 암컷 작은턱수염

G. squamifera 윗면

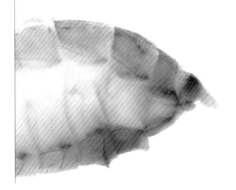
G. squamifera 암컷 교미기 옆면

은 털이 촘촘하다. 작은턱수염은 수컷 3마디, 암컷 5마디다. 수컷 더듬이 제1마디는 뭉툭한 자루 또는 짧은 막대 모양이며, 제2, 3마디는 얇은 막으로 막 안쪽에 검은 털이 있다. 암컷은 제1, 2마디가 다른 마디보다 짧다. 머리 가운데에 있는 혹은 머리 아랫면을 덮을 만큼 크고 둥그렇다. 가운데가슴 순판에 있는 혹 1쌍은 길쭉한 타원형이고 소순판에 있는 혹 1쌍은 길어서 소순판을 덮는다. 앞날개는 광택이 없는 갈색 털로 덮였고, 날개 끝 털이 조금 더 진하기도 하다. 뒷날개 폭이 앞날개 폭보다 넓다. 암수 모두 앞날개와 뒷날개에 f_1~f_3과 f_5 또는 f_1, f_2와 f_5가 나타나고 중실은 닫혔다. 다리 가시는 2-4-4형이며 종아리마디와 발목마디에 잔가시가 있다. 수컷 제6배마디 아랫면에 가시 모양 돌기가 있으며, 종에 따라 가시 개수와 모양이 다르므로 종을 구별하는 요소로 쓴다. 수컷 제5배마디에 짧은 가시 모양 돌기가 있기도 하며, 암컷 제5배마디 아랫면에서

G. squamifera 앞날개

G. squamifera 뒷날개

도 마디 일부가 딱딱하게 변하거나 가시 모양 돌기가 흔적처럼 보이기도 한다. 유충은 산간 계류, 평지 하천의 물살이 약한 곳에서 산다. 집 길이는 10~13mm이며 유충 크기와 비슷하다. 모래와 자갈로 납작한 원통형 집을 지으며 양쪽 옆면에 큰 돌을 붙인다. 바닥을 기어 다니며 돌에 낀 조류와 유기물을 긁어 먹는다. 유충 머리 윗면은 각졌으며 눌린 듯하다. 앞가슴 윗면은 경판 1개로 덮였으며 양쪽 가장자리는 가시처럼 뽀족하게 앞쪽으로 튀어나왔다. 가운데가슴은 경판 3개로 되어 있으며, 양쪽 옆면 경판도 앞쪽으로 뽀족하게 튀어나왔다. 번데기는 유충 때 집을 그대로 쓴다. 흩어져 살던 유충들이 커다란 돌 아래에 모여 번데기 집단을 이루며, 빈 공간 없이 집을 켜켜이 쌓아 놓은 듯하다.

가시날도래속 유충

가시날도래속 어린 유충 집

그물가시날도래 유충 가슴 가시

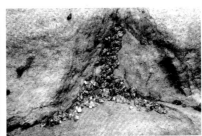

번데기 집단

날도래 유충에 기생하는 물벌

우리나라에는 물벌(*Agriotypus armatus* Curtis, 1832)이 알려져 있다. 물벌 암컷은 잠수해서 알을 낳는다. 막 번데기가 되려는(전용기) 날도래 유충 집을 노린다. 전용기일 때는 움직임이 둔하고 외부 자극에 반응하기 어려운 것을 알기 때문이다. 물벌이 알 1개를 날도래 유충 몸속에 낳으며, 며칠 만에 알에서 나온 물벌 유충은 날도래 유충을 갉아 먹으며 자란다. 물벌 유충은 알을 깨고 나오자마자 납작하고 긴 호흡관을 만들어 내민다. 호흡관 기부는 넓게 펼쳐져 유충 머리를 감싼다. 물벌 유충은 물속에서 번데기 과정을 거치며 성충이 되어 가시날도래 집을 뚫고 물 밖으로 나온다. 물벌 성충은 봄부터 여름 사이 가시날도래 날개돋이시기에 전국 산간 계류와 평지 하천 상류에서 보인다. 봄에 물가 주변에서 짝짓기하는 물벌 성충을 볼 수 있다. 가시날도래과 외에도 가시우묵날도래과, 바수염날도래과 유충에 기생하는 것도 보인다.

물벌 유충이 내민 호흡관

물벌

17

가시우묵날도래과
Uenoidae

전 세계에 80여 종이 알려졌으며, 한반도에는 성충 1속 3종과 유충 1종이 기록되었다. 성충은 전국 산간 계류와 평지 하천에서 9~10월에 보이며, 등화 채집 때도 잘 날아온다.

성충 몸길이는 15mm 안팎이고 전체가 갈색이다. 홑눈이 있다. 더듬이는 몸길이와 비슷하거나 조금 더 길며, 제1마디는 머리 세로 길이보다 길고 털이 많다. 작은턱수염은 수컷 3마디, 암컷 5마디다. 수컷 제2, 3마디는 길이가 비슷하다. 아랫입술수염은 암수 모두 3마디다. 가운데가슴 순판에 있는 혹 1쌍은 작고 길쭉하며, 소순판은 길고 길쭉한 혹이 1개 있다. 앞날개는 광택이 돌고 끝에 물결무늬가 있으며, 뒷날개 앞 가장자리를 따라 갈고리 모양 털이 한 줄로 나 있

N. sillensis. 경남 밀양. 2016.10.

N. sillensis 윗면

N. sillensis 수컷 작은턱수염

N. sillensis 암컷 작은턱수염

N. sillensis 앞날개

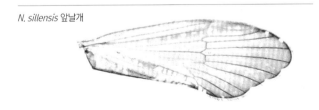

N. sillensis 뒷날개

서식지. 충북 영주. 2017.04.

다. 뒷날개는 반투명하고 폭이 넓다. 앞날개에는 f_1~f_3과 f_5가 있다. 다리 가시는 1(2)-2(4)-2(4)형이다. 종아리마디와 발목마디에 잔가시가 있다. 수컷 뒷다리 종아리마디 가시는 2~4개로 종마다 다르고, 같은 종일지라도 수컷과 암컷이 다르기도 하다.

유충은 산간 계류 여울에 산다. 모래나 작은 돌로 원통형 집을 지으며 입구 양쪽 옆면에 큰 돌을 하나씩 붙여서 집 모양이 비슷한 가시날도래과 유충 집과 구별된다. 유충 머리는 항상 아래를 향한다. 앞가슴은 큰 경판으로 덮여 있고 밝은 갈색이며 짧은 강모가 나 있다. 하천에서 기어 다닐 때 앞가슴이 머리처럼 보인다. 바위를 기어 다니며 조류와 유기물을 긁어 먹는다. 종령 유충은 4월에 큰 돌이나 바위의 물 흐름 반대편 아랫면으로 모여들며, 집 입구를 막고 날개돋이 대기 상태로 지낸다. 그런 뒤 여름 내내 여름잠을 자고 9월 이후에 날개돋이한다.

가시우묵날도래 유충

가시우묵날도래 번데기 날개돋이 대기

18

애우묵날도래과
Apataniidae

전 세계에 200종이 알려졌으며, 한반도에는 성충 1속 4종과 유충 2종(학명 미결정)이 기록되었다. 성충은 전국 산간 계류, 평지 하천에서 3~5월, 10~11월 연 2회 나타나며 여름철에는 날개돋이하지 않는다. 이른 봄과 늦은 가을 등화 채집 때 날아온다. 성충 가슴과 다리의 관절 연결 부위는 붉은색이다. 크기가 비슷하고 날개는 대부분 갈색이며 특별한 무늬가 없다. 또한 같은 장소에서 여러 종이 함께 나타나므로 생김새로 종을 구별하기가 매우 어렵다.

성충 몸길이는 10~12mm 안팎이며 전체가 갈색 또는 암갈색이다. 홑눈이 있다. 더듬이는 몸길이와 비슷하며 제1마디는 짧고 가늘다. 작은턱수염은 수컷 3마디, 암컷 5마디다. 아랫입술수염은 암수 3마디다. 가운데가슴 순판 가운데에 혹이 1쌍 있으며 긴 타원형으로 작다. 소순판은 삼각형이고 혹 1쌍은 아주 작다. 앞날개 아전연맥은 횡맥에 막혀 끝에 이르지 않으며 미세한 털이 촘촘해 날개 다른 곳과 구분된다. 앞날개에 희미한 반점이 나타나는 종도 있으며 횡맥

A. aberrans. 전남 곡성. 2018.03.

A. aberrans. 갓 허물을 벗은 성충. 전남 여수. 2016.03.

A. aberrans 수컷 작은턱수염

A. aberrans 암컷 작은턱수염

애우묵날도래 가슴 윗면

A. aberrans 앞날개

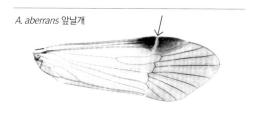

A. aberrans 뒷날개

을 따라 황갈색 털이 있다. 뒷날개는 반투명하고 앞날개보다 폭이 넓다. 다리 가시는 1-2-4형이며 종아리마디와 발목마디에 잔가시가 있다.

유충은 산간 계류와 평지 하천에 폭넓게 살며, 물 흐름이 완만하고 수심이 깊지 않은 곳에 산다. 모래로 입구가 넓고 끝이 좁아지는 길쭉한 원통형 집을 몸 크기에 딱 맞게 짓는다. 바위를 기어 다니며 이끼와 유기물을 긁어 먹는다. 유충 몸길이는 8mm 안팎이며 머리는 좁은 역삼각형이고 머리, 앞가슴, 가운데가슴은 경판으로 덮였다. 뒷가슴 양쪽 옆면에 작은 경판이 1쌍 있고 위쪽으로 강모가 한 줄로 나 있다. 머리와 앞가슴 윗면 밝은 갈색 무늬 유무로 종을 구별한다.

서식지. 전남 진도. 2016.05.

애우묵날도래 KUa 유충

애우묵날도래 KUb 유충

전용기 애우묵날도래 KUb

번데기 집단

번데기 윗면

번데기 아랫면

번데기 뒤쪽 입구 그물막

허물

번데기는 유충 때 쓰던 집을 그대로 쓴다. 입구는 바위에 붙일 수 있도록 편평하고 얇은 막으로, 뒤쪽은 그물 모양으로 막는다. 흩어져 있던 유충들이 한 곳으로 모여 번데기시기를 보낸다. 날개돋이를 하려면 물 밖으로 기어 나와 돌위에서 허물을 벗는데, 하천에서 바위와 수면이 맞닿는 곳을 살펴보면 날개돋이를 마친 번데기 허물이 일렬로 붙어 있는 모습을 볼 수 있다.

네모집날도래과

Lepidostomatidae

전 세계에 410종이 알려졌으며, 한반도에는 성충 1속 10종과 유충 2종(학명 미 결정)이 기록되었다.

성충은 전국에서 3~10월까지, 특히 봄과 가을에 같은 장소에서 여러 종이 나타난다. 산간 계류, 평지 하천, 강 등에 폭넓게 분포하며, 낮에는 하천 주변 나무 밑이나 풀숲, 물풀 줄기에서 보이고 일몰 직전에는 짝짓기하려는 성충 움직임이 활발하다. 등화 채집 때도 잘 날아온다. 성충은 더듬이 제1마디가 길고 털로 덮여 있어 다른 과의 성충과 뚜렷하게 구별된다. 특히 수컷은 종마다 더듬이 길이와 모양이 다르다.

성충 몸길이는 10mm 안팎이고 전체가 갈색이다. 홑눈이 없다. 더듬이는 몸길이와 비슷하거나 조금 길다. 수컷 제1마디는 종에 따라 길이와 모양이 다르고

흰점네모집날도래. 경기 용인. 2015.05.

흰점네모집날도래 가슴 윗면

흰점네모집날도래 수컷 작은턱수염

흰점네모집날도래 암컷 작은턱수염

동양네모집날도래 앞날개

동양네모집날도래 뒷날개

등화 채집 때 날아온 성충. 경기 용인. 2015.09.

암컷 제1마디는 수컷보다 단순하지만 길며 털이 있다. 작은턱수염은 수컷 3마디, 암컷 5마디이고 수컷의 마디는 긴 털로 덮였으며 몸 쪽으로 말려서 불완전하게 서거나 꺾인 것처럼 보인다. 때로 아랫입술수염보다 짧다. 가운데가슴 순판에 있는 혹 1쌍은 세로로 좁은 타원형으로 작고, 소순판에 있는 혹 1쌍은 가운데에 작고 동그란 혹이 또 있다. 날개는 짧은 털로 덮였으며, 앞날개와 뒷날개는 모양과 크기가 비슷하다. 일부 종은 앞날개 가장자리에 긴 털이 한 줄로 나 있다. 날개맥은 뚜렷하지 않다. 다리 가시는 2-4-4형이다.

유충은 산간 계류, 평지 하천, 강, 연못에 산다. 물살이 약한 여울, 소, 식물이 있는 물가, 낙엽이 쌓인 곳, 인공호, 차가운 물이 들어오는 연못, 물이 출렁이는 호숫가 등 다양한 장소에서 보인다. 대부분 종은 식물질을 사각형으로 오려 낸 조각으로 사각기둥 모양 집을 지으나 몇몇 종은 1~3령까지는 모래 또는 모래

모래형 유충 집

낙엽형 유충 집

유충

네모집날도래 KUa

기관아가미

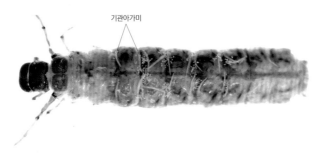

네모집날도래 KUb

기관아가미

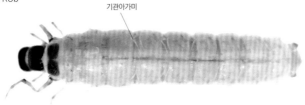

와 식물질을 섞어 끝이 좁고 긴 원뿔형 집을 지었다가 4~5령 때 식물질로 사각기둥 모양 집을 짓는다. 또 일부 종은 5령까지 모래 알갱이로 원통형 집을 짓기도 한다.

유충 몸길이는 10mm 안팎이고 머리와 앞가슴은 갈색이다. 머리는 동그랗고 작은 반점이 있다. 앞가슴과 가운데가슴 윗면은 커다란 경판 1쌍으로 덮였다.

번데기

가시털네모집날도래 허물

제2~8배마디 윗면과 아랫면에는 앞뒤로 한 가닥인 기관아가미가 있으며, 그 모양이 유충을 구별하는 주요 형질이다. 제1배마디에는 옆융기가 있으나 등융기는 없다. 하천 바닥을 기어 다니며 식물 조각, 유기물 등을 주워 먹는다. 번데기는 유충 때 집을 그대로 쓰며 양쪽 입구를 모래와 낙엽 부스러기로 막고 돌에 수평으로 붙인다. 물 밖으로 기어 나와 날개돋이한다.

종	암수	앞날개 길이 (mm)	더듬이 제1마디 길이 (mm)	특징
네모집날도래	수컷	7.5~8.7	4.4(1.7 / 2.7)	더듬이 제1마디가 두 마디로 나뉜 듯하고 가장 길다.
	암컷	8~9	2	
가시털네모집날도래	수컷	6~7.4	1.5(0.9 / 0.6)	더듬이 제1마디가 두 마디로 나뉜 듯하며 털이 성기게 나 있다.
	암컷	7.5	1.7	
흰점네모집날도래	수컷	7.2	3.3(1.5 / 1.8)	더듬이 제1마디가 두 마디로 나뉜 듯하고 길다.
	암컷	7.2	1.7	
한네모집날도래	수컷	7	1.7(1.0 / 0.7)	더듬이 제1마디가 두 마디로 나뉜 듯하며, 짧고 털이 많다.
	암컷	7.2	1.4	
굽은네모집날도래	수컷	8.1	2.2(1.4 / 0.8)	더듬이 제1마디가 두 마디로 나뉜 듯하며, 짧고 털이 많다.
	암컷	8.4	1.4	
털머리날도래	수컷	5	0.55	더듬이 제1마디가 나뉘지 않으며, 매우 짧고 털이 많다.
	암컷	6	0.4	
동양네모집날도래	수컷	6~8	0.9	더듬이 제1마디가 나뉘지 않으며, 짧고 털이 많다.
	암컷	8	0.7	

20 털날도래과

Sericostomatidae

전 세계에 100여 종이 알려졌으며, 한반도에는 성충 1속 1종과 유충 1종(학명 미결정)이 기록되었다. 성충은 전국 평지 하천과 강에서 4~6월까지 나타나며 등화 채집 때도 잘 날아온다. 가시날도래과 암컷 성충과 크기와 모양이 비슷해 헷갈리기 쉽다.

성충 몸길이는 7~8mm이다. 홑눈이 없으며 겹눈에는 털이 있다. 더듬이는 몸 길이와 비슷하고 제1마디는 짧고 굵다. 작은턱수염은 수컷 3마디, 암컷 5마디 이며 짧은 털로 덮였다. 아랫입술수염은 암수 모두 3마디다. 앞가슴 가운데에 혹이 있다. 가운데가슴 윗면 앞쪽 가운데가 깊게 파였다. 가운데가슴 순판에 있

동양털날도래. 경기 양평. 2018.05.

동양털날도래 겹눈

동양털날도래 가슴

동양털날도래 작은턱수염

동양털날도래 앞날개

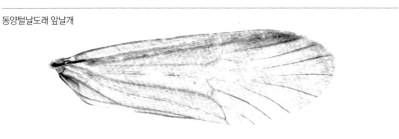

동양털날도래 뒷날개

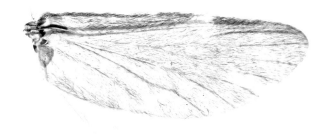

는 혹 1쌍은 둥글고 작다. 소순판에 있는 혹은 소순판 전체를 덮는다. 앞날개보다 뒷날개가 폭이 넓다. 앞날개에는 $f_1 \sim f_3$과 f_5가 있고 뒷날개는 f_1, f_2, f_5가 있다. 다리 가시는 2-2-4형이다.

유충은 평지 하천과 강의 물 흐름이 느리고 바닥이 돌과 모래인 곳, 물가에 산다. 고운 모래로 끝이 좁아지고 약간 구부러지는 10mm 안팎 원통형 집을 짓는다. 모래를 정교하게 붙여 집 표면은 매끄럽다. 하천 바닥을 기어 다니며 낙엽 같은 식물 부스러기를 썰어 먹는다. 고치 틀 때가 되면 돌의 상류 쪽 아랫면이나 물가로 이동하고 집 양쪽 입구를 식물 부스러기로 막고서 바닥에 수평으로 붙인다.

서식지. 경기 가평. 2015.05.

털날도래 KUa 유충

털날도래 KUa 번데기

유충 머리와 앞가슴 윗면은 경판으로 덮였고 짙은 갈색이다. 앞가슴 양쪽 가장
자리는 뾰족하게 튀어나왔다. 가운데가슴 윗면은 몇몇 곳이 딱딱하고 뒤쪽으
로 갈수록 옅은 갈색이며 희미한 반점이 있다. 뒷가슴은 막질이다. 뒷다리가 다
른 다리보다 길다.

21

날개날도래과
Molannidae

전 세계에 40여 종이 알려진 작은 무리다. 한반도에는 1속 2종이 기록되었다. 성충은 전국 저수지와 연못, 평지 하천에서 4~9월에 보이며, 등화 채집 때도 잘 날아온다. 다른 날도래과 성충과 달리 날개가 길고 폭이 좁아서 날개를 접고 식물 줄기에 앉아 있으면 마치 줄기 일부처럼 보인다.

성충 몸길이는 15mm 안팎이다. 홑눈은 없다. 더듬이는 몸길이와 비슷하고 제1마디는 굵다. 작은턱수염은 암수 모두 5마디이고 제1, 2마디는 막대형으로 짧으며 털로 덮였다. 아랫입술수염은 암수 모두 3마디다. 앞가슴 가운데 혹 1

날개날도래. 경기 가평. 2018.04.

날개날도래

날개날도래 작은턱수염

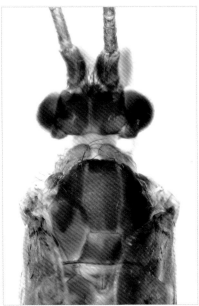

날개날도래 가슴 윗면

날개날도래 앞날개

날개날도래 뒷날개

쌍은 크게 튀어나왔고 앞가슴을 거의 덮는다. 가운데가슴 순판은 세로로 길고, 작은 점이 세로로 길게 퍼져 있다. 소순판은 사다리꼴이며 혹은 흔적만 있어 매끈하다. 앞날개와 뒷날개 모양과 크기는 비슷하며 갈색 털로 덮였다. 앞날개 길이는 폭보다 3배 정도 길다. 다리 가시는 2-4-4형이다.

유충은 저수지, 연못 같은 정수역과 평지 하천의 물 흐름이 느리고 바닥이 모래인 곳에서 보인다. 모내기철에는 논에서도 볼 수 있다. 고운 모래로 입구가 넓고 끝이 좁은 부채꼴 집을 납작하게 짓고, 모래를 파고 들어가 숨는다. 바닥을 기어 다니지 않고 폴짝 뛰듯이 이동한다. 집이 뒤집히면 몸을 한껏 꺼내 바로잡으려 하는데, 이때 물고기에게 잡아먹히는 일이 많다. 규조류와 식물 부스러기 등을 주워 먹거나 긁어 먹는다. 고치 틀 때가 되면 집의 양쪽 입구를 막고 돌에 수평으로 붙인다. 때로 유충 때보다 큰 돌 조각을 집에 붙이기도 한다.

날개날도래 유충

날개날도래 번데기

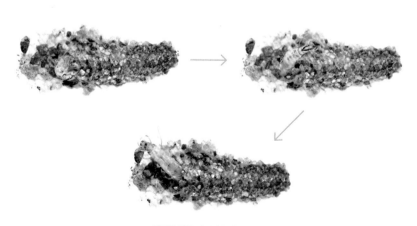

뒤집힌 집을 바로잡으려는 유충

22

바수염날도래과
Odontoceridae

전 세계에 115종이 알려졌고 한반도에는 성충 1속 3종과 유충 1종이 기록되었다. 성충은 전국에서 3~10월까지 나타나며 주로 4~6월, 9~10월에 많이 보인다. 봄철 계곡과 평지 하천 상류에서는 많은 개체가 날아오르며 짝짓기를 시도한다. 성충은 낮에 활발하며 등화 채집 때는 잘 날아오지 않는다.

성충 몸길이는 10~15mm이고 전체가 어두운 갈색이다. 홑눈이 없다. 더듬이는 몸길이보다 길며 제1마디는 머리 길이와 비슷하고 굵다. 수컷 더듬이는 끝으로 갈수록 색이 밝다. 작은턱수염은 암수 모두 5마디이며 검은색 털로 덮었

수염치레날도래 수컷. 강원 평창. 2017.04.

수염치레날도래 표본

멧바수염날도래 작은턱수염

멧바수염날도래 가슴

멧바수염날도래 앞날개

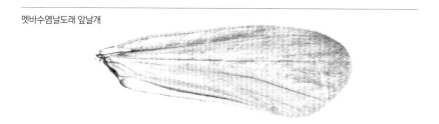

멧바수염날도래 뒷날개

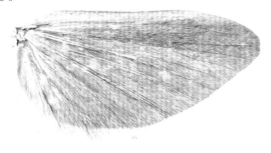

서식지. 강원 평창. 2016.11.

다. 아랫입술수염은 3마디이며 검은색 털로 덮였다. 앞가슴 가운데 혹 1쌍은 둥글고 뚜렷하다. 가운데가슴 순판 한가운데에 작고 동그란 돌기가 1쌍 있고, 소순판에 있는 혹은 소순판을 가득 채운다. 앞날개에 무늬가 없으며 암갈색 털이 고르게 나 있다. 뒷날개는 앞날개보다 폭이 넓다. 다리 가시는 2-4-4형이다. 유충은 산간 계류와 평지 하천의 수심이 낮고 물 흐름이 완만하며 바닥에 모래와 자갈이 있는 곳에서 보인다. 모래와 미세한 돌 조각으로 매우 튼튼하게 약간 구부러진 원통형 집을 짓는다. 돌을 기어 다니며 유기물과 부착 조류를 긁어 먹는다. 영기가 낮은 유충은 여럿이 모여 돌에 집을 붙이고 지내며, 비가 많이 와서 물이 불고 물살이 빨라지면 하천 바닥을 파고 들어가기도 한다. 고치를 틀 때가 되면 물 흐름이 완만한 물가 돌 밑으로 모인다. 양쪽 입구를 모래 한 알로 막는다. 큰 돌이나 바위 아랫면에 집단으로 고치를 붙인다. 물가로 헤엄쳐 나오면서 수면우화한다.

무리 지어 사는 유충

먹이 활동하는 유충

2~3령 유충

바위에 집단으로 번데기를 튼 모습

날개돋이 직전 번데기

알 덩어리

채다리날도래과
Calamoceratidae

전 세계에 175종이 알려졌고, 한반도에는 성충 2속 3종과 유충 2종(학명 미결정)이 기록되었다. 유충 2종을 사육한 결과 *Anisocentropus* sp. 유충은 *Anisocentropus kawamurai* 성충으로 날개돋이했고, 채다리날도래 KUa 유충은 채다리날도래 성충으로 날개돋이했다.

성충은 전국에서 4~8월까지 산간 계류와 평지 하천에서 보인다. 채다리날도래속 성충은 낮에 하천 물가 나뭇가지에 앉아 있고 주로 해 질 녘에 비행하며 짝짓기한다. 그러나 등화 채집 때는 날아오지 않는다.

채다리날도래. 강원 인제. 2016.05.

Anisocentropus kawamurai 작은턱수염

채다리날도래 윗면

채다리날도래 더듬이와 작은턱수염

채다리날도래 앞날개

채다리날도래 뒷날개

Anisocentropus kawamurai 유충이 오린 잎

성충 몸길이는 10~25mm이다. 홑눈이 없다. 더듬이는 매우 길어 몸길이의 2~2.5배에 이르며 가늘고 유연하다. 제1마디는 제2마디보다 2배 길고 둥글며 굵다. 작은턱수염은 5마디 또는 6마디이고 털로 덮였다. 아랫입술수염은 모두 3마디이고 털로 덮였다. 앞가슴 가운데 있는 혹은 타원형으로 길고 가슴을 거의 덮는다. 가운데가슴 순판은 길고 넓게 퍼진 혹이 순판 전체를 덮는다. 소순판은 매우 작고 혹도 아주 작아 검은 점 같다. 날개는 무늬가 없는 황갈색 또는 암갈색이고 앞날개보다 뒷날개 폭이 넓다. 앞날개에 중실이 있다. 다리 가시는 2-4-2(3)형이다.

Anisocentropus kawamurai 유충은 전국 산간 계류와 평지 하천 물 흐름이 느려지는 물가의 낙엽 쌓인 곳에서 보인다. 낙엽을 타원형으로 2장 오려서 위 아래로 붙여 집을 짓는다. 집에 붙이는 잎은 떨어진 지 얼마 되지 않은 싱싱한

잎이며 늘 온전한 모양으로 관리한다. 채다리날도래 유충은 산간 계류와 평지 하천의 물이 맑고 수온이 낮은 곳에 산다. 집은 속이 빈 억새류 줄기나 물에 떨어진 나뭇가지를 이용하는데, 그 나뭇가지는 만지면 부스러질 만큼 물속에서 오랫동안 묵은 것으로, 몸길이만큼 속을 파내고 그 안에서 지낸다. 유충은 낙엽 부스러기나 썩은 나무 목질부를 갉아 먹는다.

채다리날도래 유충

나비날도래과
Leptoceridae

전 세계에 1,800종이 알려진 큰 무리이며, 한반도에는 성충 8속 31종과 유충 6종(학명 미결정)이 기록되었다. 조사 결과 북한 분포 종으로 알려진 어리나비날도래, 갈래나비날도래, *Setodes pulcher*, 요정연나비날도래가 남한에도 서식하는 것을 확인했고 성충 3종을 새롭게 발견해 이 책에 나비날도래 sp.1, *Leptocerus* sp.1, 무늬나비날도래 sp.1로 실었다. 또한 장수나비날도래, 요정연나비날도래는 유충을 사육해 성충을 확인했다.

성충은 전국 산간 계류, 평지 하천, 강 같은 유수역에서 3~11월까지 보이며, 특히 평지 하천과 강에서는 5~9월에 많은 종이 보인다. 주로 해 질 녘에 활발하고 등화 채집 때 잘 날아온다. 성충은 미소나방과 생김새가 매우 비슷하다.

잎사귀나비날도래. 경기 남양주. 2015.06.

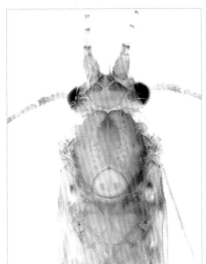

길주나비날도래 가슴

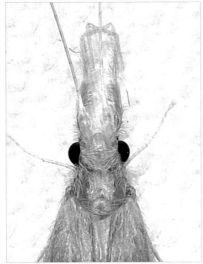

고운나비날도래 가슴

나비날도래속 작은턱수염

연나비날도래속 더듬이 제1마디

나비날도래속 유충

무늬나비날도래속 유충

청나비날도래속 유충

연나비날도래속 유충

성충 몸길이는 5~15mm이며, 홑눈이 없고, 더듬이는 몸길이의 2~3배로 길다. 더듬이 제1마디는 머리 세로축보다 짧으며 굵직하다. 일부 수컷에는 더듬이 기부 또는 제1, 2마디에 암컷 냄새를 맡는 털 다발이 있다. 작은턱수염은 암수 모두 5마디이며 제2마디는 길고 제5마디는 일부분이 부드럽다. 대체로 제1~3마디에는 긴 털이 나 있고 제4, 5마디는 속에 따라 짧은 털이 있거나 없으며, 아랫입술수염은 암수 모두 3마디다. 가운데가슴 순판은 도드라지며 길쭉하고 세로로 긴 혹이 1쌍 있다. 소순판은 작고 혹 1쌍은 작은 타원형이다. 날개는 좁고 길며 앞날개 끝은 둥그렇거나 약간 뾰족하다. 대부분 종은 암수 날개 생김새나 무늬가 같지만, 일부 종에서는 날개 무늬가 다르다. 무늬나비날도래속과 연나비날도래속 앞날개에 나타나는 반점이나 띠는 종을 구별하는 데에 매우 유용하다. 또한 앞날개 경실의 유무, 중맥1+중맥2와 중맥3+중맥4가 횡맥과 만나는 지점 형태, 뒷날개 f_5 유무는 속을 구별하는 중요한 형질이다. 무늬나비날도래속에는 수컷 제5~8배마디 윗면이 판 같은 막질인 종이 있다. 다리 가시는 0-2-2 또는 1-2-2 또는 2-2-2형이다.

유충은 물 흐름이 느린 하천 여울, 물풀이 있는 물가, 정수역에 산다. 몸길이는 8~15mm이고 전체가 담황색이며 뒷다리가 매우 길어 집 안에 있어도 몸이 밖으로 길게 나온다. 하천 바닥을 기어 다니며 유기물을 주워 먹는다. 나비날도래속 일부 종은 수서생물을 잡아먹는다. 모래나 부식질로 원뿔형, 원통형, 납작한

나비날도래 KUa 유충

나비날도래 KUa 번데기

무늬나비날도래속 번데기

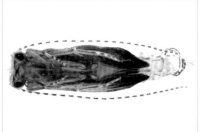

무늬나비날도래속 날개돋이 직전

원통형 등으로 다양하고 약간 구부러진 집을 짓는다. 고치 틀 때는 흐름이 약한 물가로 이동하고 유충 때 쓰던 집을 번데기 방으로 쓴다. 돌에 고치 양 끝을 붙여 수평으로 고정한다.

나비날도래속 유충이 하천에 가장 폭넓게 퍼져 산다. 머리 윗면 무늬가 다양하며, 반점이거나 굵은 세로줄이 있는 종이 있다. 일부 종은 가운데가슴 윗면에 괄호 모양 무늬가 있다. 제1배마디에는 옆융기와 등융기가 뚜렷하다. 앞가슴과 가운데가슴 윗면은 경판으로 덮였으며 뒷가슴은 막질이거나 때로는 작은 경판 조각이 있다.

청나비날도래속은 가느다란 원통형 집 옆에 긴 식물질을 붙이며 머리 윗면에는 반점이 있다. 무늬나비날도래속 유충은 전체가 연한 갈색이다. 식물질을 가로로 켜켜이 쌓은 고깔 모양 집을 짓는다. 머리 윗면과 앞가슴에 반점이 흩어져 있다.

연나비날도래속 유충은 물 흐름이 느리고 멈춘 곳, 수생식물이 자라는 곳에 산다. 수생식물 잎줄기나 뿌리를 잘게 잘라 나선형으로 돌돌 말아 올린 긴 원통형 집을 짓는다. 머리 윗면에 검은 반점이 흩어져 있다. 앞가슴과 가운데가슴은 경판으로 덮였으며 반점이 있다. 뒷다리가 가장 길고 긴 털이 많다.

㉕

달팽이날도래과
Helicopsychidae

전 세계에 250종이 알려졌고, 한반도에는 유충으로 1속 1종이 기록되었다. Kim (1974)이 1967년 입석천(원주 또는 상주), 1968년 무주구천동에서 채집된 유충을 발표한 뒤로 유충과 성충이 발견되지 않았으나 2020년 연천에서 유충이 발견되어 국내에 서식하고 있음을 확인했다.

성충 몸길이는 10mm 정도이며 전체적으로 암갈색이다. 날개에는 특별한 무늬가 없으며 길이에 비해 폭이 좁다. 수컷의 작은턱수염은 2마디 또는 3마디이고 암컷은 5마디이다. 다리가시는 1-2-4형이다.

유충은 대부분 하천 바닥에 모래가 있으며 물이 흐르는 곳에서 발견되며, 파도가 발생하는 호수에서도 사는 것으로 알려졌다. 최근 국내에서 유충이 발견된 곳은 평지 하천의 수온이 낮고 물 흐름이 약하며, 가는 모래와 자갈이 주를 이루는 곳의 수변부였다. 유충 몸길이는 5~8mm이며 작은 모래로 달팽이 껍데기 모양 같은 독특한 집을 짓는다. 머리 윗면은 납작하게 눌렸다. 복부는 집에 맞춰 말려 있으며 분지된 기관아가미가 있다. 고리발톱에는 빗 모양으로 작은 이빨이 나 있다. 주로 조류(Algae)와 미세한 유기물을 먹는다.

달팽이날도래. 경기 연천. 2020.04. ⓒ 박형례

달팽이날도래. 경기 연천. 2020.04.

서식지 및 채집

유수역

산간 계류

상류 발원지에서부터 마을에 이르기 전까지 흐르는 물이다. 물이 차갑고 깨끗하며 주변이 우거져 그늘이 생기고 낙엽이 많다. 하폭이 좁고 경사가 급해 물살이 빠르게 흐르는 여울 구간이 주를 이루며, 물 흐름이 완만한 구간과 소 구간이 반복해서 나타나고 바닥은 바위와 호박돌, 자갈, 큰 모래 등으로 이루어진다. 물가에는 낙엽, 나뭇가지 같은 유기물이 쌓여 있으며, 이끼류가 바위를 덮고 있다. 이끼류는 계류에서 산소를 만들 뿐만 아니라 날도래 유충 은신처로 쓰인다.

강원 영월 박달계곡

여울 구간에는 광택날도래과, 물날도래과, 긴발톱물날도래과, 줄날도래과 유충이 주로 살고 흐름 구간에는 깃날도래과, 입술날도래과, 곰줄날도래과, 가시우묵날도래과 유충이 산다. 낙엽이 쌓인 물가에는 우묵날도래과, 둥근얼굴날도래과, 둥근날개날도래과, 네모집날도래과, 나비날도래과, 채다리날도래과 유충이 산다.

평지 하천

산간 계류를 벗어나 평지를 흐르는 중류 구간이다. 주변에 마을과 경작지가 있으며 폭은 넓어지고 경사는 완만해져 물 흐름이 차츰 느려진다. 물가에 나무 그늘이 조금 있거나 없다. 바닥은 호박돌, 자갈, 모래로 구성되고, 주로 물살이 약하고 여울과 소가 나타난다. 구간별로 미소 환경에 따라 다양한 날도래 유충이 산다. 먹이원인 조류와 수생식물이 늘어나고 유기물이 풍부해 특히 그물을 치고 사는 줄날도래과가 아주 풍부하고 애날도래과, 광택날도래과, 각 날도래과, 통날도래과, 가시날도래

강원 영월 옥동천

과, 털날도래과, 애우묵날도래과, 바수염날도래과, 나비날도래과 유충이 산다.

경기 광주 경안천

충북 괴산 화양천

강

바다로 유입되기 전인 하류 구간으로, 폭은 매우 넓고 거의 경사지지 않으며 물 흐름이 느리고 바닥은 자갈, 모래 등으로 이루어진다. 평지 하천과 강이 만나는 지점에는 유기물이 풍부하고 여울이 생겨 애날도래과, 통날도래과, 별날도래과, 나비날도래과처럼 많은 유충이 산다. 강 주변 범람원에서 유입되는 유기물과 상류와 중류에서 흘러 들어온 유기물이 많아 날도래 유충을 비롯한 여러 수서생물이 산다.

충남 옥천 금강

하구

강물과 바닷물이 만나는 지점이다. 바닥은 대부분 가는 모래와 점토 같은 미세한 입자로 이루어지고 주변에서 많은 유기물이 유입된다. 염분으로 날도래목 유충은 대부분 살지 못하지만 강과 인접한 기수역에서는 애날도래과 유충 일부가 물풀에 붙어 산다.

인천 장수천

정수역

호소

물 흐름이 없는 곳으로 호수와 늪을 통칭하며 댐이나 둑, 저수지도 포함된다.
수심이 깊고 물가에 인공 구조물이 많아 날도래 유충이 서식하기에는 적합하
지 않으나 저수지로 유입되는 수로나 경계 부근에 날개날도래과, 채다리날도래
과의 *Anisocentropus*, 애날도래과, 네모집날도래과, 통날도래과 유충이 산다.

전남 영암 용호제

고산 습지

산속에 있는 습지로 자연 습지, 이탄층 늪, 제주도 오름, 화전민 농토 등을 포함한다. 물이 계속 유입되어 깨끗하고 부영양화가 일어나지 않으나 때로 물이 말라 바닥을 드러내기도 한다. 바닥은 가는 모래나 진흙으로 이루어지고 일부 관목과 수생식물이 습지와 물가에서 자란다. 주변 산림에서 유기물이 많이 유입되어 먹이가 풍부하고 집 재료로 삼을 낙엽이 있어서 대형 종인 우묵날도래과, 날도래과, 둥근날개날도래과 유충이 산다. 또한 수변부에는 네모집날도래과, 나비날도래과 유충이 산다.

경북 영주 죽령습지

전북 정읍 월영습지

논, 웅덩이

논에는 일시적으로 물이 공급된다. 5월 모내기철에 날개날도래과 유충을 발견할 수 있다. 논에 물을 대고자 파 놓은 웅덩이에는 우묵날도래과 유충이 서식한다. 또한 겨울처럼 논에 물이 없는 시기에는 여러 수서곤충의 피난처도 된다.

경남 고성 논습지

189

미소 서식지

여울

물살이 빠른 구간으로 수심이 얕고 경사가 급하다. 바위나 호박돌이 있고 돌 사이를 흐르는 물에서 하얀 물거품이 일어난다. 용존산소가 풍부하다. 산간 계류 여울에는 물날도래과, 긴발톱물날도래과, 광택날도래과 유충이 살며, 평지 하천 여울에는 각날도래과, 줄날도래과, 깃날도래과, 입술날도래과, 통날도래과 유충이 산다.

강원 영월 내리계곡

강원 철원 한탄강 지류

흐름

물이 완만하게 흐르는 구간을 말한다. 하천 바닥은 호박돌, 자갈과 모래로 이루어졌다. 애우묵날도래과, 가시날도래과, 가시우묵날도래과, 바수염날도래과 유충처럼 모래로 집을 짓는 종이 주로 산다.

전남 장흥 옴천천

충북 옥천 금강

소

물 흐름이 느린 구간으로 수심이 깊고 물길이 평탄하다. 바닥은 모래와 진흙으로 이루어지며 낙엽 같은 유기물이 쌓인다. 낙엽과 모래로 집을 지으며 낙엽과 유기물을 먹는 나비날도래과의 일부 속, 우묵날도래과, 둥근날개날도래과, 채다리날도래과 등 여러 과의 유충이 산다.

경북 상주 용유천

서울 서초 원터골

채집

직접 찾기

물가 나무줄기나 나뭇잎, 물풀, 바위, 다리 등에서 채집한다. 주로 겨울이나 초봄, 늦가을, 이른 아침이나 늦은 오후처럼 기온이 낮아서 성충 움직임이 둔할 때 효과가 크다. 여름에는 더위를 피해 기온이 낮은 곳이나 숲속으로 날아가 깊이 숨기 때문에 효과가 작다.

포충망 채집

하천 주변 풀숲이나 나무 위를 나는 날도래를 포충망을 휘둘러 채집한다. 특히 늦은 봄부터 여름에 걸쳐 그늘지고 바람이 잘 통하는 곳, 바위틈 등을 포충망으로 쓸어 잡기하면 효과가 크다.

나무 털기

햇빛을 피해 나뭇잎을 붙들고 쉬는 성충을 잡고자 천으로 우산 모양을 만들어 바닥에 놓고 막대로 나무를 두드려 떨어지게 한다. 그러나 금방 다시 날아갈 때가 많아서 활용도가 높지 않다.

등화 채집

야간에 불을 켜서 유인하는 방법으로 몇몇 종을 제외하고는 거의 대부분이 불빛에 민감하게 반응하므로 효과가 가장 크다. 각날도래과, 줄날도래과, 통날도래과, 나비날도래과 성충이 날개돋이하는 시기인 4~9월에 평지 하천이나 강가에서 불을 켰을 때는 거의 숨을 쉴 수 없을 만큼 많이 날아온다. 블랙라이트, 장파장자외선등(UVa), 수은등이 날도래를 모으는 데에 효과가 크다. 하천 주변 편의점, 가로등, 주유소, 펜션 불빛 주변을 살피기도 한다.

02
part

한 국   날 도 래

성충을 확인한 종
성충을 확인하지 못한 종

한 국 날 도 래

성충을 확인한 종

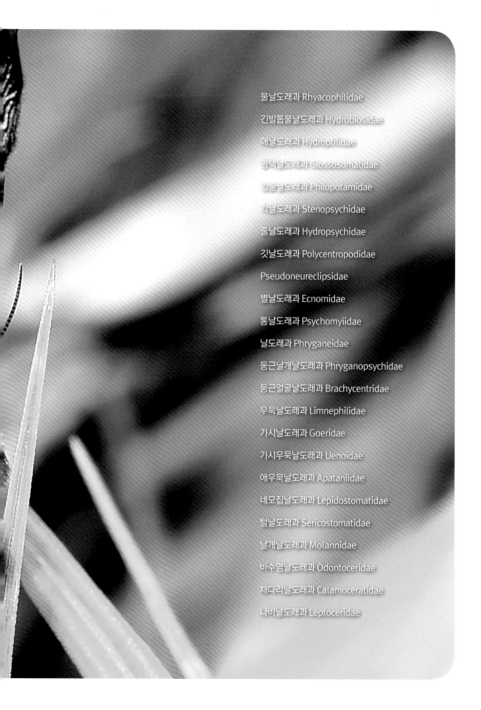

물날도래과 Rhyacophilidae

긴발톱물날도래과 Hydrobiosidae

애날도래과 Hydroptilidae

광택날도래과 Glossosomatidae

입술날도래과 Philopotamidae

각날도래과 Stenopsychidae

줄날도래과 Hydropsychidae

깃날도래과 Polycentropodidae

Pseudoneureclipsidae

별날도래과 Ecnomidae

통날도래과 Psychomyiidae

날도래과 Phryganeidae

둥근날개날도래과 Phryganopsychidae

둥근얼굴날도래과 Brachycentridae

우묵날도래과 Limnephilidae

가시날도래과 Goeridae

가시우묵날도래과 Uenoidae

애우묵날도래과 Apataniidae

네모집날도래과 Lepidostomatidae

털날도래과 Sericostomatidae

날개날도래과 Molannidae

바수염날도래과 Odontoceridae

채다리날도래과 Calamoceratidae

나비날도래과 Leptoceridae

01

그물무늬물날도래

Rhyacophila angulata Martynov, 1910

8~11mm

4~10월
(4~6월 집중 출현)

산간 계류, 평지 하천

홑눈 있음

작은턱수염 5마디

다리 가시 3-4-4

날개는 밝은 갈색이며 그물 무늬가 있다. 날개 한가운데에 가로로 암갈색 띠가 굵게 나타난다. 낮에 활발하고 등화 채집 때도 잘 날아온다. 성충 생김새는 일본에 알려진 곤봉물날도래와 매우 닮았으며 수컷 교미기도 비슷하다. 국내에는 곤봉물날도래 유충만이 알려져 있다. 조사 결과 그물무늬물날도래 성충과 곤봉물날도래 유충이 나타나는 장소가 같다. 성충이 밝혀지지 않은 곤봉물날도래 유충은 그물무늬물날도래 유충일 수 있다고 생각한다.

▶곤봉물날도래 참고(499쪽)

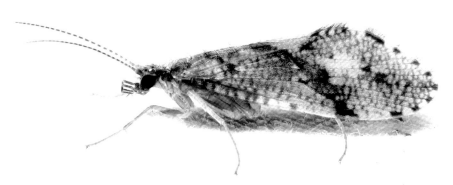

경북 봉화. 2017.05.

앞날개

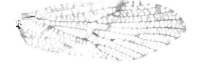

뒷날개

강원 평창. 2017.04.

옆면

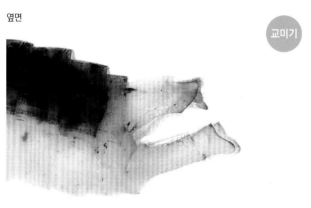

윗면　　　　　　아랫면

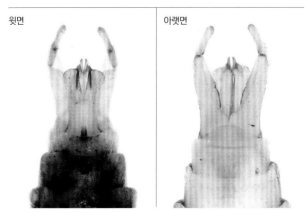

덕유산물날도래

Rhyacophila confissa Botosaneanu, 1970

13~15mm
4~5월
산간 계류
홑눈 있음
작은턱수염 5마디
다리 가시 3-4-4

날개는 광택 도는 갈색이고 검은 날개맥이 뚜렷하다. 수컷 교미기는 집게물날도래와 생김새가 매우 비슷하다. 수컷 제10배마디를 위에서 보면 돌기 2개로 나뉘며 기부에서부터 2/3 지점에서 갈라진다. 항문경판은 제10배마디와 연결되었으며 말단부에서 나뉘고 끝으로 갈수록 점점 가늘어진다. 4~5월 낮에 많은 성충이 나뭇잎 사이를 부산스럽게 오간다. 등화 채집 때는 잘 날아오지 않는다. 한반도 고유종이다.

경북 영주. 2015.05.

짝짓기. 강원 정선 2016.05.

옆면

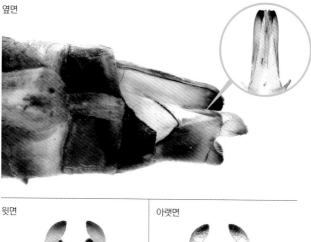

윗면

아랫면

03

참물날도래

Rhyacophila coreana Tsuda, 1940

9~12mm
5~10월
산간 계류, 평지 하천
홑눈 있음
작은턱수염 5마디
다리 가시 3-4-4

날개는 광택이 없는 흑갈색이며 전체에 작은 회색 반점이 흩어져 있다. 낮에 평지 하천 수생식물 줄기에 붙어 있다. 등화 채집 때도 잘 날아온다. 일본에 알려진 넓은머리물날도래 성충 사진과 매우 닮았으며 수컷 교미기도 거의 비슷하다. 그러나 참물날도래 교미기가 더 각지고 끝이 뾰족하다. 국내에는 참물날도래 유충은 나타나지 않지만 넓은머리물날도래가 유충으로 기록되어 있다. 한반도 고유종이다.

▶넓은머리물날도래 참고

강원 인제. 2016.09.

앞날개

뒷날개

강원 인제. 2016.09.

옆면

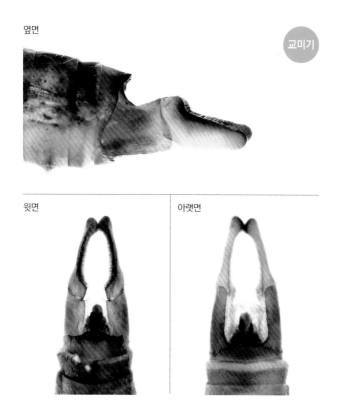

교미기

윗면

아랫면

04

거친물날도래

Rhyacophila impar Martynov, 1914

13~16mm
5월
산간 계류
홑눈 있음
작은턱수염 5마디
다리 가시 3-4-4

날개에 그물 무늬가 있다. Botosaneanu (1970)가 북한 채집 표본으로 발표했고, Yoon & Kim (1988)이 남한에서 유충으로 기록한 뒤로 남한에서는 성충이 확인되지 않았으나, 이번 조사에서 강원 인제와 평창 등화 채집 때 날아왔다.

유충은 바닥에 호박돌과 자갈이 있고 수온이 낮은 여울에 산다. 몸길이는 10~15mm이고 밝은 갈색이며 머리와 앞가슴 윗면은 딱딱하다. 머리 윗면에 V자 갈색 무늬가 뚜렷하고 배마디 앞뒤에 짙은 갈색 띠가 있다. 배마디에 기관아가미가 없다. 꼬리다리에 가늘고 긴 덧발톱이 있고 고리발톱 안쪽에 작은 톱니가 4개 있다.

경기 가평. 2020.05.

경기 가평. 2020.05.

 교미기

옆면

윗면

아랫면

경기 가평. 2017.04

유충 ⓒ 전영철

05

카와무라물날도래

Rhyacophila kawamurae Tsuda, 1940

9.5~11mm

4~5월

평지 하천

홑눈 있음

작은턱수염 5마디

다리 가시 3-4-4

날개는 황갈색이며 광택이 난다. 세로맥은 검으며 그 사이로 간격이 일정한 검은 반점이 가로로 있다.

Malicky (2014)는 Tsuda (1940)가 북한과 일본에서 채집한 표본으로 발표한 카와무라물날도래를 사랑무늬물날도래 변이로 보고 사랑무늬물날도래의 동종이명으로 정리했다.

Ko & Park (1988)은 카와무라물날도래와 사랑무늬물날도래 2종을 모두 우리나라 분포 종으로 발표했고, Kuranishi (2016)는 카와무라날도래와 사랑무늬날도래가 별개 종이라는 논문을 발표했다. 여기에서는 이 자료를 바탕으로 남한 전역에서 채집한 종을 카와무라물날도래로 동정했다. 그러나 일본에 알려진 카와무라물날도래 성충 생김새와 이 종 생김새에 차이가 있으므로 앞으로 추가 연구가 필요하다.

경기 가평. 2017.04.

짝짓기. 경북 문경 2020.05.

옆면

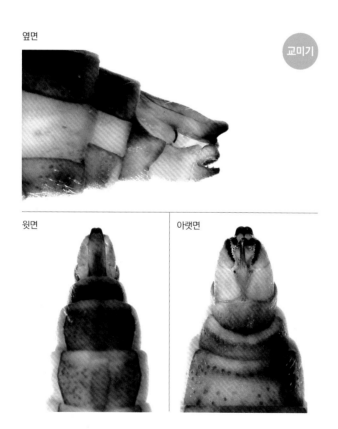

교미기

윗면　　　　　아랫면

06

금강산물날도래
Rhyacophila kumgangsanica Kumanski, 1990

6~8mm

4~6월, 9월

산간 계류

홑눈 있음

작은턱수염 5마디

다리 가시 3-4-4

물날도래과 중에서는 크기가 작은 편이다. 날개는 광택 나는 황갈색이며 날개 전체에 고르게 갈색 반점이 있다. 낮에 산간 계류 바위틈이나 나무줄기 사이에서 부산스럽게 움직이는 모습을 볼 수 있다. 등화 채집 때도 잘 날아온다. 한반도 고유종이다.

강원 인제. 2018.07.

짝짓기. 경기 가평. 2017.06.

옆면

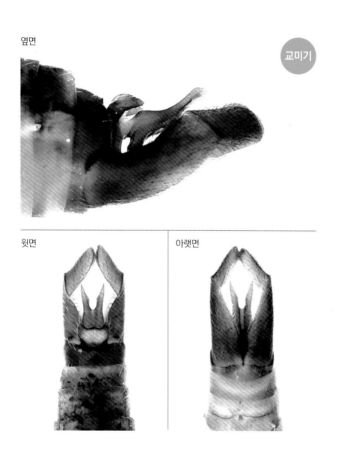

윗면

아랫면

07

올챙이물날도래

Rhyacophila lata Martynov, 1918

12.5~14mm

4~10월

산간 계류, 평지 하천

홑눈 있음

작은턱수염 5마디

다리 가시 3-4-4

앞날개는 광택이 없는 탁한 갈색이며 검은 반점이 규칙 없이 흩어져 있다. 물날도래과 가운데 남한 전역 계곡과 평지 하천에서 4~10월에 가장 많이 보이는 종이다. 낮에 활발히 움직이고 등화 채집 때도 잘 날아온다. 전국에서 나타나는 올챙이물날도래는 성충만 확인했고, 유충은 밝혀지지 않았다. 올챙이물날도래 성충이 나타나는 곳에서는 검은머리물날도래 유충이 채집된다. 따라서 검은머리물날도래 유충이 올챙이물날도래 유충일 수 있다고 생각한다.

▶ 검은머리물날도래 참고(498쪽)

강원 인제. 2016.09.

짝짓기. 전남 강진. 2016.06.

옆면

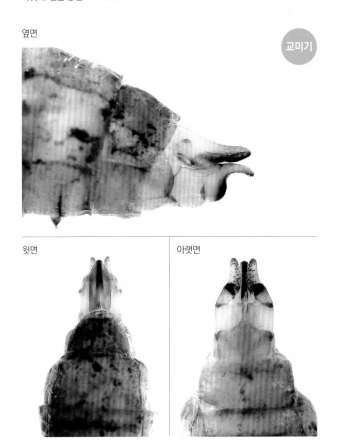

윗면

아랫면

08

갯물날도래

Rhyacophila maritima Levanidova, 1977

12.5~16mm

5~9월

산간 계류

홑눈 있음

작은턱수염 5마디

다리 가시 3-4-4

앞날개는 광택이 돌며 갈색 바탕에 황갈색 동그란 반점이 있다. 나도물날도래와 크기, 날개 무늬, 수컷 교미기가 매우 비슷하고 2종이 같은 장소에서 함께 나타나므로 동정이 어렵다. 갯물날도래 수컷 제10배마디를 옆에서 보면 직사각형이며 말단부는 둥글며, 위에서 보면 기저부 1/2 지점에서 돌기가 2개로 나뉜다. 낮에 활발하고 등화 채집 때도 잘 날아온다.

Ko & Park (1988)이 발표한 북해도물날도래와도 수컷 교미기 차이를 찾기 어렵고 발표 뒤로 북해도물날도래는 기록이 없는 것으로 보아 갯물날도래일 수 있다고 생각한다. Hwang (2005)은 Ko & Park (1988)이 발표한 북해도물날도래가 *R. acropedes* group에 속하는 종의 오동정이라는 견해를 보였다.

경기 용인. 2017.05.

경북 봉화. 2017.09.

옆면

교미기

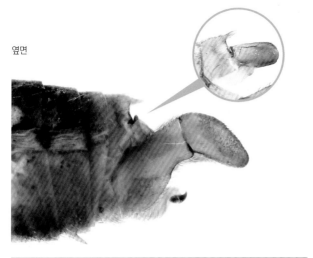

윗면

아랫면

09

톱가지물날도래

Rhyacophila mroczkowskii Botosaneanu, 1970

11.5~14mm

3~5월, 9~10월

산간 계류

홑눈 있음

작은턱수염 5마디

다리 가시 3-4-4

전체가 갈색이며 날개에 무늬가 없고 날개맥이 드러난다. 집게물날도래와 크기, 날개 무늬가 매우 비슷하고 2종이 같은 장소에서 함께 나타나므로 생김새만으로 동정이 어렵다. 톱가지물날도래 수컷 교미기 하부속기 기저부는 길고 사각판 모양이며, 말단부는 기저부 길이의 1/3이고 끝은 완만한 곡선이므로 집게물날도래 교미기와 구별된다. 낮에 활발하며 등화 채집 때는 날아오지 않는다.

경기 용인. 2017.05.

짝짓기. 전남 강진. 2016.06.

옆면

교미기

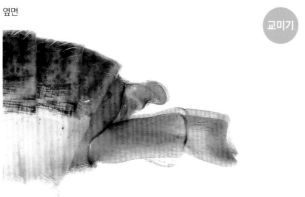

윗면 아랫면

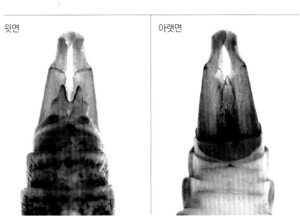

⑩

무늬물날도래

Rhyacophila narvae Navas, 1926

9.5~12.5mm

5월

산간 계류

홑눈 있음

작은턱수염 5마디

다리 가시 3-4-4

날개맥이 뚜렷하며 끝으로 갈수록 암갈색 반점이 짙어진다. 꼬마물날도래와 날개 무늬 및 크기가 비슷하나 수컷 제10배마디가 길어 구별된다. 낮에 활발하고 등화 채집 때도 잘 날아온다. 유충은 바닥에 호박돌과 자갈이 있고 수온이 낮은 여울에 산다. 몸길이는 10~15mm이고 밝은 갈색이며 머리와 앞가슴 윗면은 딱딱하다. 머리 윗면에 H자 갈색 무늬가 뚜렷하다. 배마디에 기관아가미가 없다. 꼬리다리에 짧은 덧발톱이 있다.

강원 인제. 2018.05.

옆면

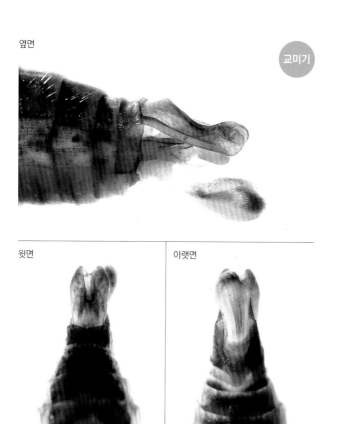

윗면　　　　　　　　아랫면

서식지. 강원 인제. 2018.05.

유충

11

용수물날도래

Rhyacophila retracta Martynov, 1914

12~16mm

5~9월

산간 계류, 평지 하천

홑눈 있음

작은턱수염 5마디

다리 가시 3-4-4

앞날개에 뚜렷한 반점이 규칙적으로 배열한다. 낮에 활발하고 등화 채집 때도 잘 날아온다. 유충은 산간 계류나 평지 하천 상류에 산다. 호박돌, 자갈로 이루어진 여울에서 볼 수 있다. 몸길이는 10~12mm이고 대개 갈색을 띠지만 서식지 상황에 따라 몸 색깔이 다르다. 머리 윗면에 이마방패선을 따라 V자 검은 줄이 있으며 주변으로 갈색 무늬가 있다. 앞가슴에도 반점이 있다. 제2~8배마디 옆면에 손가락 모양 기관아가미가 2개씩 있다. 꼬리다리 끝은 날카롭고 고리발톱 안쪽에 큰 톱니가 2개 있다.

Kobayashi (1989)가 발표한 어리물날도래(*Rhyacophila uchida*)를 Nozaki *et al.* (2019)이 표본을 확인한 뒤에 용수물날도래로 동종이명 처리했다.

경북 영주. 2017.04.

짝짓기. 강원 인제. 2015.05.

교미기

옆면

윗면

아랫면

서식지. 강원 인제. 2018.05.

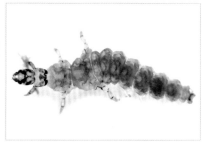

유충

12

꼬마물날도래

Rhyacophila riedeliana Botosaneanu, 1970

8.5~12mm

4~5월

산간 계류, 평지 하천

홑눈 있음

작은턱수염 5마디

다리 가시 3-4-4

전체가 암갈색이다. 날개 끝을 따라 흐릿한 갈색 반점이 있다. 수량이 많지 않고 수로 폭이 좁은 산간 계류에서 채집되었다. 무늬물날도래와는 생김새도 비슷하고 출현 장소도 겹친다. 전체적으로 꼬마물날도래가 무늬물날도래에 비해 날개가 광택 없이 어둡고 날개맥이 두드러지지 않는다. 한반도 고유종이다.

인천 계양. 2016.04.

짝짓기. 충남 청양. 2020.04.

옆면

교미기

윗면

아랫면

13

검은줄물날도래

Rhyacophila singularis Botosaneanu, 1970

13~16mm

4~6월

산간 계류

홑눈 있음

작은턱수염 5마디

다리 가시 3-4-4

날개는 반투명하고 황갈색이며 중간과 끝에 가로로 검은 줄이 있다. 날개맥도 검게 뚜렷하다. 낮에 활발하고 등화 채집 때는 날아오지 않는다. 이끼 낀 산간 계류에서 봄에 나타나며 주로 계곡 수변부 바위 틈새, 이끼 속을 살피면 발견할 수 있다. 한반도 고유종이다.

강원 횡성. 2017.05.

강원 횡성. 2017.05.

옆면

교미기

윗면

아랫면

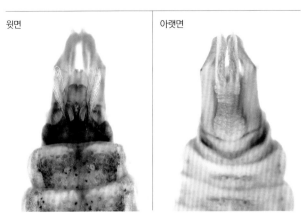

14

나도물날도래

Rhyacophila soldani Mey, 1989

12~15.5mm

4~5월, 9~10월

산간 계류

홑눈 있음

작은턱수염 5마디

다리 가시 3-4-4

전체가 갈색이며 날개 끝을 따라 갈색 반점이 있다. 갯물날도래와 크기, 날개 무늬가 거의 같고 수컷 교미기도 매우 비슷해 동정이 어렵다. 나도물날도래 수컷 교미기 제10배마디를 옆에서 보면 말단부가 약간 뾰족한 삼각형이고 위쪽으로 휜다. 위에서 보면 기저부 1/3 지점에서 돌기 2개로 나뉜다.

Mey (1989)가 북한 혜산에서 채집한 표본으로 신종 발표한 뒤로 남한에서는 성충 기록이 없었으나, 이번 조사 결과 남한 서식을 확인했다. 갯물날도래는 전국에서 나타나지만 나도물날도래는 강원 평창에서만 관찰했다.

강원 평창. 2017.05.

날개 털이 빠진 성충. 강원 평창. 2016.10.

옆면

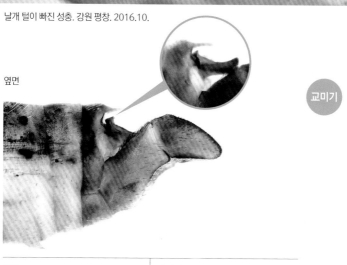

교미기

윗면

아랫면

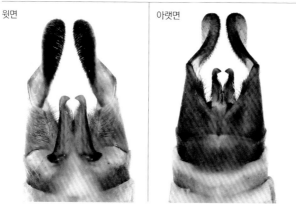

15

집게물날도래

Rhyacophila vicina Botosaneanu, 1970

9~13mm

4~5월

산간 계류

홑눈 있음

작은턱수염 5마디

다리 가시 3-4-4

앞날개는 갈색이고 무늬가 없으며 광택이 난다. 낮에 활발하며 등화 채집 때는 날아오지 않는다. 생김새는 톱가지물날도래와 비슷하나 수컷 교미기 생김새가 뚜렷하게 다르며 나타나는 장소와 시기에도 차이가 있다. 집게물날도래는 강원과 충청 일부 지역에서 봄에만 나타나지만 톱가지물날도래는 전국에서 이른 봄과 가을 연 2회 나타난다. 그러므로 강원 지역에서만 봄에 2종을 함께 볼 수 있다. 집게물날도래 수컷 제10배마디를 위에서 보면 1/2 지점에서 돌기 2개로 나뉘는데 이것은 덕유산물날도래와 매우 비슷하다. 한반도 고유종이다.

Kobayashi (1989)가 신종으로 발표한 지리산물날도래(*R. jirisana*)는 Nozaki *et al*. (2019)이 집게물날도래로 동종이명 처리했다.

강원 인제. 2015.05.

짝짓기. 강원 인제. 2018.05.

교미기

옆면

윗면

아랫면

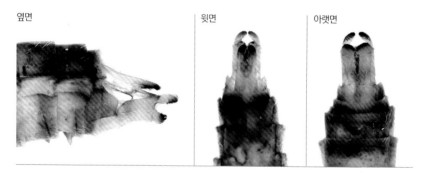

날개돋이

16

물날도래 sp.1

Rhyacophila sp.1

5.5mm

3~4월

산간 계류

홑눈 있음

작은턱수염 5마디

다리 가시 3-4-4

물날도래과에서 크기가 작은 편이고 전체가 광택 도는 밝은 갈색이다. 날개에 흐릿한 황갈색 반점이 있다. 전국 산간 계류에 폭넓게 분포하며, 우리나라 날도래 중에 가장 이른 봄에 나타난다. 3월 초 얼음이 녹지 않은 계곡 눈밭에서도 발견되며 주변 양지바른 곳의 낙엽 속이나 햇볕이 잘 드는 바위에서 발견할 수 있는데, 날개색이 낙엽 색과 거의 똑같아 보인다. 연 1회 발생하며, 4월 초 이후에는 보이지 않았다.

경기 수원. 2015.03.

강원 평창. 2019.03. 경기 수원 2015.03.

앞날개

뒷날개

옆면

교미기

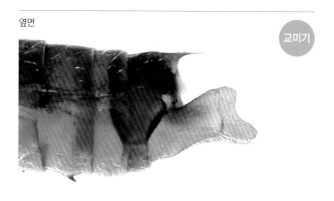

물날도래 sp.2

Rhyacophila sp.2

7.8~8mm

3~4월

산간 계류

홑눈 있음

작은턱수염 5마디

다리 가시 3-4-4

앞날개는 반투명하고 황갈색 점이 있다. 낮에 산간 계류 물가에서 보이나 등화 채집 때는 날아오지 않았다. 성충이 관찰된 곳은 전남 순천 모후산 계류로 주변에 인가가 없고 고도 150m 정도이며, 비탈지고 나무 그늘은 없었다. 바닥은 큰 암반과 굵은 모래로 이루어졌다. 성충은 이른 봄에만 나타났다.

전남 순천. 2016.03. ⓒ 김상수

짝짓기. 전남 순천. 2016.03. ⓒ 김상수

앞날개

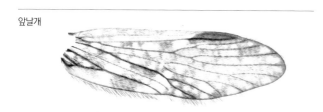

뒷날개

옆면

교미기

18

물날도래 sp.3

Rhyacophila sp.3

10.5~13.5mm

5월

산간 계류

홑눈 있음

작은턱수염 5마디

다리 가시 3-4-4

날개는 투명하고 갈색 점이 있다. 수컷 교미기는 덕유산물날도래, 집게물날도래와 매우 닮았다. 그러나 제10배마디를 위에서 보면 1/2 지점에서 돌기 2개로 나뉘는 기저부가 더 넓고 돌기가 가늘며, 항문 경판 말단이 더 깊게 파였다. 계류 폭이 넓지 않고 나무 그늘이 있으며, 이끼가 끼고, 바닥이 호박돌과 큰 자갈로 이루어진 강원 인제 곰배령에서 채집했다. 낮에 활발했으며 등화 채집 때는 날아오지 않았다.

강원 인제. 2018.05.

서식처

앞날개

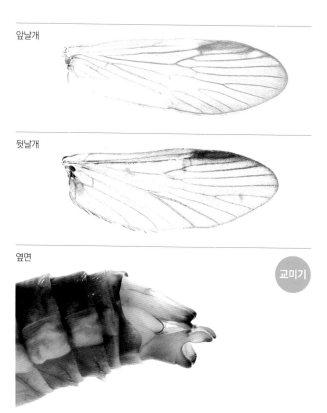

뒷날개

옆면

교미기

19

긴발톱물날도래

Apsilochorema sutshanum Martynov, 1934

6.5~8mm

4~10월

산간 계류

홑눈 있음

작은턱수염 5마디

다리 가시 1(2)-4-4

전체가 갈색이다. 날개에는 밝은 노란색과 어두운 암갈색 짧은 털이 번갈아 나타나고, 앉았을 때 안쪽 가장자리를 따라 난 짧은 털이 머리 쪽으로 솟구치듯 나 있다. 앞날개 둔맥은 점선 모양이고 한가운데에는 털이 없는 곳이 있어 하얀 +자 모양이 나타난다. 이것은 위에서 봐도 연결되어 날개에 흰 띠가 있는 것처럼 보인다. 수컷 제6배마디 아랫면에는 날카로운 가시가 있고 제7배마디에는 확장된 부속물이 있다. 암컷 제6배마디 윗면에도 가시 모양 돌기가 있다. 성충은 물가를 크게 벗어나지 않으며 낮에는 숨어 있다. 등화 채집 때도 날아오지만 활발하지는 않다.

전남 완도. 2019.05.

성충 윗면

옆면

교미기

윗면	아랫면	암컷 배마디 윗면

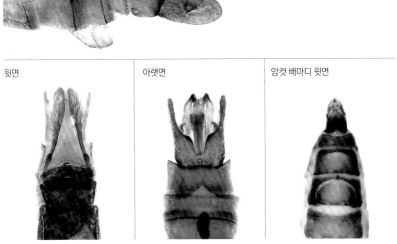

20~23

애날도래 sp.1~4

Hydroptila sp.1~4

1.8~4mm

4~10월

홑눈 없음

작은턱수염 5마디

다리 가시 0-2-4

홑눈은 없으며 겹눈에는 털이 있다. 일부 수컷 중에는 머리 뒤쪽에 암컷 냄새를 맡는 털 다발 모양 기관이 있다. 더듬이는 몸길이 절반 정도이며 종에 따라 마디 수가 다르고, 같은 종일지라도 수컷과 암컷 마디 수가 다르기도 하다. 더듬이는 구슬을 꿰어 놓은 것처럼 보이며 마디에는 황색과 암갈색이 나타나는데 종에 따라 무늬가 다르다. 암컷 가운데와 뒷다리 종아리마디에 털이 많다. 발목마디 첫 번째 마디가 아주 길어서 종아리마디의 절반 정도이다. 수컷 제7배마디 아랫면에 가시가 있다. 가시 길이와 끝 모양은 종마다 다르다. 앞날개에는 흑갈색 가시털이 촘촘하고 회색과 황갈색 센털이 만드는 점이 산발적으로 나타난다. 모든 애날도래가 등화 채집 때 잘 날아온다.

애날도래 sp.1. 강원 정선. 2016.04.

애날도래 sp.2. 강원 평창. 2017.10.

애날도래 sp.3. 강원 평창. 2017.10.

애날도래 sp.4. 강원 영월. 2016.09.

24

긴다리애날도래 sp.1

Oxyethira sp.1

2.5~3.5mm

홑눈 있음

작은턱수염 5마디

다리 가시 0-2-4

겹눈에는 털이 있다. 더듬이는 몸길이보다 조금 짧으며 쇠뜨기 줄기 마디처럼 털이 나 있고 옅은 황갈색이다. 더듬이 제1마디는 짧고 납작하다. 가운데다리와 뒷다리 가시 1쌍 가운데 하나가 매우 길어서 다른 가시의 배가 넘는다. 배마디 윗면 각 마디에는 털이 한 줄로 가지런히 나 있으며 물방울무늬가 1쌍씩 있다. 수컷 제7배마디 아랫면 가시 형태가 애날도래 sp.1~4와 달리 굽었으며 끝이 뭉툭하거나 홈이 파였다. 암컷은 짧은 가시가 있다. 암컷 가운데다리와 뒷다리에는 털이 많다.

경기 광주. 2017.09.

25

시베리아큰광택날도래
Agapetus sibiricus Martynov, 1918

3.5~5mm

5~9월

산간 계류, 평지 하천

홑눈 있음

작은턱수염 5마디

다리 가시 2-4-4

몸은 짙은 암갈색이다. 날개는 끝으로 갈수록 넓어지며 둥그렇다. 날개 가장자리에는 가늘고 긴 암갈색 털이 있다. 뒷날개에 중실이 없다. 수컷 제7배마디 아랫면에 가시 모양 돌기가 있다. 암컷 가운데다리 종아리마디와 발목마디는 납작하고 털이 있다. 낮에 물가 수풀에 숨어 있으며, 등화 채집 때 잘 날아온다.

경기 양평. 2018.04.

경기 용인. 2016.08.

뒷날개

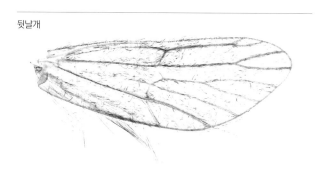

교미기

옆면   윗면   아랫면

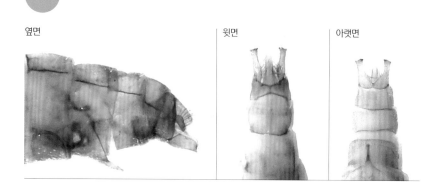

26

알타이광택날도래
Glossosoma altaicum (Martynov, 1914)

6~11mm

5~7월

산간 계류

홑눈 있음

작은턱수염 5마디

다리 가시 2-4-4

날개 가운데에 횡맥을 따라 회색 무늬가 여기저기 흩어져 있고 끝에는 회색 반점이 일정하게 있다. 뒷날개 중실이 크고 f_1과 f_2가 연결되어 나뉜다. 수컷 제6, 7배마디 아랫면에는 1개씩 짧은 가시 모양 돌기가 있다. 암컷 제5배마디 윗면에는 강모가 있으며 제6배마디 아랫면 한가운데에도 짧은 가시 모양 돌기가 1개 있다. 수컷 뒷다리 종아리마디 끝에는 끝이 구부러진 갈고리 모양 가시가 있다. 이 가시는 우수리광택날도래보다 짧다. 암컷 가운데다리 발목마디는 다른 다리에 비해 납작하다. 낮에는 거의 움직이지 않고 숨어 지낸다. 등화 채집 때 날아온다.

강원 인제. 2016.05.

241

옆면

교미기

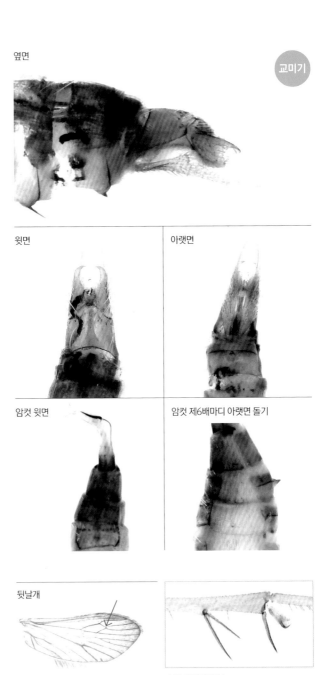

윗면

아랫면

암컷 윗면

암컷 제6배마디 아랫면 돌기

뒷날개

수컷 뒷다리 가시

27

우수리광택날도래

Glossosoma ussuricum (Martynov, 1934)

8~12mm

4~10월

산간 계류, 평지 하천

홑눈 있음

작은턱수염 5마디

다리 가시 2-4-4

날개 가운데에 횡맥을 따라 회색 무늬가 여기저기 흩어져 있고 끝에는 회색 반점이 일정하게 있다. 뒷날개 중실이 크고 f_1과 f_2는 연결되어 나뉜다. 수컷 제6, 7배마디 아랫면에 가시 모양 돌기가 1개씩 있다. 암컷 제6배마디 아랫면 한 가운데에 짧은 돌기가 1개 있다. 또한 제4, 5배마디 윗면 가장자리를 따라 긴 털이 한 줄로 나 있다. 수컷 뒷다리 종아리마디 끝에 갈고리 모양 뾰족한 가시가 있으며, 알타이광택날도래 가시보다 더 날카롭고 길다. 암컷 가운데다리 발목마디는 납작하다. 낮에는 거의 움직이지 않고 숨어 지낸다. 등화 채집 때 날아온다.

알타이광택날도래와 우수리광택날도래는 생김새에 차이가 없으며, 2종이 같은 장소에서 보이므로 수컷 교미기와 다리 가시 모양으로 구별했다. 다만 우수리광택날도래는 전국에서 보였고 알타이광택날도래는 경기, 강원 지역에서 보였다.

경북 봉화. 2017.05.

243

옆면

윗면

아랫면

암컷 배마디 윗면

뒷날개

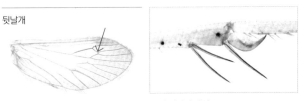

수컷 뒷다리 가시

Electragapetus sp.1

6mm

6월

산간 계류

홑눈 있음

작은턱수염 5마디

다리 가시 2-4-4

온몸이 암갈색이다. 제6배마디 아랫면에 가시 모양 돌기 1개가 가늘고 길게 나 있다. 뒷날개 중실은 작고, f_1과 f_2는 중실과 연결되어 나뉘지 않는다. 시베리아큰광택날도래와 생김새와 크기가 비슷하다. 여기에 실은 표본은 경북 청송 달기폭포 아래 계류에서 6월 등화 채집 때 날아온 개체다.

앞날개

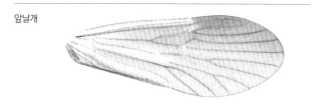

뒷날개

옆면

교미기

앵도입술날도래

Chimarra tsudai Ross, 1956

5.5~6mm

6월

산간 계류

홑눈 있음

작은턱수염 5마디

다리 가시 1-4-4

온몸이 암갈색이며 날개에 무늬가 없고 날개맥은 드러나지 않는다. 머리와 가슴은 짧은 털로 덮였다. 뒷날개 둔맥은 1A+2A+3A이다. 긴꼬리입술날도래와 생김새가 매우 닮았으나 앵도입술날도래는 앞다리 가시가 1개만 있는 점이 다르다. 성충은 수량이 적고 비탈지며 이끼 낀 계곡 주변과 고산 습지에서 포충망을 휘둘러 채집했고 등화 채집에도 날아왔다.

경남 합천. 2015.06.

앞날개

뒷날개

1A+2A+3A

옆면

교미기

윗면　　　　　아랫면

30

배돌기입술날도래

Dolophilodes affinis Levanidova & Arefina, 1996

8.5~10mm

5~9월

산간 계류

흩눈 있음

작은턱수염 5마디

다리 가시 2-4-4

날개 전체에 크기가 다른 황갈색 반점이 있다. 멋쟁이입술날도래와 닮았으나 날개 반점 크기가 일정하지 않는 점이 다르다. 뒷날개 둔맥은 1A, 2A, 3A다. 수컷 교미기를 옆에서 보면 상부속기 끝이 뭉툭하며, 제10배마디보다 짧고 아래로 살짝 굽었다. 등화 채집 때 날아왔다.

Kobayashi (1989)가 *Sortosa distincta*로 오동정해 발표했으며, 최근에 Nozaki *et al.* (2019)이 표본을 확인해 배돌기입술날도래로 밝히며 동종이명 처리했다.

경북 봉화. 2017.05.

248

앞날개

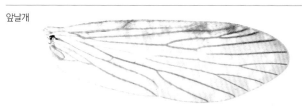

뒷날개

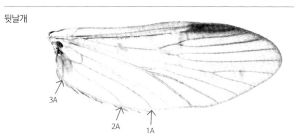

3A

2A 1A

옆면

교미기

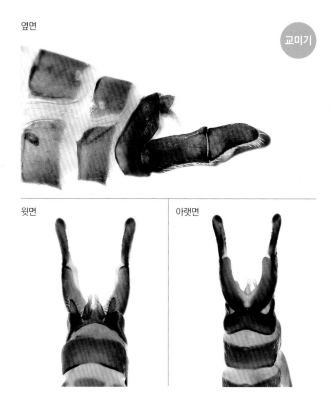

윗면

아랫면

31

멋쟁이입술날도래

Dolophilodes mroczkowskii Botosaneanu, 1970

8.5~10mm

5~8월

산간 계류

홑눈 있음

작은턱수염 5마디

다리 가시 2-4-4

날개 전체에 크기가 비슷한 황갈색 둥근 반점이 고르게 퍼져 있다. 뒷날개 둔맥은 1A, 2A, 3A다. 수컷 교미기를 옆에서 보면 상부속기는 끝이 둥그런 막대 모양으로 짧고 제10 배마디도 얇고 짧으며 끝이 아래로 살짝 굽었다.

경북 봉화. 2017.06.

250

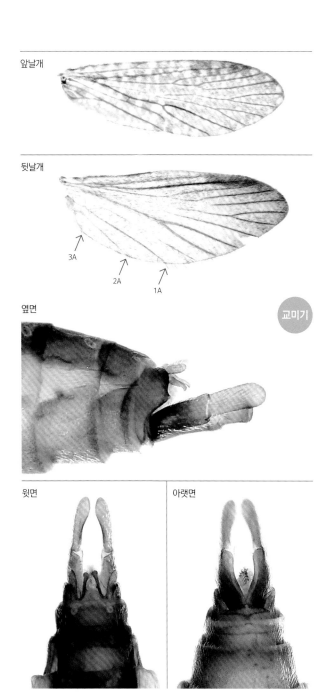

앞날개

뒷날개

3A

2A

1A

옆면

교미기

윗면

아랫면

32

넓은입술날도래 sp.1

Dolophilodes sp.1

8.5~10mm

5~9월

산간 계류

홑눈 있음

작은턱수염 5마디

다리 가시 2-4-4

날개 전체에 크기가 비슷한 황갈색 둥근 반점이 고르게 분포한다. 이런 모양은 멋쟁이입술날도래 날개와 비슷하다. 뒷날개 둔맥은 1A, 2A, 3A다. 수컷 교미기를 옆에서 보면 제10배마디 끝이 갈고리처럼 심하게 구부러진다. 채집지는 인가가 없고 나무 그늘이 있어 이끼가 끼는 산간 계류로, 연중 물이 차갑고 수량이 많지 않은 곳이다. 낮에 물가 나무줄기나 바위 아랫면에서 쉬는 것을 봤으며, 등화 채집 때 날아왔다.

강원 횡성. 2017.05.

강원 영월. 2017.05.

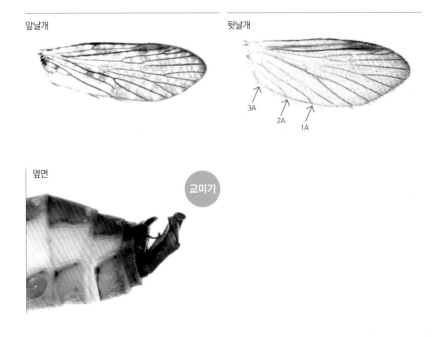

앞날개

뒷날개

3A
2A
1A

옆면

교미기

33

넓은입술날도래 sp.2

Dolophilodes sp.2

8.5~10mm

8~9월

산간 계류

홑눈 있음

작은턱수염 5마디

다리 가시 2-4-4

날개 전체에 불규칙하게 퍼진 황갈색 반점이 뚜렷하다. 채집지는 인가가 없고 나무 그늘이 있어 이끼가 끼는 산간 계류로, 연중 물이 차갑고 수량이 많지 않은 곳이다. 낮에 물가 나무줄기나 바위 아랫면에서 쉬는 것을 관찰했고, 등화 채집 때 날아왔다.

경북 봉화. 2016.08.

34 넓은입술날도래 sp.3

Dolophilodes sp.3

8.5~10mm

8~9월

산간 계류

홑눈 있음

작은턱수염 5마디

다리 가시 2-4-4

날개는 암갈색이고 일부분에 황갈색 반점이 있다. 넓은입술날도래 sp.2와 채집 장소가 같다.

경북 봉화. 2016.08.

35

각시입술날도래

Kisaura aurascens (Martynov, 1934)

6~7.5mm

5~10월

산간 계류, 평지 하천

홑눈 있음

작은턱수염 5마디

다리 가시 2-4-4

날개는 밝은 갈색이며 흑갈색 반점이 불규칙하게 퍼져 있다. 뒷날개 둔맥은 1A, 2A, 3A다. 수컷 제8배마디 끝이 몸쪽으로 깊게 파였다. 제10배마디는 막질이며 끝은 딱딱한 가시 같고, 위에서 보면 반듯하다. 딱딱한 가시 부위가 추다이입술날도래에 비해 뚜렷하게 보인다. 상부속기 기저부는 좁고 가늘다.

Botosaneanu (1970)가 북한에서 채집해 *Kisaura hapirensis*로 발표했고 Malicky (2013)가 각시입술날도래로 동종이명 처리했다.

강원 횡성. 2016.09.

앞날개

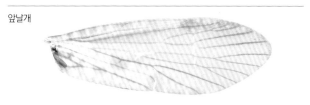

뒷날개

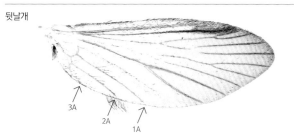

3A
2A
1A

옆면

교미기

윗면   아랫면

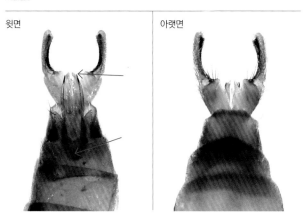

36

추다이입술날도래
Kisaura tsudai (Botosaneanu, 1970)

6~7.5mm

5~10월

산간 계류, 평지 하천

홑눈 있음

작은턱수염 5마디

다리 가시 2-4-4

날개는 밝은 갈색이며 흑갈색 반점이 불규칙하게 나타난다. 뒷날개 둔맥은 1A, 2A, 3A다. 각시입술날도래에 비해 추다이입술날도래 날개 갈색 털이 더 촘촘하지만 생김새가 거의 같아서 털이 빠지면 구별이 어렵다. 수컷 제8배마디 끝은 깊지 않은 반달 모양이다. 제10배마디는 막질이며 끝은 가시처럼 딱딱하고, 위에서 보면 약간 휘었다. 가시처럼 보이는 이 부위가 각시입술날도래에 비해 조금 연약해 보인다. 또한 상부속기 기저부가 각시입술날도래에 비해 넓다.

경북 청송. 2017.06.

앞날개

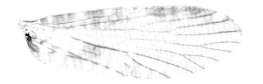

뒷날개

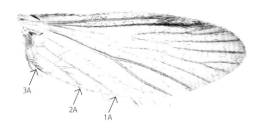

3A
2A
1A

옆면

교미기

윗면

아랫면

37

긴꼬리입술날도래

Wormaldia longicerca Kumanski, 1992

4.2~5mm

4~10월

산간 계류

홑눈 있음

작은턱수염 5마디

다리 가시 2-4-4

온몸이 암갈색이며 날개에 무늬가 없다. 뒷날개 둔맥은 1A+2A, 3A다. 수컷 제7배마디 아랫면 돌기는 뾰족한 삼각형이며 제8마디 돌기보다 2배 정도 길어 제8마디 절반 가까이에 이른다. 낮에 물가에서 활동하며 등화 채집 때도 날아온다. 긴꼬리입술날도래는 입술날도래와 생김새가 비슷하지만 더 어두운 갈색이고 한정된 지역 산간 계류에서만 보인다. 또한 이른 봄과 늦가을에는 출현하지 않는다.

강원 횡성. 2016.05.

앞날개

뒷날개

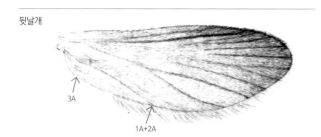

3A

1A+2A

옆면

교미기

윗면

아랫면

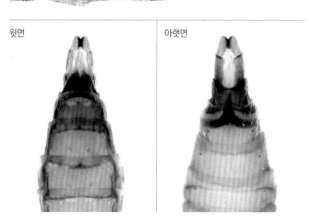

38

입술날도래

Wormaldia niiensis Kobayashi, 1985

4.7~6mm

3~11월

산간 계류, 평지 하천

홑눈 있음

작은턱수염 5마디

다리 가시 2-4-4

온몸이 갈색이며 날개에 무늬가 없다. 뒷날개 둔맥은 1A+2A, 3A다. 수컷 제7배마디 아랫면 돌기는 직사각형으로 넓적하며 길게 나와 제9배마디 끝까지 닿는다. 제8배마디 아랫면 돌기는 삼각형으로 제9배마디 절반 가까이에 이른다.

입술날도래과 중에서도 가장 일찍 날개돋이해 3월 초에 전국 산간 계류와 평지 하천 상류에서 보인다. 3~5월, 9~10월 집중적으로 보이지만 연중 수온이 낮고 수막이 형성된 곳에서는 여름에도 성충을 볼 수 있다. 낮에 물가에서 활동하며 등화 채집 때도 날아온다. 긴꼬리입술날도래와 생김새가 비슷하나 전체가 조금 더 밝은 갈색이다.

Kumanski (1992)는 *W. coreana*가 북한에 분포한다고 발표했고 Hwang (2005)이 남한에서도 분포하는 것을 확인했다. Kuhara (2005)는 *W. coreana*를 입술날도래로 동종이명 처리했다.

전남 영암. 2015.04.

앞날개

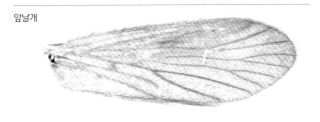

뒷날개

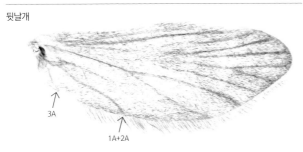

3A

1A+2A

옆면

교미기

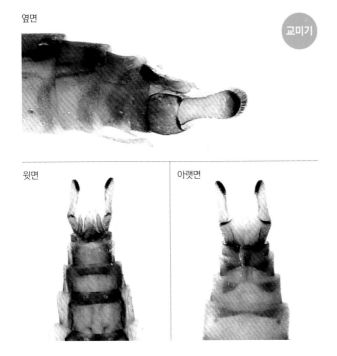

윗면

아랫면

39

연날개수염치례각날도래

Stenopsyche bergeri Martynov, 1926

20~25mm

5~10월
(5~6월 집중 날개돋이)

산간 계류, 평지 하천

홑눈 있음

작은턱수염 5마디

다리 가시
0-4-4(수컷),
1-4-4(암컷)

온몸이 적갈색이고 날개에 흐릿한 그물 무늬 반점이 있다. 날개 끝으로 갈수록 그물 무늬가 없어진다. 고려수염치례각날도래와 날개 무늬 및 크기, 수컷 교미기가 비슷하나 연날개수염치례각날도래 수컷 중부속기 끝은 뭉툭하고 2/3 지점에 짧은 가시가 있어 구별된다.

유충은 산간 계류와 평지 하천 여울에 산다. 몸길이는 30~35mm이며 푸른빛이 도는 갈색 또는 적갈색이다. 머리는 폭보다 길이가 더 길고 암갈색 반점이 흩어져 있다. 앞가슴 윗면은 큰 경판으로 덮였고 암갈색 반점이 있다. 가운데가슴과 뒷가슴은 막질이다. 앞다리 밑마디에 돌기가 2개 있으며 몸 쪽에 더 가까운 등기저돌기와 다리 쪽 배기저돌기 길이가 거의 같다. 꼬리다리 발톱은 빠른 물살을 견디기 알맞게 날카롭다.

경기 가평. 2016.06.

유충

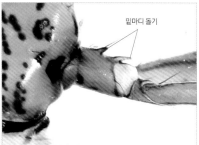

밑마디 돌기

유충 밑마디 돌기

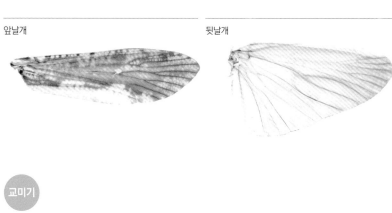

앞날개

뒷날개

교미기

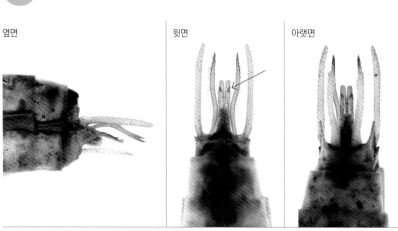

옆면

윗면

아랫면

40

고려수염치레각날도래

Stenopsyche coreana (Kuwayama, 1930)

15~20mm

6~8월

산간 계류

흩눈 있음

작은턱수염 5마디

다리 가시 1-4-4

온몸이 적갈색이며 날개에 흐릿한 그물 무늬 반점이 있다. 날개 끝으로 갈수록 그물 무늬가 없어진다. 연날개수염치레각날도래와 날개 무늬 및 크기, 수컷 교미기가 매우 비슷하다. 고려수염치레각날도래 수컷 중부속기 끝은 뾰족하고 짧은 가시가 없어 구별된다. 또한 고려수염치레각날도래는 주로 계곡에서 나타나지만 연날개수염치레각날도래는 계곡과 평지 하천에서 폭넓게 나타난다. 한반도 고유종이다.

경북 울진. 2017.07.

앞날개

뒷날개

옆면

교미기

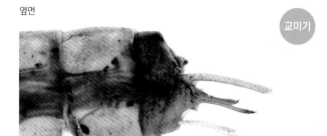

윗면

아랫면

41

멋쟁이각날도래

Stenopsyche marmorata Navas, 1920

17~25mm

4~10월
(5~6월 집중 날개돋이)

산간 계류, 평지 하천

홑눈 있음

작은턱수염 5마디

다리 가시 1-4-4

날개는 밝은 갈색이며 그물 무늬 반점이 뚜렷하다. 앞다리, 가운데다리 종아리마디와 발목마디에 뚜렷한 갈색 반점이 있다. 각날도래과 중 가장 넓게 분포하고 많은 개체가 보인다.

유충은 산간 계류와 평지 하천 여울에 산다. 생김새와 크기는 연날개수염치레각날도래와 닮았다. 다만 앞다리 밑마디에 돌기가 2개 있으며 몸 쪽에 더 가까운 등기저돌기가 다리 쪽 배기저돌기보다 길고 크다. 지금까지 수염치레각날도래(*Stenopsyche griseipennis*)로 불렸던 종으로 Martynov (1926)가 한국에 분포한다고 처음 발표한 이후 Doi (1932), Tsuda (1942b)가 발표했고, Yoon & Kim (1988, 1989b)이 유충으로 발표했다. 그러나 Kim (1974)은 멋쟁이각날도래 유충은 수염치레각날도래로 불리던 종으로 동종이명(by Kuwayama, 1972) 처리했다고 설명했고, Hwang (2005)은 수염치레각날도래는 오동정이었으며 멋쟁이각날도래로 봐야 한다고 제안했다. 일본에서는 동아시아에 분포하는 수염치레각날도래가 잘못 알려졌다고 기술했다. 이를 종합해 이 책에서는 수염치레각날도래 유충을 멋쟁이각날도래 유충으로 싣는다.

경북 봉화. 2016.09.

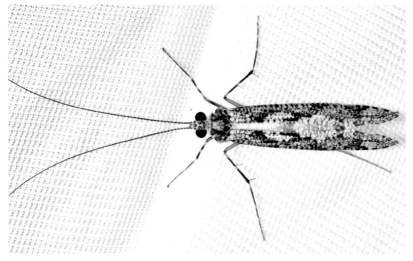

강원 영월. 2018.07.

옆면

윗면

아랫면

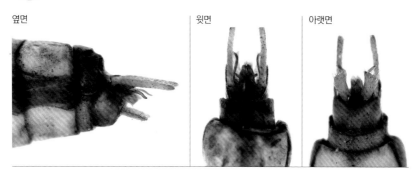

유충

밑마디 돌기

유충

42

한가람각날도래

Stenopsyche variablilis Kumanski, 1992

15~18mm

5~8월

평지 하천

홑눈 있음

작은턱수염 5마디

다리 가시
0-4-4(1-4-4)

앞날개 그물 무늬가 엷은 갈색으로 반점은 잘고 촘촘하다. 멋쟁이각날도래와는 생김새가 비슷하지만 크기가 조금 작고 날개의 반점이 옅어서 다르다. Kumanski (1992)가 북한 채집 성충으로 발표한 뒤로 남한에서 성충 확인 기록이 없었으나, 2016년 5월, 경기 연천 임진강 지류인 사미천 등화 채집 때 날아왔다.

경기 연천. 2016.05.

앞날개

뒷날개

옆면

교미기

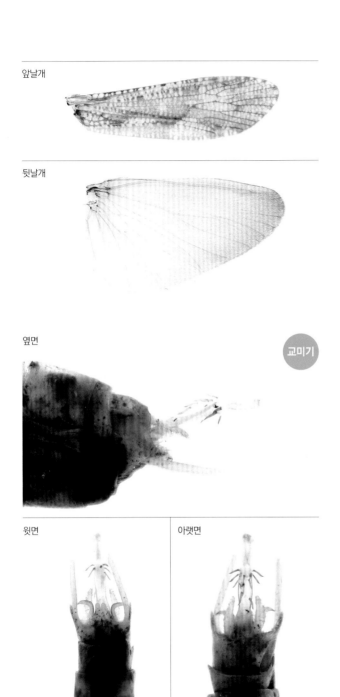

윗면   아랫면

43

수염곰줄날도래

Arctopsyche palpata Matynov, 1934

13~15mm

5~9월

산간 계류

홑눈 없음

작은턱수염 5마디

다리 가시 2-4-4

날개는 갈색이며 황갈색 작은 반점이 일정한 그물 무늬로 나타난다. 날개 끝이 완만하게 둥글고 폭이 넓으며, 가운데 부근이 가장 넓다. 앞날개와 뒷날개는 크기와 모양이 비슷하다. 낮에 물가에서 활동하며 등화 채집 때도 날아온다. 수염곰줄날도래는 성충만 밝혀진 상태다. 전국에서 나타나지만 성충이 밝혀지지 않은 곰줄날도래 유충은 수염곰줄날도래 유충일 것으로 생각한다. Hwang (2005)도 같은 의견을 제시했다.

▶곰줄날도래 참고(505쪽)

경기 연천. 2016.09.

강원 홍천. 2018.09.

옆면

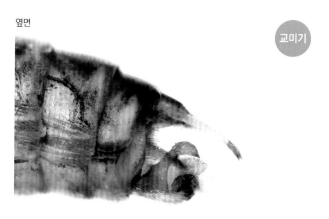

윗면

아랫면

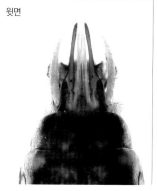 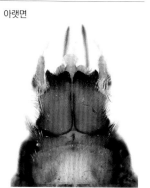

44

흰띠꼬마줄날도래

Cheumatopsyche albofasciata (McLachlan, 1872)

9~11mm

4~11월

산간 계류, 평지 하천

홑눈 없음

작은턱수염 5마디

다리 가시 2-4-4

앞날개 앞과 가운데, 뒤쪽에 두껍고 뚜렷한 흰 띠가 있다. 뒷날개 앞 가장자리는 가운데에 약간 굴곡이 있어 튀어나온 것처럼 보이며, 중실은 닫혔고 중맥과 주맥이 떨어져 있다. 평지 하천에 물결꼬마줄날도래와 함께 많은 성충이 난다. 개체에 따라 날개에 변이가 있다. 여기에 실은 날개 변이 성충들은 9월 중순 충북 옥천 금강 본류 등화 채집 때 날아왔다. 같은 장소에서 봄과 여름에는 기본형 개체가 꾸준히 나타났으나 날개 변이가 있는 개체는 보이지 않았다. 날개에 변이가 있는 개체 간 교미기 생김새 차이는 발견하지 못했다.

충북 영동. 2017.08.

충북 영동. 2017.08.

앞날개

뒷날개

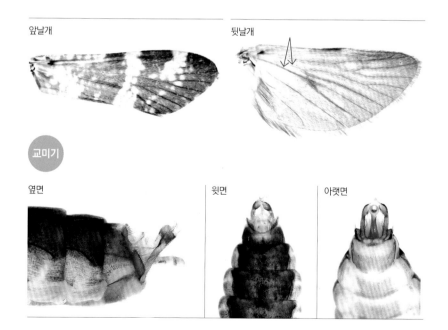

교미기

옆면

윗면

아랫면

45

물결꼬마줄날도래
Cheumatopsyche infascia Martynov, 1934

9~10mm

4~11월

산간 계류,
평지 하천, 강

홑눈 없음

작은턱수염 5마디

다리 가시 2-4-4

앞날개는 갈색이며 황갈색 반점이 흩어져 있다. 이 반점은 개체에 따라 조금씩 다르기도 하다. 날개 가장자리에는 반점이 일정한 간격으로 늘어서 있다. 털이 빠지면 줄날도래속 성충 날개와 비슷해 보인다. 뒷날개 앞 가장자리 가운데쯤에 약간 굴곡이 있어 튀어나온 것처럼 보이며, 중실은 닫혔고 중맥과 주맥은 떨어져 있다. 평지 하천에서 봄부터 가을까지 많은 개체가 꾸준히 나타난다. 아직 유충이 밝혀지지 않은 상태로 Hwang (2005)은 전국적으로 출현하는 꼬마줄날도래 유충이 이 종일 가능성이 있다는 의견을 제시했다.

▶ 꼬마줄날도래 참고(506쪽)

전남 화순. 2016.09.

성충 윗면

277

강원 횡성 2018.08.

앞날개

뒷날개

옆면

윗면

아랫면

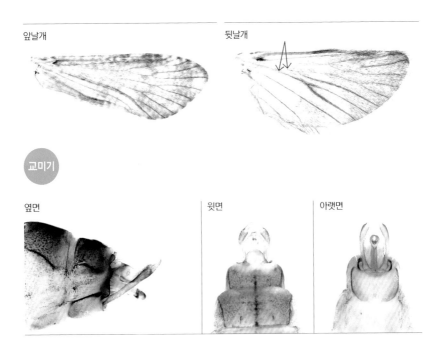

46

산골줄날도래

Diplectrona kibuneana Tsuda, 1940

9~11mm

6~9월

산간 계류

홑눈 없음

작은턱수염 5마디

다리 가시 2-4-4

온몸이 암갈색이고 앞날개에 흰 반점이 흩어져 있다. 뒷날개 앞 가장자리는 곧고 중실은 닫혔다. 수컷의 제6배마디에 긴 줄 모양 부속물이 있다. 앉아 있을 때는 줄날도래과 다른 성충과 달리 날개가 말린 듯하다. 낮에는 주로 숨어 지내며 등화 채집 때 날아온다.

유충은 그늘지고 수온이 낮은 계곡에 산다. 몸길이는 15mm 안팎이고 밝은 담황색이며 몸 전체에 짧은 털이 있다. 머리와 각 가슴 윗면은 경판으로 덮였고 머리 앞쪽 가장자리 왼쪽이 뾰족하게 튀어나왔다. 가운데가슴부터 제7배마디까지 기관아가미가 있으며, 갈라지거나 술 같은 모양이다. 꼬리다리 끝에는 부채꼴 긴 털이 있다.

Park et al. (2017)은 지금까지 유충으로 알려진 *Diplectrona* KUa가 산골줄날도래와 같은 종이라고 밝혔다.

충북 보은. 2018.06.

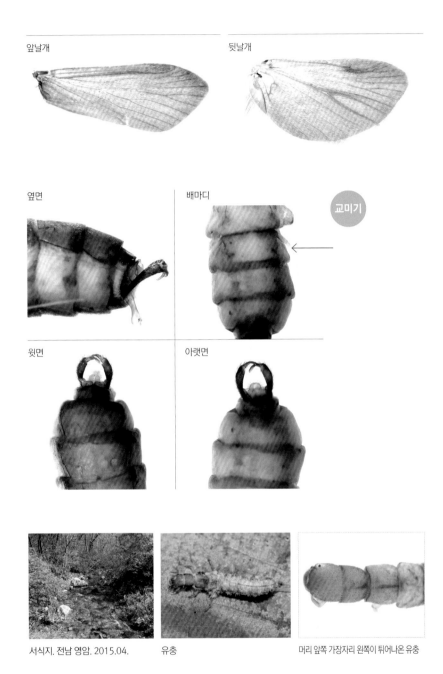

앞날개

뒷날개

옆면

배마디

교미기

윗면

아랫면

서식지. 전남 영암. 2015.04.

유충

머리 앞쪽 가장자리 왼쪽이 튀어나온 유충

47

줄날도래

Hydropsyche kozhantschikovi **Martynov, 1924**

10~13mm

5~11월

산간 계류,
평지 하천, 강

홑눈 없음

작은턱수염 5마디

다리 가시 2-4-4

온몸이 밝은 갈색이며 날개에는 작은 황갈색 반점이 흩어져 있다. 줄날도래, 동양줄날도래, 흰점줄날도래 3종은 크기가 비슷하고 날개 무늬에도 큰 차이가 없다. 털이 빠지면 더욱 비슷해서 관찰 장소와 수컷 교미기를 살펴 동정해야 한다. 줄날도래는 평지 하천에서 가장 흔히 보이고, 수컷 교미기를 위에서 보면 제10배마디가 마름모꼴이며, 끝이 뭉툭하다. 또한 음경 아랫면 중간에 가시처럼 뾰족하게 튀어나온 곳이 있다.

유충은 계곡에서부터 평지 하천, 강에 이르기까지 폭넓게 살며, 유기물이 풍부한 평지 하천 여울에서 많이 보인다. 몸길이는 15mm 안팎이며 갈색이다. 머리와 각 가슴 윗면은 경판으로 덮였고, 머리 윗면에는 밝은 갈색 무늬 5개가 뚜렷하게 있다. 앞가슴 아랫면에는 뚜렷하게 분리된 경판이 1쌍 있다.

Hur *et al.* (1999, 2000)은 유충으로 기록한 *Hydropsyche* KUa가 줄날도래 성충이라는 것을 밝혔다.

강원 평창. 2016.10.

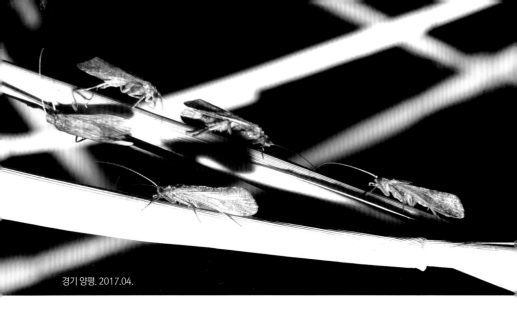

경기 양평. 2017.04.

암컷 표본

앞날개

뒷날개

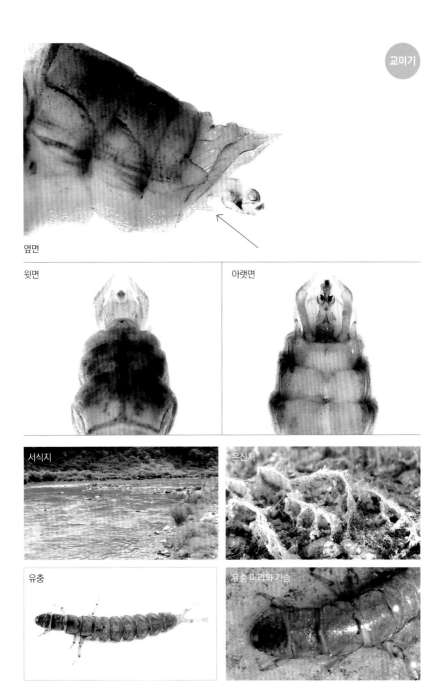

옆면

윗면

아랫면

서식지

은신처

유충

유충 머리와 가슴

동양줄날도래

Hydropsyche orientalis Martynov, 1934

10~13mm

5~10월

상류 계류, 평지 하천

홑눈 없음

작은턱수염 5마디

다리 가시 2-4-4

온몸이 암갈색으로 줄날도래, 흰점줄날도래에 비해 색이 어둡다. 날개에는 작은 황갈색 반점이 흩어져 있다. 수컷 교미기를 위에서 보면 제10배마디는 마름모꼴이고 배마디 끝 늘어난 곳은 줄날도래에 비해 가늘고 길며, 음경 부속기 끝은 막 같으며 투명하다.

유충은 산간 계류와 산지에 가까운 맑은 평지 하천 여울에 산다. 몸길이는 15mm 안팎이며 암갈색이고 전체에 암갈색 짧은 털이 있다. 머리와 각 가슴 윗면은 경판으로 덮였고 머리 윗면에 무늬가 없다. 앞가슴 아랫면에 있는 뚜렷하게 분리된 경판 1쌍이 꼬마줄날도래과 유충과 구별하는 중요한 형질이다.

Hur *et al.,* (1999, 2000)은 유충으로 기록한 *Hydropsyche* KUe가 동양줄날도래 성충이라는 것을 밝혔다.

경북 봉화. 2016.09.

앞날개

뒷날개

강원 영월. 2018. 07.

옆면

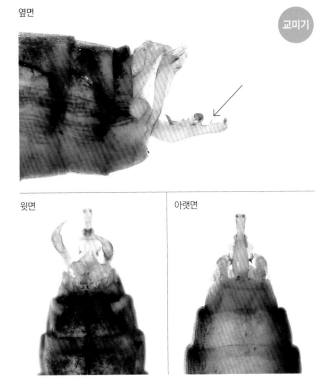

윗면   아랫면

서식지. 강원 평창. 2016.03.

은신처

유충 머리와 가슴

유충

앞가슴 아랫면 경판

유충

흰점줄날도래

Hydropsyche valvata Martynov, 1927

49

10~13mm

5~11월

평지 하천, 강

홑눈 없음

작은턱수염 5마디

다리 가시 2-4-4

몸은 밝은 갈색이며, 날개에는 작은 황갈색 반점이 흩어져 있다. 줄날도래와 생김새가 매우 비슷하고 같은 장소에서 나타나므로 수컷 교미기를 살펴 동정해야 한다. 수컷 교미기를 위에서 보면 제10배마디는 마름모꼴이고 늘어진 끝은 길고 가늘며 끝은 뾰족하지 않다. 또한 음경 부속기 끝은 뭉툭하고 짧은 털이 있다.

유충은 평지 하천, 강의 유기물이 풍부한 여울에서 많이 보인다. 몸길이는 15mm 안팎이며 밝은 갈색이다. 머리와 각 가슴 윗면은 경판으로 덮였고 머리 윗면에는 밝은 반점 1~3개가 다양한 모양으로 나타난다.

Hur *et al.,* (1999, 2000)은 유충으로 기록한 *Hydropsyche* KUc가 흰점줄날도래라는 것을 밝혔다.

경기 연천. 2016.09.

앞날개

뒷날개

서식지. 경기 양평. 2017.09.

은신처

유충 머리 윗면

옆면

교미기

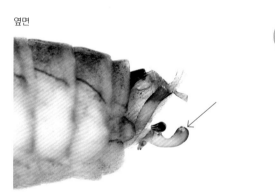

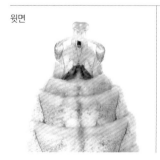
윗면

아랫면

50

줄날도래 sp.1
Hydropsyche sp.1

11~12mm

5~10월

계곡, 평지 하천

홑눈 없음

작은턱수염 5마디

다리 가시 2-4-4

앞날개에 반점이 있다. 앞날개 $M_3+M_4-Cu_1$의 횡맥과 Cu_1-Cu_2의 횡맥이 떨어져 있다. 뒷날개 앞 가장자리 가운데쯤에 약간 굴곡이 있어 튀어나온 것처럼 보이며, 중실은 닫혔고 중맥과 주맥은 평행하며 매우 가깝다. 물결꼬마줄날도래와 생김새가 비슷하지만 조금 더 크고 반점이 적다. 전국 계곡에서 등화 채집 때 날아왔다.

강원 인제. 2016.05.

앞날개

뒷날개
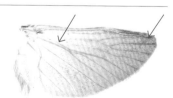

51

줄날도래 sp.2

Hydropsyche sp.2

11~12mm

5~10월

계곡

홑눈 없음

작은턱수염 5마디

다리 가시 2-4-4

앞날개는 갈색이고 날개 전체에 흰 반점이 있다. 앞날개 $M_3+M_4-Cu_1$의 횡맥과 Cu_1-Cu_2의 횡맥이 떨어져 있다. 뒷 날개 앞 가장자리 가운데쯤에 약간 굴곡이 있어 튀어나온 것처럼 보이며, 중실은 닫혔고 중맥과 주맥은 평행하며 매우 가깝다. 채집지는 전남 완도와 화순, 부산 금정산으로 주로 남부 지역에서 관찰되었다. 등화 채집 때 날아왔다.

부산. 2017.07.

앞날개

뒷날개

줄날도래 sp.3

Hydropsyche sp.3

11~12mm

5~10월

평지 하천

홑눈 없음

작은턱수염 5마디

다리 가시 2-4-4

날개에 크기가 일정하지 않은 갈색 반점이 있다. 앞날개 $M_3+M_4-Cu_1$의 횡맥과 Cu_1-Cu_2의 횡맥이 떨어져 있다. 뒷날개 앞 가장자리 가운데쯤에 약간 굴곡이 있어 튀어나온 것처럼 보이며, 중실은 닫혔고 중맥과 주맥은 평행하며 매우 가깝다. 강원 평창에서 등화 채집 때 날아왔다.

강원 평창. 2016.06.

53

큰줄날도래

Macrostemum radiatum (McLachlan, 1872)

18~21mm

4~10월
(5~6월 집중 날개돋이)

평지 하천

홑눈 없음

작은턱수염 5마디

다리 가시 2(1)-4-4

앞날개는 반투명하고 흰색과 검은색 띠가 대칭을 이룬다. 뒷날개는 투명하며 폭이 넓은 삼각형이고 중실이 열렸다. 더듬이는 앞날개의 2~3배로 아주 길고 가늘다. 낮에는 물가 수풀에서 쉬며 등화 채집 때 많이 날아온다.

유충은 평지 하천, 강의 유기물이 풍부한 여울에 산다. 몸길이는 20mm 안팎이며 밝은 갈색이다. 머리와 각 가슴 윗면은 경판으로 덮였고 머리 윗면은 비스듬하게 납작하다. 가운데가슴부터 제7배마디까지 기관아가미가 있으며, 갈라진 모양 또는 술 모양이지만 줄날도래속 유충과 달리 가운데 줄기가 있고 줄기는 잔가지가 난 것처럼 갈라진다. 꼬리다리 끝에는 긴 부채꼴 털이 있다.

대전. 2015.05.

등화 채집에 날아온 개체들

성충

옆면

암컷 옆면

윗면

아랫면

서식지. 경기 광주. 2015.05.

은신처

유충

유충 머리와 가슴 윗면

강줄날도래

Potamyia chinensis (Ulmer, 1915)

7.5~9mm

4~10월

평지 하천

홑눈 없음

작은턱수염 5마디

다리 가시 2-4-4

온몸이 밝은 회갈색이다. 날개에 무늬가 없으며 암컷 앞날개 앞 가장자리에는 굵고 짧은 암갈색 털이 한 줄로 나 있다. 앞날개 $M_3+M_4-Cu_1$의 횡맥과 Cu_1-Cu_2의 횡맥은 가까이 있다. 뒷날개 앞 가장자리 가운데쯤에 약간 굴곡이 있어 튀어나온 것처럼 보이며, 중실은 닫혔고 중맥과 주맥은 평행하며 매우 가깝다. 6~8월에는 평지 하천에서 많은 개체가 불빛에 날아온다.

암컷. 충북 영동. 2017.08.

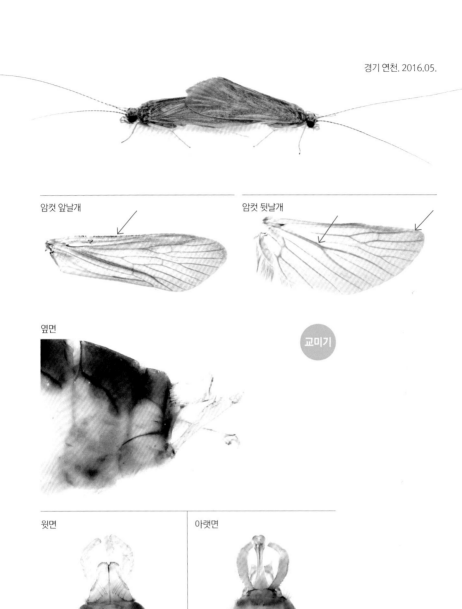

경기 연천. 2016.05.

암컷 앞날개

암컷 뒷날개

옆면

교미기

윗면

아랫면

55

손가락깃날도래

Nyctiophylax (Paranyctiophylax) digitatus Martynov, 1934

5.5~6mm

4~9월

산간 계류, 평지 하천

홑눈 없음

작은턱수염 5마디

다리 가시 3-4-4

머리와 가슴, 날개 앞부분은 광택 도는 황갈색 털로 덮였다. 나머지 부분에는 흑갈색 털이 고르게 나 있다. 앞날개에 f_1이 없다. 고리깃날도래와 생김새가 똑같아 수컷 교미기를 확인해 동정한다. 수컷 교미기 하부속기가 가늘고 길게 뻗었으며 끝이 뾰족한 차이로 구별할 수 있다. 손가락깃날도래가 전국 산간 계류와 평지 하천 상류에서 나타나는 것과 달리 고리깃날도래는 평지 하천에서 보인다. 등화 채집 때 잘 날아온다.

Botosaneanu (1970)가 북한 채집 표본으로 발표한 뒤로 남한에서는 성충 기록이 없었으나, 이번 조사에서 전국에 분포하는 것을 확인했다.

강원 평창. 2017.07.

충북 영동. 2017.08.

앞날개

뒷날개

옆면

교미기

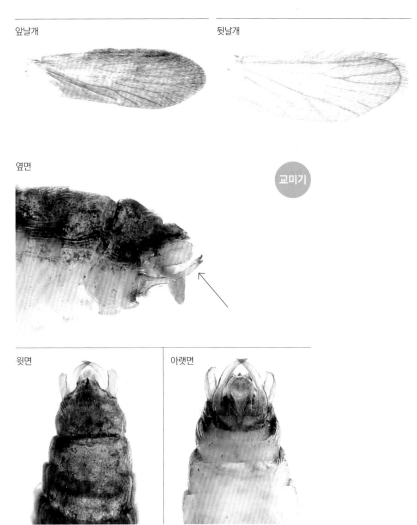

윗면

아랫면

56

고리깃날도래

Nyctiophylax (Paranyctiophylax) hjangsanchonus Botosaneanu, 1970

4.5~5.5mm

6~9

산간 계류

홑눈 없음

작은턱수염 5마디

다리 가시 3-4-4

머리와 가슴, 날개 앞부분은 광택 도는 황갈색 털로 덮였다. 날개 나머지 부분에는 흑갈색 털이 고르게 나 있다. 앞날개에 f_1이 없다. 수컷 교미기 하부속기가 매우 짧고 끝이 뾰족하며 아랫면 돌기가 짧다. 등화 채집 때 잘 날아온다.

충북 보은. 2018.06.

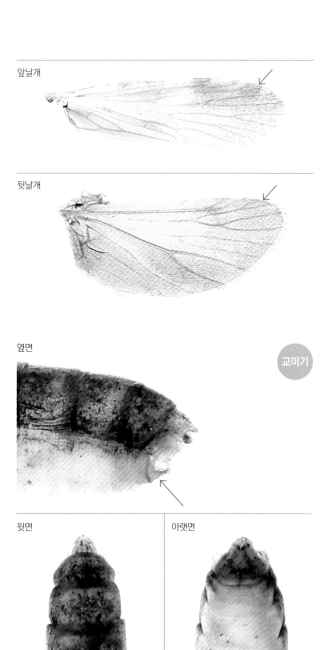

앞날개

뒷날개

옆면

교미기

윗면

아랫면

깃날도래

Plectrocnemia baculifera Botosaneanu, 1970

6.5~7.5mm

6~9월

산간 계류, 평지 하천

홑눈 없음

작은턱수염 5마디

다리 가시 3-4-4

날개에 황갈색 반점이 흩어져 있으며 한가운데에는 가로로 흑갈색 띠가 있다. 이 띠는 생김새와 크기가 비슷한 용추깃날도래에 비해 좀 더 뚜렷하다. 가슴 윗면에 난 털은 방향이 일정하지 않으며 날개 앞까지 V자처럼 보이는 검은 털로 덮였다. 앞날개와 뒷날개에 f_1이 있다. 주로 밤에 활발하며 불빛에 잘 날아온다.

경북 청송. 2017.06.

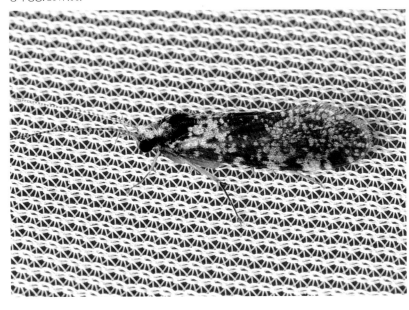

301

앞날개

뒷날개

옆면

교미기

윗면

아랫면

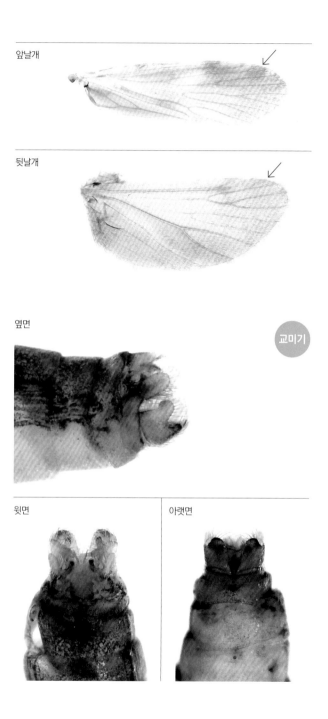

58

용추깃날도래

Plectrocnemia kusnezovi Martynov, 1934

6~7mm
6~9월
산간 계류, 평지 하천
홑눈 없음
작은턱수염 5마디
다리 가시 3-4-4

날개에 밝은 갈색과 검은색 반점이 불규칙하게 흩어져 있다. 가슴 윗면에 난 털은 방향이 일정하지 않으며 날개 앞까지 검은 털로 덮였다. 앞날개와 뒷날개에 f_1이 있다. 깃날도래와 생김새가 비슷해 구별하기 힘들지만 2종이 한 장소에서 함께 출현하지는 않는다. 주로 계곡에서 볼 수 있으며 등화 채집 때 날아온다.

경북 봉화. 2017.07.

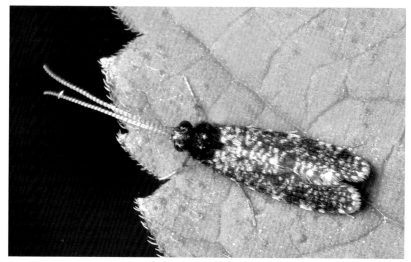

경북 영주. 2017.07.

앞날개

뒷날개

f₁

f₁

교미기

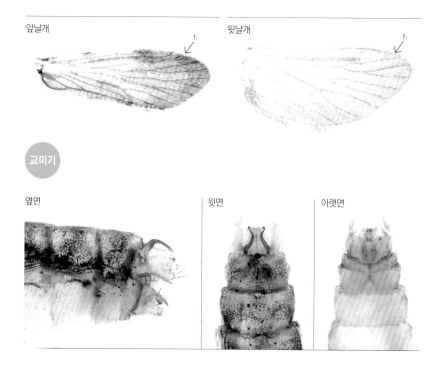

옆면

윗면

아랫면

참깃날도래

Plectrocnemia wui (Ulmer, 1932)

7.5~8mm

6~10월

산간 계류, 평지 하천

홑눈 없음

작은턱수염 5마디

다리 가시 3-4-4

날개에 밝은 갈색과 검은색 반점이 불규칙하게 흩어져 있다. 가슴 윗면에 난 털은 방향이 일정하지 않으며 날개 앞까지 검은 털로 덮였다. 앞날개와 뒷날개에 f_1이 있다. Kumanski (1992)가 북한 채집 성충으로 발표한 뒤로 성충이 확인되지 않았으나, 이번 조사에서 전남 순창, 경북 청송 평지 하천에서 불빛에 날아와 남한 서식을 확인했다.

앞날개

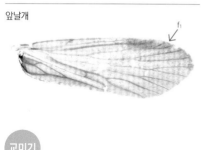

뒷날개

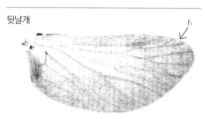

교미기

옆면

윗면

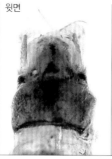

아랫면

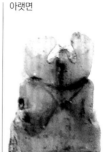

깃날도래 sp.1

Plectrocnemia sp.1

6.2mm

7~8월

산간 계류

홑눈 없음

작은턱수염 5마디

다리 가시 3-4-4

날개는 어두운 갈색이고 작은 황갈색 반점이 듬성듬성하게 있다. 앞날개와 뒷날개에 f₁이 있다. 앞다리 앞끝가시는 매우 짧고 연약하다. 경기 가평, 강원 인제에서 등화 채집할 때 날아왔다. 주변에 나무 그늘이 짙게 드리워지는 폭이 좁은 계곡이었다.

경기 가평. 2015.08.

앞날개

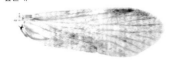

뒷날개

옆면

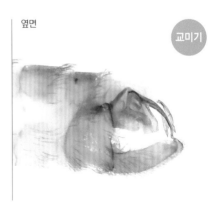

교미기

61

그물깃날도래
Polyplectropus nocturnus Arefina, 1996

5.5~6.5mm

6~9월

산간 계류, 평지 하천

홑눈 없음

작은턱수염 5마디

다리 가시 3-4-4

인천 강화. 2017.09.

날개에 밝은 갈색과 검은색 반점이 불규칙하게 흩어져 있다. 가슴 윗면에 난 털은 방향이 일정하지 않으며 날개 앞까지 검은 털로 덮였다. 앞날개에 f$_1$이 있고 뒷날개에는 없다. 등화 채집 때 잘 날아온다.

앞날개

f₁

뒷날개

옆면

교미기

윗면

아랫면

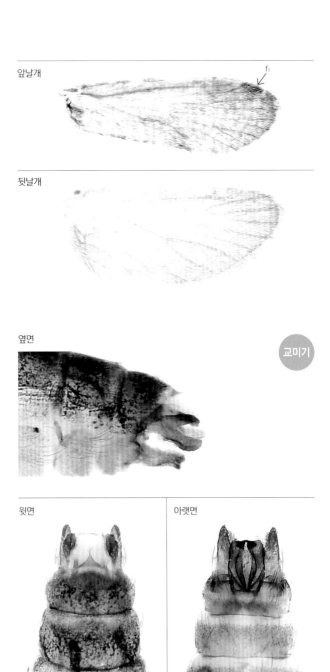

62

북방갈래날도래

Pseudoneureclipsis ussuriensis Martynov, 1934

5.5mm

6~8월

계곡, 평지 하천

홑눈 없음

작은턱수염 5마디

다리 가시 3-4-4

작은턱수염 제5마디가 얇고 매우 길어서 다른 마디를 모두 더한 길이보다 길다. 제1, 2마디에는 털이 있다. 앞날개에는 반점이나 무늬가 없으며 폭이 좁다. 뒷날개 앞 가장자리 가운데쯤이 튀어나왔다. Botosaneanu (1970)가 북한 채집 성충으로 발표한 뒤로 남한에서는 성충이 확인되지 않았으나, 이번 조사에서 경북 울진과 전남 완도에서 등화 채집할 때 날아왔다.

앞날개

뒷날개

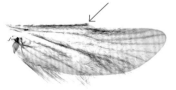

교미기

옆면

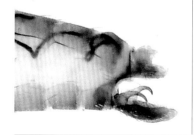

윗면

아랫면

63

샛별날도래
Ecnomus japonicus Fischer 1970

5.2~7mm

6~9월

평지 하천

홑눈 없음

작은턱수염 5마디

다리 가시 2-4(3)-4

날개는 황갈색이며 반점이 있고 가로로 띠가 두 줄 있다. 날개 끝은 둥글다. 앞날개 경맥1 끝이 갈라지나 매우 흐릿하다. Kumanski (1991a)가 북한 채집 표본으로 *E. tsudai* 라 발표한 뒤로 남한에는 성충 기록이 없었으나, 이번 조사에서 전국에서 채집해 남한에도 사는 것을 확인했다. Kuhara (2016)는 *E. tsudai*를 샛별날도래로 동종이명 처리했다. 한반도 고유종이다.

경기 연천. 2017.09.

앞날개

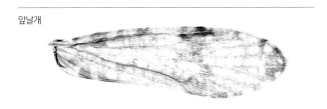

뒷날개

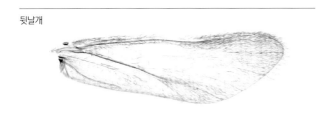

옆면

교미기

윗면

아랫면

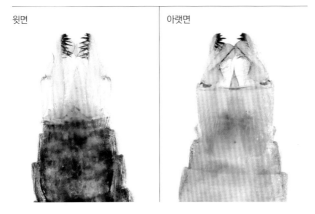

별날도래

Ecnomus tenellus Rambur, 1842

4.2~6.2mm

6~8월

강, 호수

홑눈 없음

작은턱수염 5마디

다리 가시 2-4(3)-4

앞날개에 뚜렷한 반점이 있고 샛별날도래와 달리 띠 두 줄이 보이지만 희미한 편이다. 앞날개 경맥1 끝이 갈라지나 작고 흐릿하다. 유충 몸길이는 8mm 안팎이며 밝은 갈색이다. 머리 윗면은 경판으로 덮였으며 앞쪽에는 이마방패선 안쪽으로 갈색 무늬가 있고 뒤쪽에는 이마방패선 바깥으로 갈색 무늬가 있다. 가슴 윗면은 모두 경판으로 덮였으며 가운데가슴이 가장 크다. 배마디에 기관아가미가 없다.

전남 화순. 2019.09.

옆면

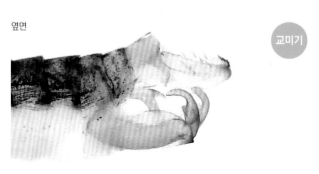

윗면

아랫면

유충

유충 머리 윗면

65

밝은별날도래

Ecnomus yamashironis Tsuda, 1942

4.2~6mm

5~6월

평지 하천

홑눈 없음

작은턱수염 5마디

다리 가시 2-4(3)-4

날개 끝을 따라 점무늬가 뚜렷하고 샛별날도래와 달리 띠 두 줄이 보이지만 흐릿한 편이다. 앞날개 경맥1 끝이 갈라지나 매우 흐릿하다. Botosaneanu (1970), Kumanski (1991a)가 북한 채집 표본으로 발표한 뒤로 남한에서는 성충 기록이 없었으나, 이번 조사에서 임진강 지류인 경기 연천에서 5~6월에 등화 채집할 때 날아와 남한에도 사는 것을 확인했다.

앞날개

뒷날개

교미기

옆면

윗면

아랫면

66

갈고리통날도래

Metalype uncatissima (Botosaneanu, 1970)

6~7.5mm
산간 계류, 평지 하천
4~10월
홑눈 없음
작은턱수염 5마디
다리 가시 2-4-4

온몸이 밝은 갈색이다. 날개는 갈색 털이 고르게 나 있고 끝이 둥글다. 통날도래과에서 가장 크고 날개 폭도 넓다. 작은턱수염은 제2마디가 제3마디보다 길다. 수컷 상부속기 아랫면 돌기는 매우 길고 끝이 날카로우며 까맣다. 하부속기도 길고 뾰족하며 끝이 서로 맞닿는다. 등화 채집 때 날아온다. 낮에는 하천 수변부 수풀 속이나 나뭇잎에 앉아 있는 모습이 발견되며 불빛에 아주 민감해 불을 켜자마자 가장 먼저 날아온다. 평지 하천에서도 보이지만 산간 계류에 더 많다.

강원 평창. 2017.09.

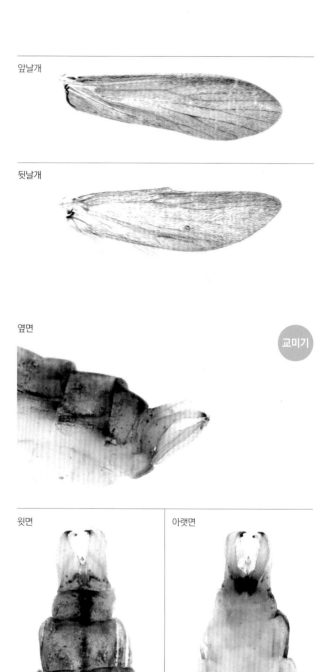

앞날개

뒷날개

옆면

교미기

윗면

아랫면

67

마르티노프통날도래

Paduniella martynovi Kumanski, 1992

3~3.5mm

5~10월

산간 계류, 평지 하천

홑눈 없음

작은턱수염 6마디

다리 가시 2-4-4

온몸이 갈색 또는 황갈색이며, 날개에는 아무런 무늬가 없다. 앞날개와 뒷날개 끝이 뾰족하다. 작은턱수염은 6마디로 마지막 6번째 마디 길이가 다른 마디와 비슷하다. 또한, 앉아 있을 때 작은턱수염을 항상 앞으로 뻗는다. 수컷 제9 배마디를 위에서 보면 삼각형과 비슷하고 상부속기는 길쭉한 계란 모양으로 크며, 옆에서 보면 하부속기는 기부가 좁고 끝으로 갈수록 넓어지며 끝이 뭉툭해 주걱 같다. 주로 평지 하천에 나타나고 등화 채집 때 잘 날아온다. 한반도 고유종이다.

강원 인제. 2016.05.

앞날개

뒷날개

옆면

교미기

윗면

아랫면

Paduniella uralensis Martynov, 1914

3mm

4~10월

산간 계류, 평지 하천

홑눈 없음

작은턱수염 6마디

다리 가시 2-4-4

온몸이 황갈색이다. 앞날개와 뒷날개 끝이 뾰족하다. 작은 턱수염은 6마디로 마지막 6번째 마디 길이가 다른 마디와 비슷하다. 또한, 앉아 있을 때 작은턱수염을 항상 앞으로 뻗는다. 수컷 제9배마디를 위에서 보면 부드러운 곡선으로 마르티노프통날도래처럼 두드러지지 않는다. 옆에서 보면 상부속기는 가늘고 길게 늘어났고 기부에서 꺾인다. 하부 속기는 기부가 좁고 끝으로 갈수록 넓어지며 끝이 뭉툭해 주걱 같다. 나무 그늘이 드리워진 산간 계류에서 채집되었 고 등화 채집 때 날아왔다.

전남 영암. 2016.06.

앞날개

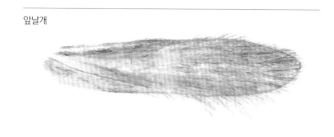

뒷날개

옆면

교미기

윗면 | 아랫면

Paduniella sp.1

69

3mm

9~10월

평지 하천

홑눈 없음

작은턱수염 6마디

다리 가시 2-4-4

작은턱수염은 6마디로 마지막 6번째 마디 길이가 다른 마디와 비슷하다. 또한, 앉아 있을 때 작은턱수염을 항상 앞으로 뻗는다.

몸 전체에 암갈색 털이 덮였으며 앞날개와 뒷날개 끝이 뾰족하다. 수컷 하부속기가 길고 끝이 뾰족하다. 경기 연천에서 채집했으며, 등화 채집 때 잘 날아온다.

경기 연천. 2017.09.

옆면

교미기

70

십자통날도래

Psychomyia cruciata (Kumanski, 1992)

4~4.5mm

5~9월

평지 하천, 강

홑눈 없음

작은턱수염 5마디

다리 가시 2-4-4

온몸이 갈색이다. 작은턱수염은 5마디로 마지막 5번째 마디가 가장 길다. 앉아 있을 때는 작은턱수염을 접으므로 *Paduniella* 속과 구별된다. 또한, 제2마디가 제3마디보다 길다. 이 특징은 갈래통날도래속과 다른 점으로 생김새가 거의 똑같은 통날도래 성충들을 구별하는 특징 중 하나이다. 뒷날개에는 f$_3$이 있다. 묘향산통날도래와 생김새가 비슷해 구별이 어렵다. 수컷 하부속기 기저 옆면 가지(basolateral)는 가늘고 안쪽 가지(internal)는 복잡하게 뒤엉킨다. 음경은 가늘고 딱딱하며 끝이 작은 갈고리 모양으로 굽었다. 등화 채집 때 잘 날아온다. 한반도 고유종이다.

짝짓기. 전남 화순. 2018.05.

경기 연천. 2017.09.

앞날개

뒷날개

교미기

옆면

윗면

아랫면

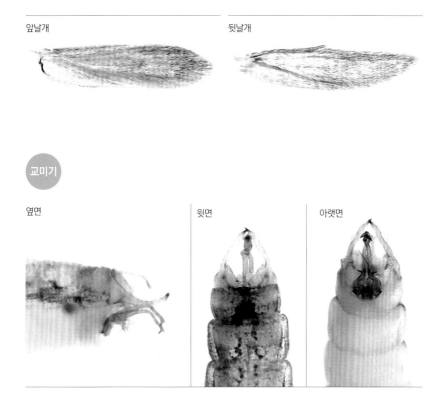

71

집게통날도래

Psychomyia forcipata Martynov, 1934

3.5~4.5mm

5~9월

평지 하천, 강

홑눈 없음

작은턱수염 5마디

다리 가시 2-4-4

온몸이 갈색이다. 수컷 작은턱수염은 5마디로 마지막 5번째 마디가 가장 길다. 앉아 있을 때는 작은턱수염을 접으므로 *Paduniella* 속과 구별된다. 또한, 제2마디가 제3마디보다 길다. 뒷날개에는 f_3이 있다. 수컷 제9배마디를 위에서 보면 안쪽에 굵고 검은 줄이 있다. 옆에서 보면 상부속기는 크고 하부속기는 작으며, 둘 다 끝이 위로 뻗는다. 같은 장소에서 나타나는 꼬마통날도래와는 생김새와 크기가 같아 구별이 안 된다. 모두 수컷 생식기로 동정하며 평지 하천과 강에서 등화 채집 시 수를 헤아리기 힘들 정도로 많이 날아온다.

강원 인제. 2016.09.

강원 인제. 2016.09.

앞날개

뒷날개

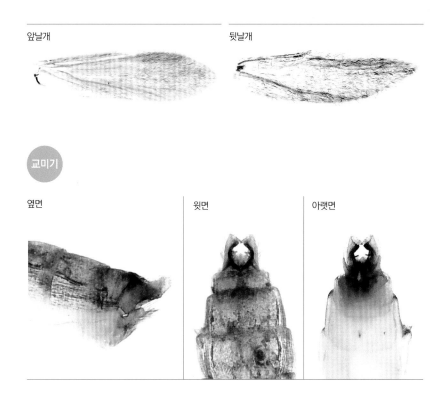

교미기

옆면

윗면

아랫면

72

꼬마통날도래

Psychomyia minima (Martynov, 1910)

3.5~4.5mm

5~9월

평지 하천, 강

홑눈 없음

작은턱수염 5마디

다리 가시 2-4-4

온몸이 갈색이다. 수컷 작은턱수염은 5마디로 마지막 5번째 마디가 가장 길다. 앉아 있을 때는 작은턱수염을 접으므로 *Paduniella* 속과 구별된다. 또한, 제2마디가 제3마디보다 길다. 뒷날개에 f_3이 있다. 수컷 상부속기를 옆에서 보면 매우 크고 기저부보다 끝이 더 넓은 말굽 모양이다. 같은 장소에서 나타나는 집게통날도래와는 생김새와 크기가 같아 구별이 안 된다. 모두 수컷 생식기로 동정하며 평지 하천과 강에서 등화 채집 시 수를 헤아리기 힘들 정도로 많이 날아온다.

경기 연천. 2019.05.

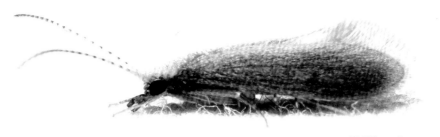

강원 영월. 2016.09.

앞날개

뒷날개

옆면

교미기

윗면

아랫면

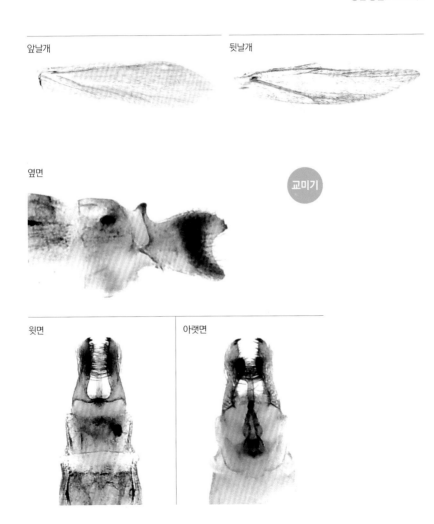

묘향산통날도래

Psychomyia myohyanganica (Kumanski, 1992)

3.3~4.5mm

5~9월

평지 하천, 강

홑눈 없음

작은턱수염 5마디

다리 가시 2-4-4

온몸이 갈색이다. 수컷 작은턱수염은 5마디로 마지막 5번째 마디가 가장 길다. 앉아 있을 때는 작은턱수염을 접으므로 *Paduniella* 속과 구별된다. 또한, 제2마디가 제3마디보다 길다. 수컷 교미기를 옆에서 보면 제10배마디가 S자 모양이고 음경과 연결된다. 음경은 매우 딱딱하고 끝이 갈고리 모양으로 휘며 뾰족하다. 등화 채집 때 잘 날아온다.

앞날개

뒷날개

 교미기

옆면

윗면

아랫면

74

갈래통날도래

Tinodes furcata Li & Morse, 1997

5mm

4~10월
(4~6월 집중 출현)

산간 계류, 평지 하천

홑눈 없음

작은턱수염 5마디

다리 가시 2-4-4

온몸이 갈색이며 앞날개 끝이 둥그스름하다. 작은턱수염은 5마디이고 마지막 5번째 마디가 가장 길다. 수컷 작은턱수염 제2마디가 제3마디보다 조금 짧다. 이 특징으로 통날도래속과 구별된다. 또한, 통날도래과의 다른 성충과 달리 날개 폭이 넓어 오히려 광택날도래과 시베리아큰광택날도래나 갈고리통날도래와 생김새가 더 비슷하지만 온몸이 조금 더 밝은 갈색이고 날개에 무늬나 반점이 없다. 등화 채집 때 잘 날아온다.

경기 광주. 2017.09.

전북 정읍. 2016.04.

앞날개

뒷날개

교미기

옆면

윗면

아랫면

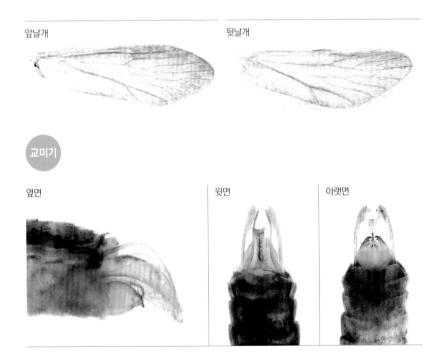

75

참단발날도래

Agrypnia czerskyi (Martynov, 1924)

15~20mm

6~9월

개방형 습지

홑눈 있음

작은턱수염
4마디(수컷),
5마디(암컷)

다리 가시 2-4-4

앞날개에 불규칙한 담황색, 암갈색 무늬가 있다. 뒷날개는 밝은 노란색이고 투명하며 날개 끝에 엷은 갈색 띠가 있다. 가운데가슴 소순판은 마름모꼴이며 밝은 녹색이다.

유충은 습지에 산다. 나무 그늘이 져서 햇볕이 잘 들지 않고 물이 차가운 곳에서 보이며, 계류 물이 고인 곳(소)에서도 보인다. 몸길이 20mm, 집은 35mm 안팎이며 식물 줄기를 긴 직사각형으로 오려 붙이고 나선형으로 말아 올린다. 머리와 가슴은 밝은 갈색이며, 머리 윗면 이마방패선을 따라 검은 세로줄 3개가 뚜렷하고, 양 옆면에도 세로줄이 1쌍 있다. 앞가슴 앞뒤 테두리에 가로로 검은 줄이 있다. 가운데가슴과 뒷가슴에는 작은 경판이 있으나 잘 드러나지 않는다. 지금까지 단발날도래로 알려진 종을 사육해서 참단발날도래로 날개돋이하는 것을 관찰했다(이상욱 사육).

전남 화순. 2016.09.

331

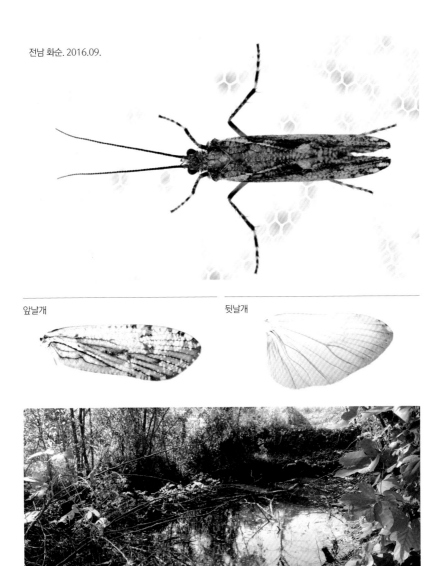

전남 화순. 2016.09.

앞날개

뒷날개

서식지. 경남 고성. 2018.04.

옆면

암컷 옆면

윗면

아랫면

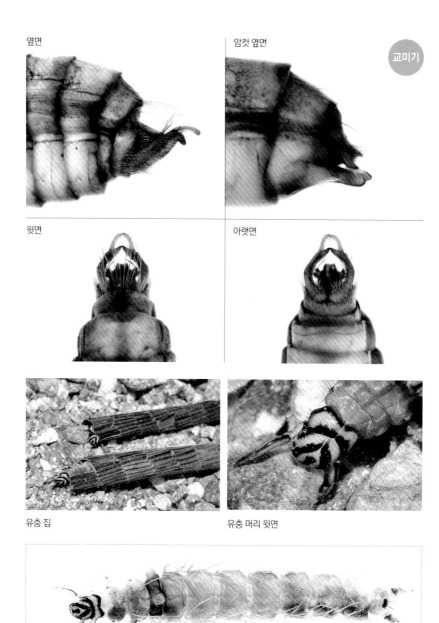

유충 집

유충 머리 윗면

유충

매끈날도래

Oligotricha lapponica (Hagen, 1864)

15~20mm

9~10월

고산 습지

홑눈 있음

작은턱수염
4마디(수컷),
5마디(암컷)

다리 가시 2-4-4

머리와 앞가슴, 더듬이가 까맣다. 더듬이 길이와 몸길이가 비슷하다. 작은턱수염과 아랫입술수염은 밝은 갈색이다. 앞날개에 그물 무늬가 있으며 한가운데와 끝에 가로로 띠가 있다. 뒷날개는 불투명한 노란색이며 한가운데와 끝에 앞날개 것보다 얇은 띠가 가로로 있다.

유충은 고산 습지에 산다. 우리나라에서는 강원 인제 대암산 용늪에서만 발견되었다. 이번 조사에서는 물 흐름이 완만한 곳이나 웅덩이에서 찾았다. 수심이 20cm를 넘지 않고 물이 매우 차가우며 물풀이 많은 곳으로 유충은 주로 물풀 줄기에 붙어 있었다. 몸길이는 20mm 안팎이다. 집은 30~40mm로 식물 줄기를 길쭉한 직사각형으로 오린 뒤 나선형으로 말아 올린다. 머리와 가슴은 갈색이며 머리 윗면에 굵고 검은 세로줄 3개가 이마방패선을 따라 뚜렷하다. 양 옆면에도 앞가슴, 가운데가슴, 뒷가슴까지 이어진 세로줄이 1쌍 있다. 유충을 사육해 날개돋이까지 관찰했다 (이상욱 사육).

강원 인제. 2018.01.

성충 윗면

앞날개

뒷날개

서식지. 강원 인제. 2017.09.

옆면

윗면

아랫면

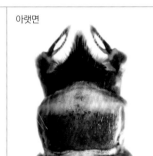

유충과 집

유충 기관아가미

중국날도래

Phryganea (Colpomera) sinensis McLachlan, 1862

26mm

9월

습지

흩눈 있음

작은턱수염
4마디(수컷),
5마디(암컷)

다리 가시 2-4-4

몸 전체에 어두운 오렌지색과 암갈색이 섞여 있다. 더듬이
는 몸길이보다 짧으며 전체가 검으나 끝은 황갈색이다. 작
은턱수염 제1~3마디는 밝은 황갈색이고 제4마디는 검은
색이다. 아랫입술수염 두 마디는 밝은 황갈색이고 제3마
디는 검은색이다. 앞날개 바깥 가장자리에 불규칙한 결각
이 있고 암갈색 그물 무늬가 촘촘하다. 뒷날개는 폭이 넓으
며 노란색이고 끝에 검은색 띠가 있다. 다리 발목마디 잔가
시가 나온 곳에 뚜렷한 검은 반점이 있다. 유충 서식처에서
상당히 멀리 떨어진 곳에서 등화 채집을 해도 성충이 잘
날아오는 것으로 보아 성충은 낮에 먼 거리까지 이동해 숲
속에 숨는 듯하다.

경기 포천. 2016.09.

앞날개

뒷날개

가슴 윗면

옆면

교미기

윗면

아랫면

78

끝검은날도래

Phryganea (Colpomera) japonica McLachlan, 1866

26mm

9월

습지

홑눈 있음

작은턱수염
4마디(수컷),
5마디(암컷)

다리 가시 2-4-4

몸 전체에 어두운 황갈색과 암갈색이 섞여 있다. 더듬이는 몸길이보다 짧으며 검으나 끝은 황갈색이다. 앞날개 끝은 결각이 두드러지지 않아 부드러우며 날개 가운데에 가로로 흑갈색 띠가 있다. 뒷날개는 폭이 넓으며 노란색이고 끝에 검은색 띠가 있다. 중국날도래와 생김새가 매우 비슷하나 앞날개 암갈색 그물 무늬가 중국날도래에 비해 조밀하지 않고 날개 바깥 가장자리 결각이 더 부드럽다. 중국날도래와 마찬가지로 경기도 포천에서 등화 채집할 때 날아왔다.

앞날개

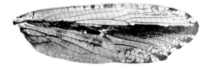

뒷날개

교미기

옆면

윗면

앞면

79

굴뚝날도래

emblis phalaenoides (Linnaeus, 1758)

30~35mm

5~6월

산간 계류, 평지 하천

홑눈 있음

작은턱수염
4마디(수컷),
5마디(암컷)

다리 가시 2-4-4

우리나라 날도래 가운데 가장 크다. 더듬이 길이는 몸길이와 비슷하고 검다. 앞날개는 흰색이며 크고 뚜렷한 검은 반점이 있고, 끝은 완만하게 둥그렇다. 뒷날개는 폭이 넓고 반투명한 엷은 노란색이며 끝에 암갈색 띠가 있다. 다리 가시는 작으며 뒷다리 종아리마디는 밝은 갈색이다. 고산 습지와 계곡 주변에서 빠르게 날아다니며, 밤에 수액을 빨기도 한다.

유충 몸길이는 30mm가 넘으며 집은 45mm 안팎이다. 계곡의 소나 평지 하천 여울과 물가, 상류천의 보가 설치된 곳, 낙엽이 쌓인 곳에 산다. 낙엽을 길쭉한 직사각형으로 오린 뒤에 긴 고리 모양으로 말아 올려 원통형 집을 짓는다. 머리와 가슴은 밝은 갈색이며 머리 윗면에는 가늘고 검으며 뚜렷한 세로줄 3개가 이마방패선을 따라 있다. 양 옆면에도 세로줄이 1쌍 있고 앞가슴 윗면에도 세로줄이 2쌍 있다. 가운데가슴 윗면 가운데에는 작은 사각형 경판이 있으며, 경판에는 세로줄이 1쌍 있다.

강원 원주. 2018.05.

성충 윗면

석회재 충북 단양 2015.09.

앞날개

뒷날개

옆면

윗면

아랫면

유충과 집

유충 기관아가미

유충 머리 윗면

둥근날개날도래

Phryganopsyche latipennis (Banks, 1906)

20mm

3~5월, 9~10월

산간 계류, 평지 하천

홑눈 있음

작은턱수염
4마디(수컷),
5마디(암컷)

다리 가시 2-4-4

앞날개는 밝은 갈색이며 흑갈색 얼룩무늬가 있고 광택 도는 부드러운 벨벳 느낌이다. 앞날개 중실은 타원형이고 중맥에서 Cu_1맥은 날개 기부 쪽으로 뚜렷하게 늘어나 있다. 날갯짓은 둔하고 숨을 장소를 찾아 한번 앉으면 잘 움직이지 않는다. 이른 봄 기온이 낮을 때 계곡 바위 아래 바람이 들지 않는 곳에 수십 마리가 떼 지어 숨어 있는 모습을 볼 수 있다. 유충 몸길이는 20mm 안팎이고 배가 길다. 머리 윗면은 암갈색이며 무늬가 없다. 앞가슴과 가운데가슴 윗면이 경판으로 덮였고 암갈색이며 앞쪽과 양 옆 가장자리를 따라 가늘고 긴 털이 촘촘하다. 뒷가슴은 막질이다. 제1배마디에는 등융기, 옆융기가 있고 제1~7배마디에는 가늘고 긴 기관아가미가 한 줄 있다.

경남 창원. 2015.04.

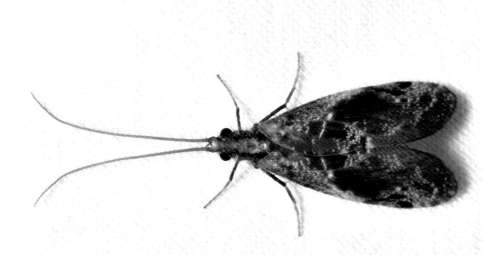

경남 창원. 2015.04.

옆면

암컷 옆면

교미기

윗면

아랫면

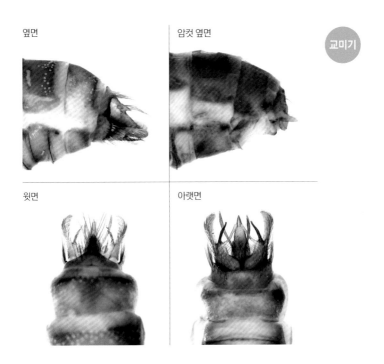

유충

유충 머리 윗면

유충

유충 집

81

둥근얼굴날도래

Micrasema hanasense Tsuda, 1942

5~5.5mm

5~8월

산간 계류

홑눈 없음

작은턱수염
3마디(수컷),
5마디(암컷)

다리 가시 2-2-2

온몸이 어두운 갈색이다. 겹눈에 털이 있다. 작은턱수염과 아랫입술수염은 검고 털이 촘촘하다. 수컷 작은턱수염은 위쪽으로 굽었다. 앞날개 경맥1(R₁)에는 굴곡이 있다. 수컷 제6배마디 아랫면에는 마디 절반 길이로 짧고 두꺼운 가시 모양 돌기가 있다. 유충은 산간 계류 물이 차갑고 수심은 얕으며 물 흐름이 완만한 곳에 산다. 여울에서는 이끼 속에 몸을 숨긴다. 몸길이는 5mm를 넘지 않고 이끼나 식물질을 가늘게 말아 매끈하고 약간 구부러진 원통형 집을 짓는다. 머리는 둥글고 적갈색이며 이마방패선을 따라 밝은 적갈색 V자 무늬가 있다. 앞가슴과 가운데가슴 윗면은 큰 적갈색 경판으로 덮였고 가장자리를 따라 긴 털이 있다. 옆융기와 등융기가 없다. 배는 초록색이다.

암컷. 전남 강진. 2017.05.

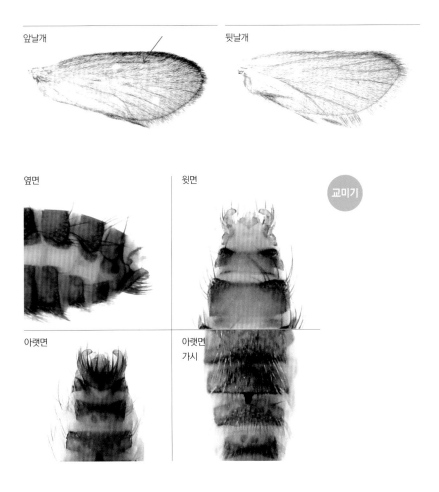

앞날개　　　　　　　　뒷날개

옆면　　　　　윗면

교미기

아랫면

아랫면
가시

서식지. 전남 강진. 2017.05.

유충 머리에 있는 V자 무늬

Dolichocentrus sp.1

5.5~7mm

3~4월

평지 하천

홑눈 있음

작은턱수염
3마디(수컷),
5마디(암컷)

다리 가시 2-2-2

수컷 날개는 광택이 없는 회갈색이고 무늬가 없다. 암컷 날개는 밝은 회갈색이고 수컷에 비해 1.5배 정도 크다. 앞가슴에 있는 혹 2쌍은 모두 작은 타원형이다. 가운데가슴 순판에 아주 작은 혹이 1쌍 있으며 소순판에는 면적 절반 정도를 채우는 혹이 1쌍 있다. 앞날개 경맥1(R_1)에는 굴곡이 있다.

유충은 주먹돌과 모래가 섞인 평지 하천 가운데 물 흐름은 완만하고 수심이 얕은 곳에서 보인다. 몸길이는 5~8mm이고 모래로 원통형 집을 짓는다. 집 모양은 모래형 네모집날도래 유충 집과 비슷하지만, 모래 크기가 일정하지 않아 표면이 더 거친 느낌이다. 머리는 밝은 갈색이고 이마방패선 안쪽으로 암갈색 무늬가 있으며, 바깥쪽으로도 반점이 있다. 앞가슴 윗면은 큰 경판으로 덮였고 가운데가슴 윗면은 경판 2쌍으로 덮였다. 뒷가슴 윗면 경판 2쌍은 작은 조각이고 강모가 나 있다.

수컷. 경기 양평. 2018.03.

암컷

짝짓기

앞날개

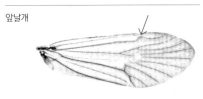

옆면

교미기

뒷날개

서식지. 경기 양평. 2018.03.

미소 서식지

유충

유충 머리 윗면

하천은 군데군데 얼어 있고 수량은 적으며, 물살이 거의 없어 잔잔하다. 물가 풀숲에서 꽤 많은 성충이 보인다.

3월 20일. 하천

3월 20일. 성충 출현

낮에 하천 주변과 수면 위로 많은 성충이 날았다. 특히 다리에는 발을 딛기 힘들 정도로 많았다. 수면에 눈이 내리는 것처럼 날도래들이 내려앉았다.

3월 23일. 수면에 내려앉은 성충

거미줄에 걸린 성충

3월 27일까지 5일 동안 헤아릴 수없이 많은 성충이 날았으나, 3월 28일부터 감쪽같이 사라져 풀숲에서 몇 마리가 보일 뿐이었다. 하천 큰 돌에 암컷이 모여 있었고 알을 낳으려는 것 같았다. 암컷은 물 흐름이 빠른 곳, 완만한 곳, 물가를 가리지 않고 물속으로 기어 들어갔다. 배 끝에 초록색 알 덩어리를 달고 있었다. 돌을 들춰 보니 수많은 알이 다닥다닥 붙어 있었다. 알 덩어리에 배 끝이 붙은 채로 죽은 암컷도 있었다. 4월 15일에는 성충도 알 덩어리도 감쪽같이 사라졌다. 11월이 되기까지 유충도 보이지 않았다.

3월 28일. 알 덩어리

알 낳는 암컷

알 낳는 암컷과 알 덩어리

암컷 배 끝에 달린 알 덩어리

11월 중순이 되자 유충이 눈에 띄기 시작했다. 수심이 얕고 물살이 약하며 수풀이 있는 곳 바닥에서 유충이 기어 다녔다. 하천에는 조류가 많았고 물은 차가웠다. 12월 17일 물 흐름이 없는 곳은 살얼음이 끼었고 여울에만 물이 흘렀다. 종령 유충이 매우 활발했다.

11월 20일. 유충

1월 중순 번데기가 보였다.

1월 13일. 번데기

83

아무르검은날개우묵날도래

Asynarchus amurensis (Ulmer, 1905)

14~16mm

9~10월

산간 계류

홑눈 있음

작은턱수염
3마디(수컷),
5마디(암컷)

다리 가시 1-3-4

온몸이 갈색이며 앞날개 가운데에 투명한 곳과 희끗한 얼룩무늬가 있으며 끝에는 구부러진 물결무늬가 흐릿하게 보인다. 또한 앞날개 중실(D.C)은 경실(T.C)보다 짧고 경맥 1(R₁)에는 굴곡이 있다. 뒷날개는 폭이 넓고 투명하다.

유충은 강원과 경기 북부의 물이 차갑고 폭이 좁으며 자갈이 깔린 계곡과 평지 하천 상류에서 보인다. 몸길이는 20mm 안팎이고 머리 윗면에 암갈색 반점이 흩어져 있으며, 이마방패선 안쪽 한가운데에 T자 무늬가 있다. 앞가슴과 가운데가슴은 경판으로 덮였고 반점이 있으며, 뒷가슴에 작고 둥근 경판이 3쌍 있다. 기관아가미는 제2~8배마디에 있으며, 2, 3개로 갈라졌다.

Oh (2012)는 검은날개우묵날도래 KUa를 사육해 날개돋이까지 관찰한 결과, 아무르검은날개우묵날도래였다는 것을 확인했다. 저자도 같은 결과를 확인했다.

강원 평창. 2016.10.

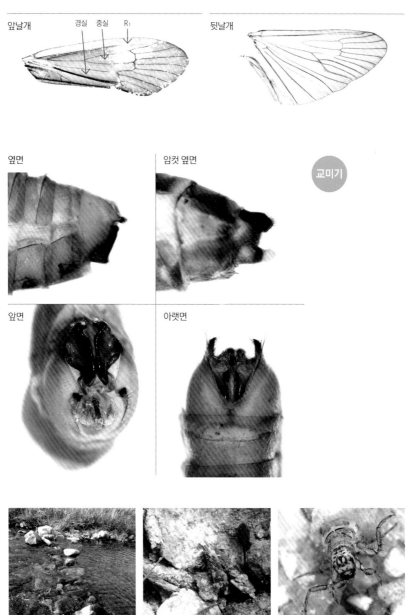

앞날개　　　경실　중실　R₁

뒷날개

옆면

암컷 옆면

교미기

앞면

아랫면

서식지. 강원 횡성. 2018.05.

유충

유충 머리 윗면

84

고려큰우묵날도래

Dicosmoecus coreanus Oláh & Park, 2018

23~30mm

9~10월

산간 계류, 평지 하천

홑눈 있음

작은턱수염
3마디(수컷),
5마디(암컷)

다리 가시 1-3-4

온몸이 광택 도는 황갈색이며 가슴과 다리에 털이 많다. 더 듬이는 톱니 모양으로 검고 몸길이와 비슷하다. 작은턱수염과 배마디는 밝은 갈색이다. 앞날개 중실(D.C)은 찾아바꾸기 해도 됩니다. 경실(T.C)과 길이가 거의 같고 검은 날개맥이 뚜렷하다. 다리 종아리마디와 발목마디는 까맣고 튼튼한 잔가시가 있다. 불빛에 잘 날아온다.

Oláh & Park (2018)이 한반도 채집 성충으로 신종 발표했다. 그러면서 지금까지 알려진 누리우묵날도래와 생김새나 수컷 교미기가 비슷하나 음경 구조가 뚜렷이 다르며, 누리우묵날도래에 비해 항문옆판(paraproct) 윗면 가지(dorsal branches)가 가늘고 길다고 기술했다.

Oh (2012)에 따르면 유충은 계곡과 평지 하천 상류 물이 차갑고 흐름이 완만하며 잔모래와 돌멩이가 깔린 곳에 산다. 주로 밤에 활동하며 낮에는 돌 아랫면에 비스듬히 붙어 있다. 몸길이는 20mm 안팎이며 머리와 앞가슴, 가운데가슴, 다리가 까맣다고 기술했다.

조사 결과, 어린 영기에는 낙엽 같은 식물질과 광물질을 섞어 약간 구부러진 원통형 집을 짓지만 종령기에는 광물질만으로 튼튼한 원통형 집을 짓는 것으로 보인다. 종령 집은 *Pseudostenophylax* 집 모양과 비슷했다. 이 책에는 성충이 발견된 하천에서 채집한 유충 자료를 실었으나, 사육해 날개돋이를 확인하지 않았으므로 유충으로 종을 결정할 수 없어 연구 과제로 남겨 두었다.

강원 평창. 2017.10.

성충 윗면

수컷 작은턱수염

성충 아랫면

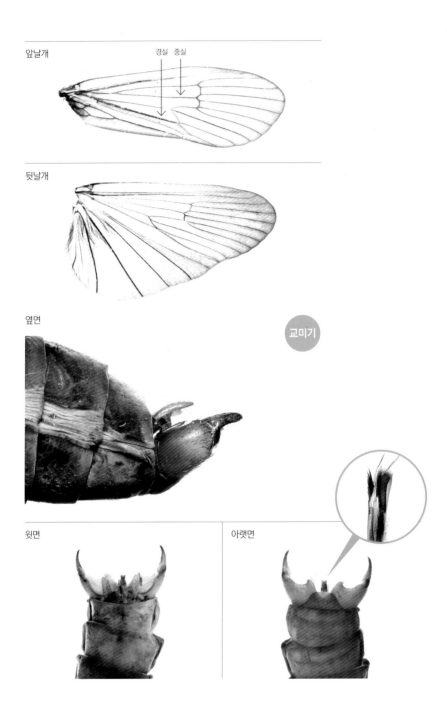

앞날개

경실 중실

뒷날개

옆면

교미기

윗면

아랫면

서식지

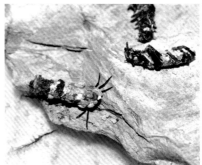

어린 영기 유충

종령 유충

유충

배마디 아랫면 염류상피

번데기

85

캄차카우묵날도래

Ecclisomyia kamtshatica (Martynov, 1914)

8~12mm

4~6월, 9월

산간 계류, 평지 하천

홑눈 있음

작은턱수염
3마디(수컷),
5마디(암컷)

다리 가시 1-3-4

온몸이 갈색이고 더듬이는 톱니 모양이며 몸길이와 비슷하다. 앞날개에는 광택이 없으며 날개맥이 잘 드러나지 않는다. 날개 중간이 횡맥을 따라 약간 꺾인 듯하고 흰색으로 보인다. 중실(D.C)은 경실(T.C)과 길이가 같거나 약간 길다. 유충은 산간 계류와 평지 하천 상류에 산다. 물이 차가우며 흐름이 완만한 곳에서 무리를 이룬다. 몸길이는 15mm 안팎이고 어린 영기에는 모래로 가늘고 긴 원통형 집을 지으며, 종령기에는 식물질을 덧붙인다. 머리, 앞가슴, 가운데가슴 윗면은 경판으로 덮였고 갈색 세로줄이 1쌍씩 있으며, 뒷가슴 윗면에는 경판이 3쌍 있다. 기관아가미는 한 줄이며 제2~8배마디에 있다.

강원 평창. 2017.09.

짝짓기. 경북 봉화. 2017.06.

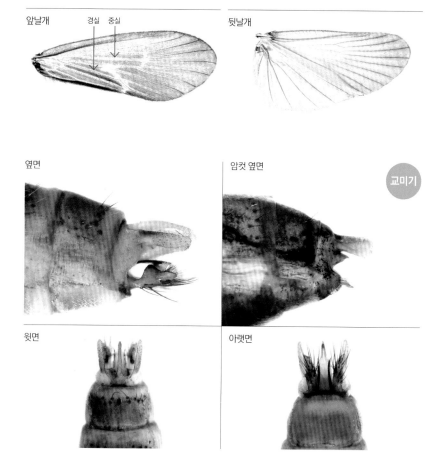

앞날개 경실 중실

뒷날개

옆면

암컷 옆면

교미기

윗면

아랫면

서식지. 강원 평창. 2017.05.

집단 서식

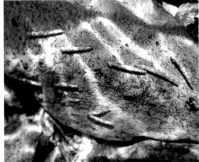

이동하는 유충

유충

유충 머리 생김새

우리큰우묵날도래

Hydatophylax formosus Schmid, 1965

20~26mm

8~10월

산간 계류

홑눈 있음

작은턱수염
3마디(수컷),
5마디(암컷)

다리 가시 1-3-4

온몸이 밝은 황갈색이며 광택이 있다. 앞날개 바깥 가장자리는 살짝 굴곡지고, 날개 가운데에는 밝은 점이 있으나 종에 따라 점이 없기도 하다. 또한 앞날개 중실(D.C)은 경실(T.C)과 길이가 비슷하고 경맥1(R_1)에는 약간 굴곡이 있다. 생김새와 크기가 비슷한 큰우묵날도래, *H. soldatovi*와 구별되지 않는다. 수컷 교미기 상부속기와 하부속기가 큰우묵날도래에 비해 가늘고 길다.

강원 횡성. 2016.09.

앞날개

경실 중실   R₁

뒷날개

성충 윗면

교미기

옆면

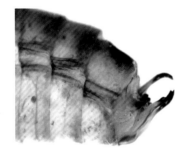

암컷 옆면

윗면

아랫면

364

87

무늬날개우묵날도래

Hydatophylax grammicus (McLachlan, 1880)

20~25mm

4~6월

산간 계류

홑눈 있음

작은턱수염
3마디(수컷),
5마디(암컷)

다리 가시 1-3-4

온몸이 밝은 갈색이고 날개는 부분적으로 투명하다. 날개 무늬는 띠무늬우묵날도래와 비슷해 혼동되나 앞가슴과 넓적다리마디가 주황색으로, 검은색을 띠는 띠무늬우묵날도래와 구별된다. 앞날개 각 방(cell)에는 암갈색 반점이 있고, 앞날개 중실(D.C)은 경실(T.C)과 길이가 비슷하며 경맥 1(R₁)에는 살짝 굴곡이 있다. 뒷날개 끝에 갈색 띠가 있다. 유충은 이끼 긴 계곡의 나무 그늘이 드리워진 곳에서 보인다. 생김새는 띠무늬우묵날도래와 매우 닮았고, 차이가 있다면 각 다리마디의 갈색 띠가 선명한 정도이다. 그러나 유충 집 모양은 띠무늬우묵날도래와 분명히 차이가 난다. 집 짓는 재료로는 식물질만 쓰며, 낙엽을 작게 오린 뒤 겹겹이 붙여 곧고 길쭉한 원통형 집을 짓는다(유충과 집 사진은 371쪽 참조). 유충과 번데기를 채집해 날개돋이를 확인했다.

강원 원주. 2018.05.

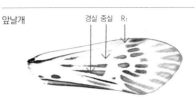

앞날개

경실 중실 R₁

뒷날개

머리 윗면

교미기

옆면

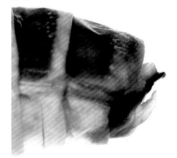

암컷 옆면

윗면

아랫면

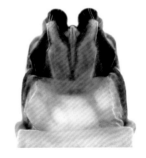

88

큰우묵날도래

Hydatophylax magnus (Martynov, 1914)

20~26mm

6~10월

산간 계류, 평지 하천

홑눈 있음

작은턱수염
3마디(수컷),
5마디(암컷)

다리 가시 1-3-4

온몸이 밝은 황갈색이며 광택이 있다. 앞날개 바깥 가장자리는 살짝 굴곡지고 날개 가운데에는 밝은 점이 있으나 종에 따라 없기도 하다. 이 점은 종을 구별하는 특징이 아니다. 앞날개 중실(D.C)은 경실(T.C)과 길이가 비슷하고 경맥 1(R_1)에는 살짝 굴곡이 있다. 생김새만으로 우리큰우묵날도래, *H. soldatovi*와 구별되지 않는다. 큰우묵날도래는 전국에서 보이며 우리큰우묵날도래는 강원, 경기, 경북 북부의 일부 지역에서 보인다. 우리큰우묵날도래에 비해 수컷 교미기 상부속기는 짧고 가늘며 하부속기는 짧고 끝이 V자로 갈라졌다.

강원 횡성. 2016.09.

성충 윗면

앞날개　　　경실 중실　R₁　　　　　뒷날개

옆면

교미기

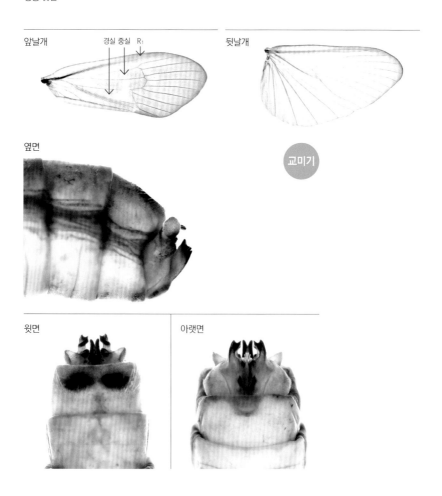

윗면　　　　　　　　아랫면

89

띠무늬우묵날도래

Hydatophylax nigrovittatus (McLachlan, 1872)

20~23mm

4~5월, 9~10월

산간 계류

홑눈 있음

작은턱수염
3마디(수컷),
5마디(암컷)

다리 가시 1-2-2

온몸이 어두운 암갈색이며 날개에 광택이 돌고 투명한 곳이 있다. 앞가슴은 암갈색이다. 앞날개 각 방(cell)에는 암갈색 반점이 있으며, 중실(D.C)은 경실(T.C)보다 길이가 짧고 경맥1(R₁)에는 살짝 굴곡이 있다. 뒷날개 끝에 두껍고 진한 갈색 띠가 있다. 무늬날개우묵날도래와 생김새가 비슷하지만 날개 검은 무늬가 조금 더 뚜렷하다.

유충은 산간 계류 물이 차갑고 흐름이 약한 곳에 산다. 몸길이는 15~20mm이다. 서식지 환경이나 영기에 따라서 낙엽을 동그랗게 오려 위아래로 붙이거나 식물 줄기를 잘라 덧대거나 작은 돌조각 같은 광물질을 쓰는 등 다양한 재료를 써서 집을 짓는다. 머리, 앞가슴, 가운데가슴 윗면은 경판으로 덮였고 흑갈색 반점이 많으며, 뒷가슴 윗면에는 경판이 3쌍 있다. 기관아가미는 한 줄로 제2~8배마디에 있다. 우묵날도래과의 대표 종으로 전국 계곡에 가장 넓게 분포한다.

경북 영주. 2017.04.

짝짓기

앞날개   경실 중실   R₁

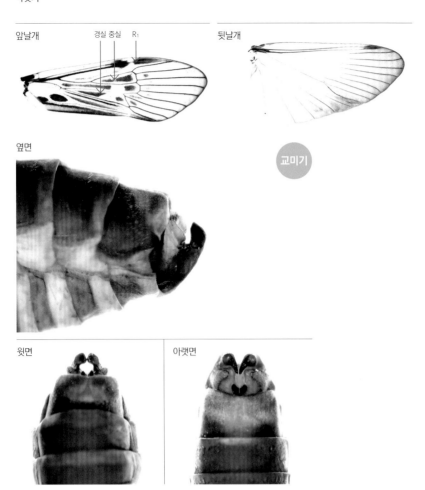

뒷날개

옆면

교미기

윗면   아랫면

띠무늬우묵날도래

머리와 가슴 윗면

돌 조각과 나뭇가지, 낙엽으로 지은 집

나뭇가지와 낙엽으로 지은 집

낙엽만으로 지은 집

무늬날개우묵날도래

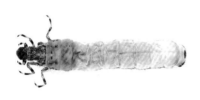

유충

머리와 가슴 윗면

낙엽을 오려 지은 원통형 집

번데기를 튼 모습

Hydatophylax soldatovi (Martynov, 1914)

18~20mm

7~8월

산간 계류

홑눈 있음

작은턱수염
3마디(수컷),
5마디(암컷)

다리 가시 1-2-2

온몸이 밝은 황갈색이며 광택이 있다. 앞날개 중실(D.C)은 경실(T.C)과 길이가 비슷하고 경맥1(R₁)에는 살짝 굴곡이 있다. 생김새와 크기는 큰우묵날도래, 우묵날도래와 거의 똑같아 구별되지 않는다. Oláh (2018)가 1977년 북한 삼지연에서 채집한 표본으로 처음 발표했다. 이번 조사 결과 강원 태백에서 채집해 남한 서식을 확인했다.

강원 태백. 2019.07.

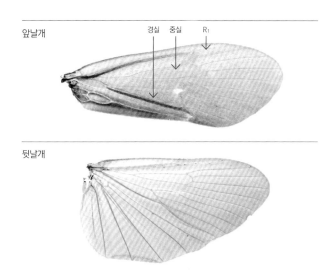

앞날개

경실 중실 R₁

뒷날개

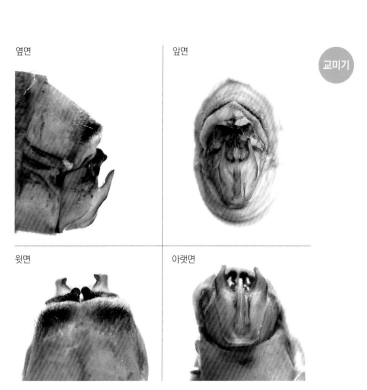

옆면

앞면

교미기

윗면

아랫면

91

동양모시우묵날도래

Limnephilus orientalis Martynov, 1935

15~18mm

4~5월, 9~10월

산간 계류, 습지

흩눈 있음

작은턱수염
3마디(수컷),
5마디(암컷)

다리 가시 1-3-4

온몸이 갈색이다. 앞날개는 길이가 폭보다 3배 이상 길고 황갈색이며 복잡한 무늬가 있다. 중실(D.C)은 경실(T.C)보다 짧고 경맥1(R₁)에는 굴곡이 있다. 뒷날개는 반투명하고 날개 끝은 엷은 갈색이다.

유충은 전국 산간 계류 소, 평지 하천 물가, 물가 식생이 풍부하고 물이 차가운 고산 습지, 개방형 습지 등에 산다. 영기 또는 서식지 환경에 따라서 집 재료와 모양이 다르다. 전남 담양 습지에서 채집한 유충은 집 재료로 낙엽, 식물 줄기, 연잎이나 줄기, 모래 등을 썼고, 집 모양은 사각 기둥, 삼각 기둥, 원통형 등 다양했다. 몸길이는 20mm 안팎이고 전체가 갈색이다. 이마방패선 안쪽으로 굵은 T자 무늬가 있고 주변에 암갈색 반점이 흩어져 있다. 앞가슴과 가운데가슴은 경판으로 덮였고 암갈색 반점이 흩어져 있다. 뒷가슴에는 작은 경판이 3쌍 있다. 기관아가미는 제2~8배마디에 있으며 2, 3개로 갈라진다.

모시우묵날도래 KUa로 알려진 유충을 사육한 결과 동양모시우묵날도래로 날개돋이했으나 이 속의 유충은 생김새만으로 동정할 수 없다. 따라서 좀 더 세밀한 검증 과정이 필요하므로 이 책에서는 동양모시우묵날도래로 날개돋이한 유충 사진만을 실었다.

경북 영덕. 2018.05.

성충 윗면

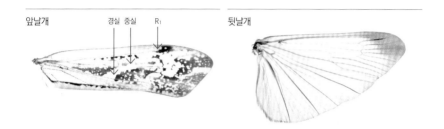

앞날개　　　경실 중실　R₁　　　뒷날개

옆면

앞면

교미기

윗면

아랫면

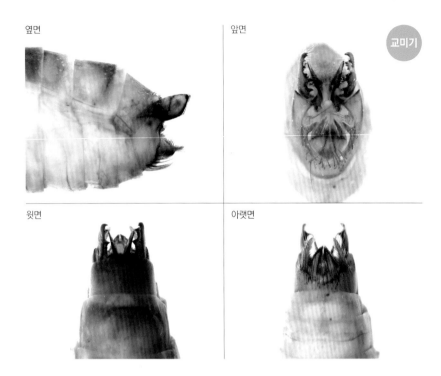

서식지. 전북 정읍. 2017.03.

유충

번데기

유충

92

모시우묵날도래 sp.1

Limnephilus sp.1

15~18mm

7월

산간 계류

홑눈 있음

작은턱수염
3마디(수컷),
5마디(암컷)

다리 가시 1-3-4

온몸이 갈색이며 앞날개는 황갈색이고 복잡한 무늬가 있다. 동양모시우묵날도래와 크기, 날개 무늬가 거의 비슷하지만 날개 색깔이 조금 더 엷다. 중실(D.C)은 경실(T.C)보다 짧고 경맥1(R₁)에는 굴곡이 있다. 7월, 강원 평창 진부면 산간 계류 등화 채집 때 날아왔다.

앞날개   경실 중실 R₁

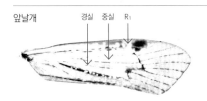

뒷날개

 앞면

93

우묵날도래

Nemotaulius (*Macrotaulius*) *admorsus* (McLachlan, 1866)

28~30mm

5~9월

산간 계류,
평지 하천, 연못

홑눈 있음

작은턱수염
3마디(수컷),
5마디(암컷)

다리 가시 1-3-4

더듬이는 밝은 갈색이며 끝으로 갈수록 노란색이다. 앞날 개는 밝은 갈색이며 바깥 테두리는 불규칙하게 잘린 듯하고 점선이 있다. 앞날개 중실(D.C)은 경실(T.C)과 길이가 같거나 약간 더 길다. 다리는 노란색이고 종아리마디, 발목마디는 담황색이다. 어리우묵날도래와 크기, 날개 무늬가 비슷해 생김새만으로 구별하기 어려우나, 우묵날도래 앞날개 가장자리 굴곡이 어리우묵날도래보다 더 심하다.

유충은 계곡에서 물 흐름이 느리고 소가 생기는 곳, 평지 하천 물가 식생이 풍부한 곳, 개방형 연못, 식물질이 쌓인 고산 습지 등 다양한 곳에 산다. 낙엽, 식물 줄기 등으로 납작하고 긴 원통형 집을 짓는다. 집에 낙엽을 오려 붙인 모양은 띠무늬우묵날도래 집과 많이 닮았으나, 집이 더 크며 광물질을 쓰지 않는다. 몸길이는 35mm 안팎이고 머리 윗면에 이마방패선이 있고, 안쪽으로 검은 세로줄이 뚜렷하다. 앞가슴은 경판으로 덮였으며 앞뒤로 굵은 가로줄이 있다. 가운데가슴은 경판으로 덮였으며 반점이 있고 뒷가슴에는 작은 경판이 3쌍 있다. 다양한 장소에서 채집한 띠우묵날도래 sp. 유충을 사육했더니 우묵날도래로 날개돋이 했다. 이 속의 유충은 생김새만으로 동정할 수 없다. 따라서 좀 더 세밀한 검증 과정이 필요하므로 이 책에서는 우묵날도래로 날개돋이한 유충 사진만을 실었다.

경기 포천. 2017.08.

성충 윗면

머리와 가슴

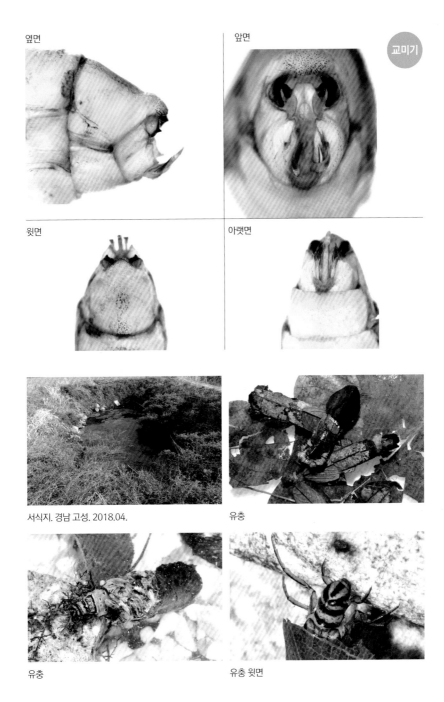

옆면

앞면

교미기

윗면

아랫면

서식지. 경남 고성. 2018.04.

유충

유충

유충 윗면

94

어리우묵날도래

Nemotaulius (Macrotaulius) admorsus (McLachlan, 1872)

28~30mm
5~9월
산간 계류, 평지 하천, 연못
홑눈 있음
작은턱수염 3마디(수컷), 5마디(암컷)
다리 가시 1-3-4

더듬이는 밝은 갈색이며 끝으로 갈수록 노란색이다. 앞날개는 밝은 갈색이며 바깥 테두리는 불규칙하게 잘린 듯한 모양이고 점선이 있다. 앞날개 중실(D.C)은 경실(T.C)과 길이가 같거나 약간 더 길다. 다리는 노란색이고 종아리마디, 발목마디는 담황색이다.

경기 용인. 2015.10.

앞날개

경실 중실

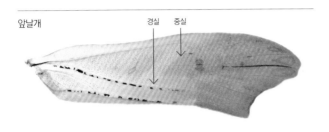

옆면

교미기

윗면

앞면

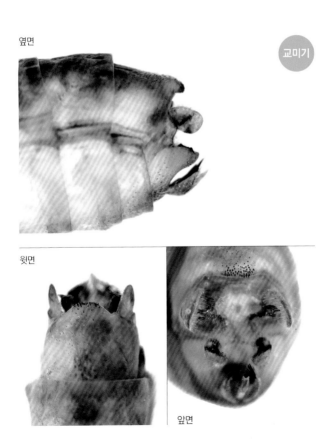

95

붉은가슴갈색우묵날도래

Nothopsyche nigripes Martynov, 1914

7mm

9~10월

평지 하천

홑눈 있음

작은턱수염
3마디(수컷),
5마디(암컷)

다리 가시 1-2-2

앞가슴은 붉은색이고 날개는 짙은 갈색이다. 작은턱수염 제1마디는 짧고 제2, 3마디는 길며 길이가 거의 같다. 날개 맥이 잘 드러나지 않고 짧은 털이 나 있으며 앞날개 중실 (D.C)은 경실(T.C)과 길이가 거의 같거나 약간 더 길다. 경맥1(R₁)에는 굴곡이 있다. 배마디는 앞가슴과 같은 붉은색이다.

유충 몸길이는 20mm 안팎이고 전체가 갈색이다. 머리 윗면에 암갈색 반점이 흩어져 있으며, 이마방패선 안쪽 가운데에 T자 무늬가 있다. 앞가슴과 가운데가슴은 경판으로 덮였고 반점이 있으며 뒷가슴에는 작고 둥근 경판이 3쌍 있다. 기관아가미는 제2~8배마디에 있으며, 2, 3개로 갈라진다. Oh (2012)는 갈색우묵날도래 KUb 유충을 날개돋이까지 관찰한 결과 붉은가슴갈색우묵날도래였다고 기록했으나, 저자는 확인하지 못했다.

경북 청송. 2016.10.

암컷 윗면

암컷 아랫면

앞가슴

산란

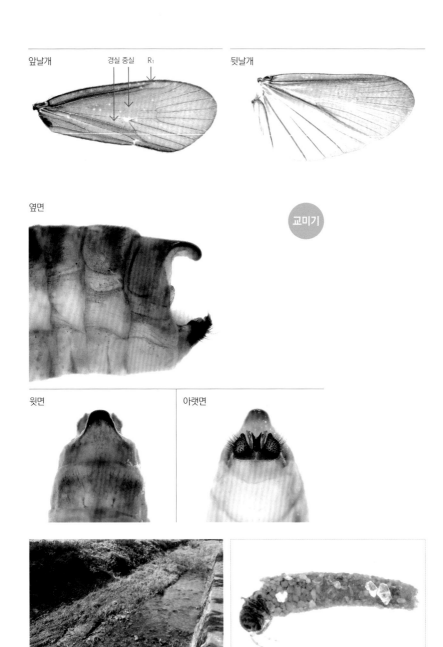

앞날개　　경실 중실　R₁

뒷날개

교미기

옆면

윗면

아랫면

서식지. 경북 청송. 2016.10.

유충 ⓒ 전영철

96

큰갈색우묵날도래

Nothopsyche pallipes Banks, 1906

11~13mm

9~10월

산간 계류, 평지 하천

홑눈 있음

작은턱수염
3마디(수컷),
5마디(암컷)

다리 가시 1-2-2

몸은 밝은 갈색이다. 작은턱수염 제1마디는 짧고 제2, 3마디는 길며 길이가 거의 같다. 날개에 무늬가 없으며 끝에 부드러운 물결무늬가 있다. 날개맥이 잘 드러나지 않고 짧은 털이 있다. 앞날개 중실(D.C)은 경실(T.C)과 길이가 같거나 약간 더 길고 경맥1(R₁)에는 굴곡이 있다.

유충은 산간 계류, 평지 하천 물살이 약한 곳, 물가에 낙엽이 쌓인 곳에 살며 정수역 물가에서도 보인다. 몸길이는 10~15mm이며 전체가 밝은 갈색으로 머리, 앞가슴, 가운데가슴은 경판으로 덮였다. 머리 윗면에는 굵은 갈색 세로줄이 1쌍 있고 앞가슴에도 세로줄이 2쌍 있다. 가운데가슴 세로줄은 흐릿하며 뒷가슴은 경판이 3쌍으로 나뉜다. 낮은 영기 유충은 식물질을 써서 집을 짓지만 종령 유충은 모래와 자갈을 붙여 집을 튼튼히 보강한다. 하천 바닥을 기어 다니며 유기물을 주워 먹거나 낙엽 등을 썰어 먹는다.

Oh (2012)는 갈색우묵날도래 KUa 유충을 날개돋이까지 관찰한 결과 큰갈색우묵날도래와 같은 종이라는 것을 확인했다고 기록했으나, 저자는 확인하지 못했다.

수컷. 경기 여주. 2016.10.

앞날개 경실 중실 R₁

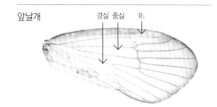

뒷날개

옆면

교미기

윗면

아랫면

유충

유충 윗면

97

Pseudostenophylax amurensis (McLachlan, 1880)

20~25mm

5~6월

산간 계류

홑눈 있음

작은턱수염
3마디(수컷),
5마디(암컷)

다리 가시 1-3-4

몸은 어두운 갈색을 띠고 앞날개 전체에 황갈색 작은 반점이 고르게 퍼져 있다. 바깥 가장자리는 약간 굴곡진다. 날개맥은 두드러지지 않는다. 중실(D.C)은 경실(T.C)과 길이가 같거나 약간 더 길고 경맥1(R₁)은 곧다.

수량이 풍부하고 수폭이 넓으며 이끼가 긴 산간 계류에서 보인다. 낮에는 수풀 속에 숨어 있으며 불빛에 날아온다.

강원 평창. 2019.05.

강원 태백. 2019. 07.

앞날개 경실 중실 뒷날개

옆면

교미기

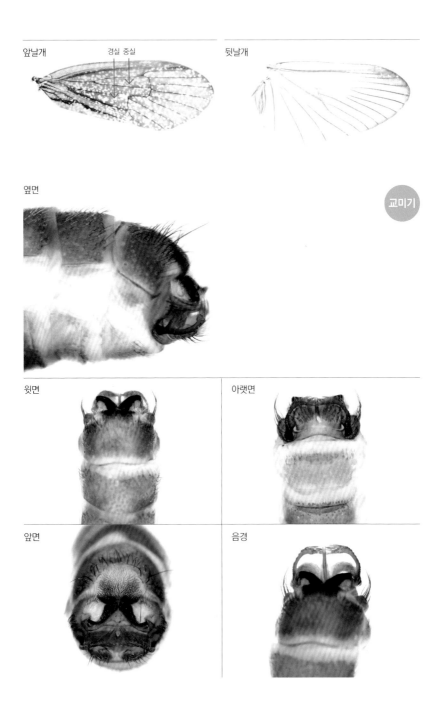

윗면 아랫면

앞면 음경

방동가시날도래

Goera curvispina Martynov, 1935

7.5~11mm

4~9월

산간 계류

홑눈 없음

작은턱수염
3마디(수컷),
5마디(암컷)

다리 가시 2-4-4

날개는 광택이 없는 갈색이고 무늬도 없다. 털로 빼곡히 덮여 있어 날개맥도 잘 드러나지 않는다. 다만 날개 끝으로 갈수록 짙은 갈색 털이 있다. 수컷 제6배마디 아랫면에 가시가 8~14개 있다. 가운데 가시는 길고 양쪽 옆면으로 갈수록 짧아진다. 가운데 가시 몇 개는 끝이 갈라지거나 뭉툭하지만 늘 그렇지는 않아서 종 특징으로 단정 지을 수 없다. 암컷 제6배마디 아랫면은 다른 부위에 비해 딱딱하다.

강원 영월. 2016.09.

앞날개

뒷날개

옆면

가시

교미기

윗면

아랫면

99

알록가시날도래

Goera horni Navas, 1926

9~11mm

5~10월

산간 계류, 평지 하천

홑눈 없음

작은턱수염
3마디(수컷),
5마디(암컷)

다리 가시 2-4-4

날개는 광택이 없는 갈색이고 무늬가 없다. 날개 끝으로 갈수록 짙은 갈색 털이 있다. 수컷 제6배마디 아랫면에 가시가 16~18개 있으며, 한가운데 가시는 길고 양쪽 옆면으로 갈수록 짧아진다. 한가운데 가시 몇 개는 끝이 갈라지거나 뭉툭하지만 모두 그런 것은 아니어서 종 특징으로 단정지을 수 없다. 암컷 제6, 7배마디 아랫면에도 마디 끝 한가운데에 짧은 가시 모양 돌기가 있다. 수컷 교미기를 옆에서 볼 때 정점부 하부속기 위쪽 가지가 일본가시날도래보다 길고 가늘다. 위에서 보면 음경 기저 기부 2/3 지점에서 시작하는 매우 작은 톱니열이 가운데 안쪽에 있으며 끝 쪽 양 옆에 짧고 불규칙한 톱니가 있다.

일본가시날도래, 알록가시날도래, *G. squamifera* 3종은 생김새를 비롯해 수컷 교미기도 매우 비슷해서 오랫동안 헷갈리는 일이 많았다. Gall, Wayne K. etc. (2007)는 3종이 서로 다른 종이라는 것을 확인했고, *G. interrogationis*를 알록가시날도래로 동종이명 처리했다. 이번 조사 결과 알록가시날도래가 전국에 가장 넓게 분포했으며 *G. squamifera*와 같은 곳에서 보였다.

유충은 산간 계류와 평지 하천 물살이 약한 곳에 산다. 몸길이는 10mm 안팎이며, 머리는 작고 각졌으며 오목하다. 머리 윗면은 이마방패판을 중심으로 가운데가 주변보다 더 어둡다. 앞가슴 윗면은 경판으로 덮였으며 양쪽 가장자리는 가시처럼 뾰족하게 앞쪽으로 튀어나왔다. 가운데가

슴 윗면은 경판 3개로 덮였으며 양쪽 옆면 경판도 뾰족하
게 앞으로 튀어나왔다. 제1배마디에 등융기와 옆융기가 있
다. 제2~8배마디에는 기관아가미가 있으며, 2, 3개로 갈라
졌다.

Park (1999)은 유충을 사육하며 일본가시날도래 유충(Kim,
1974, Yoon & Kim, 1988)과 비교했고, 2종은 비슷하지만 알
록가시날도래는 앞가슴 앞쪽 반점이 뒤쪽 반점보다 색이
옅어 다르다고 기술했다.

강원 동해. 2016.06.

옆면

윗면(음경)

아랫면

가시 모양

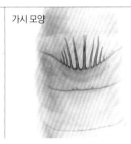

서식지. 경기 양평. 2016.03.

유충 윗면

유충 아랫면

전용기 유충

100

일본가시날도래

Goera japonica Banks, 1906

8~10mm

5~10월

산간 계류

홑눈 없음

작은턱수염
3마디(수컷),
5마디(암컷)

다리 가시 2-4-4

온몸이 갈색이다. 날개 뒤 가장자리로 갈수록 짙은 갈색 털이 있다. 수컷 제6배마디 윗면에 가시가 16~18개 있다. 한가운데 있는 가시는 길고 양쪽 옆면으로 갈수록 짧아진다. 가운데 가시 몇 개는 끝이 갈라지거나 뭉툭하다. 수컷 교미기를 옆에서 보면 정점부 하부속기와 아래 가운데 관 길이가 비슷하며 손가락 모양이고 제10배마디 길이만큼 나온다. 음경은 알록가시날도래와 생김새가 거의 똑같지만 가운데와 옆면 모두 톱니가 없다.

일본가시날도래로 기록된 유충은 우리나라 전역에서 보이나 이번 조사 결과 성충은 제주도에서만 보였다. 그러므로 지금까지 일본가시날도래로 알려진 유충의 성충을 확인해 종을 결정할 필요가 있다.

▶ 알록가시날도래 유충 참고(393쪽)

제주 서귀포. 2016.07.

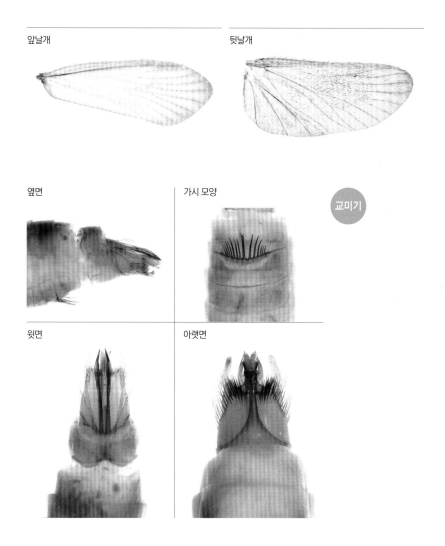

앞날개

뒷날개

옆면

가시 모양

교미기

윗면

아랫면

Goera kawamotonis Kobayashi, 1987

7.5~9mm

9월

평지 하천

홑눈 없음

작은턱수염
3마디(수컷),
5마디(암컷)

다리 가시 2-4-4

온몸이 밝은 갈색이다. 날개에는 무늬가 없으며, 앞날개는 가시날도래과 다른 성충과 달리 폭이 좁다. 작은턱수염은 바나나처럼 구부러진 모양이며, 투명한 막질 안쪽으로 암갈색 짧은 털이 있다. 수컷 제6배마디 아랫면 한가운데에 가시가 1개 있다. 등화 채집 때 날아왔다.

경기 연천. 2017.09.

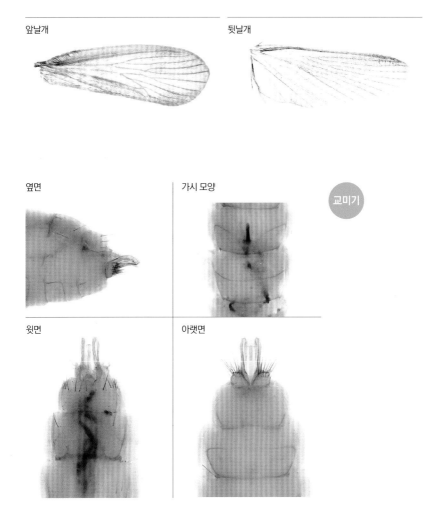

앞날개

뒷날개

옆면

가시 모양

교미기

윗면

아랫면

그물가시날도래

Goera parvula Martynov, 1935

7~8.5mm

5~10월

산간 계류

홑눈 없음

작은턱수염
3마디(수컷),
5마디(암컷)

다리 가시 2-4-4

온몸이 갈색이다. 날개 끝으로 갈수록 짙은 갈색 털이 있으며, 다른 가시날도래 종류보다 털이 거칠다. 수컷 제6배마디 아랫면에 가시가 5, 6개 있는데, 가운데 2개는 길고 끝이 뭉툭하며 나머지는 짧고 끝이 뾰족하다. 암컷 제5배마디에는 짧고 끝이 뭉툭한 돌기가 2개 있다.

유충 몸길이는 8mm 안팎이며 머리는 각지고 오목하다. 앞가슴은 커다란 경판으로 덮였으며 암갈색 그물 무늬가 뚜렷하고 머리 앞 양쪽 끝이 튀어나왔다. 가운데가슴과 뒷가슴에 경판이 3쌍 있으며, 가운데가슴 옆면 경판 앞쪽으로 뾰족한 가시 모양 돌기가 튀어나왔다. 제1배마디에는 뭉툭하고 큰 옆융기와 등융기가 있다.

전남 영암. 2016.04.

400

옆면

가시 모양

교미기

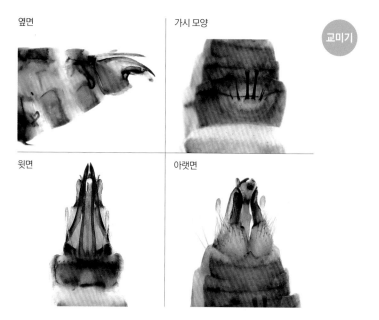

윗면

아랫면

유충

유충 가슴 옆면 돌기

서식지.
전남 강진. 2016.05.

Goera squamifera Martynov, 1909

7~10mm

5~10월

산간 계류, 평지 하천

홑눈 없음

작은턱수염
3마디(수컷),
5마디(암컷)

다리 가시 2-4-4

날개는 광택이 없는 갈색이고 무늬가 없다. 날개 끝부분으로 갈수록 짙은 갈색 털이 있다. 수컷 제6배마디 아랫면에 가시가 16~18개 있다. 가운데 가시는 길고 양쪽 옆면으로 갈수록 짧아진다. 가운데 가시 몇 개는 끝이 갈라지거나 뭉툭하지만 모두 그런 것은 아니어서 종의 특징으로 단정 지을 수 없다. 제5배마디 아랫면에 딱딱한 가시가 흔적처럼 남았다. 수컷 교미기를 옆에서 보면 정점부 하부속기는 알록가시날도래에 비해서 짧고 끝이 약간 부풀었다. 또한 옆에서 볼 때 음경 정점부 윗면은 물결 모양이며, 단면은 짧고 동그란 W자 모양이다. 위에서 보면 기저부 2/3 지점에서 넓어지고 가운데에 톱니가 없다. 알록가시날도래와 함께 평지 하천에서 가장 많이 나타난다. 이 두 종은 생김새와 크기가 거의 똑같고 수컷 교미기도 비슷해 동정에 유의해야 한다.

강원 평창. 2017.04.

윗면

교미기

옆면

가시 모양

윗면

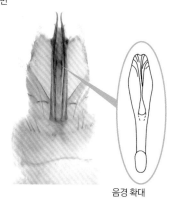

음경 확대

아랫면

104

가시날도래 sp.1

Goera sp.1

7~8mm

4~5월

산간 계류, 평지 하천

홑눈 없음

작은턱수염
3마디(수컷),
5마디(암컷)

다리 가시 2-4-4

온몸은 암갈색으로 다른 가시날도래과 성충에 비해 어두운 편이다. 날개에 특징적인 무늬는 없지만 앞날개에 부분적으로 밝은 반점이 나타나기도 한다. 수컷 제6배마디 아랫면 마디 끝 가운데에 아주 짧은 가시가 1개 있다. 암컷은 애우묵날도래과 성충과 크기, 생김새가 비슷하다. 전남 영암과 전북 완주 평지 하천에서 등화 채집할 때 날아왔으며, 그 외 지역에서는 아직 채집되지 않았다. 이른 봄에만 나타났다.

전남 영암. 2017.04.

앞날개

뒷날개

105

가시날도래 sp.2

Goera sp.2

8~9mm

9월

산간 계류

홑눈 없음

작은턱수염
3마디(수컷),
5마디(암컷)

다리 가시 2-4-4

온몸은 밝은 갈색을 띠며 날개에는 아무런 무늬가 없다. 날개 털이 조금 성기게 난다. 수컷 제6배마디 아랫면에 가시가 5개 있으며 가운데 1개가 가장 길고 끝이 뭉툭하며 2개로 갈라진다. 나머지 가시는 가운데 가시보다 짧으며 끝이 뾰족하다. 생김새는 가시날도래과 성충들과 비슷해 구별되지 않았고 수컷의 교미기와 배마디 아랫면 가시 모양이 달랐다. 국내에서는 강원도 평창에서만 채집되었다.

강원 평창. 2017.09.

앞날개

뒷날개

가시날도래 sp.3

Goera sp.3

8~9mm

4~5월

평지 하천

홑눈 없음

작은턱수염
3마디(수컷),
5마디(암컷)

다리 가시 2-4-4

날개는 암갈색이고 가운데에 흰 털이 성기게 조금씩 난다. 수컷 제6배마디 아랫면에 아주 짧은 가시가 1개 있다. 수컷 교미기 생김새는 재원가시날도래와 매우 비슷하나 Park (1999)이 기술한 교미기 도해와 일치하지 않는다. 강원 지역에서 폭넓게 채집했으며 5월 초 등화 채집 때 많은 개체가 날아왔다.

강원 평창. 2016.04.

앞날개

뒷날개

윗면

날개 펴기

암컷 옆면

수분 흡입

Neophylax sillensis Park & Oláh, 2018

12~17mm

9~10월

산간 계류

홑눈 있음

작은턱수염
3마디(수컷),
5마디(암컷)

다리 가시 1-3-3

온몸이 갈색이며 날개에 반점이 있다. 더듬이 제1마디는 머리 길이보다 길다. 날개는 끝으로 갈수록 넓고 굴곡이 있는 물결 모양이며 황갈색 반점이 있다. 뒷날개 앞쪽 가장자리에 갈고리 모양 강모가 있다. 낮에 하천 주변에서 부산하게 움직이며 등화 채집 때도 잘 날아온다.

지금까지 가시우묵날도래로 알려진 종이다. Oláh *et al.*, (2018)이 극동아시아 가시우묵날도래 성충을 정리하면서 *N. sillensis*로 발표했다. 성충 생김새와 수컷 교미기는 가시우묵날도래와 비슷하지만 항문옆판 구조 차이로 구별한다고 기술했다. 따라서 가시우묵날도래로 알려진 유충도 다시 정리해야 한다.

▶가시우묵날도래 참고(516쪽)

강원 영월. 2017.09.

전남 순천. 2015.10.

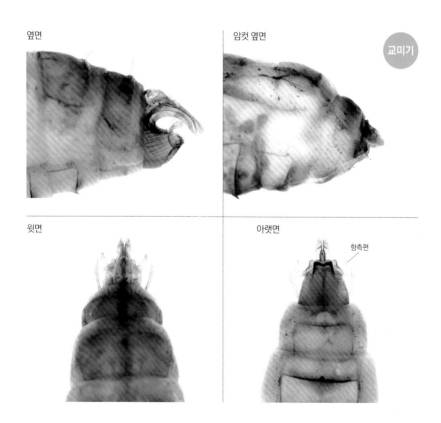

옆면

암컷 옆면

윗면

아랫면

항측편

108
Apatania aberrans (Martynov, 1933)

8~12mm

3~5월, 10월

산간 계류, 평지 하천

홑눈 있음

작은턱수염
3마디(수컷),
5마디(암컷)

다리 가시 1-2-4

날개는 갈색이고 광택이 없으며 가운데에 흐릿한 반점이 있지만 일정하지 않다. 반점은 보는 각도나 털이 빠진 정도에 따라서 달라 보이기도 하므로 종을 구별할 때 참고하지 않는다. 앞날개 아전연맥(Sc)은 c-r로 갑작스레 끊어지고 털은 매우 짧다. 가장 이른 시기에는 3월, 가장 늦은 시기에는 11월에도 볼 수 있다. 낮에는 햇볕이 잘 드는 곳이나 따뜻한 돌에 앉아 있는데, 이들 날개 색은 출현하는 시기의 낙엽이나 바위 색과 유사해 몸을 숨기는 데에 유용하다. 온도가 낮은 밤에도 등화 채집 때 날아왔다.

전남 여수. 2016.03.

강원 평창. 2016.10.

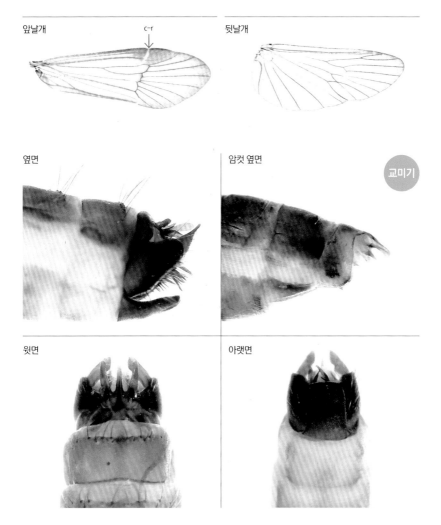

앞날개

c-r

뒷날개

옆면

암컷 옆면

교미기

윗면

아랫면

큰애우묵날도래

Apatania maritima Ivanov & Levanidova, 1993

7~12mm

3~5월, 10월

산간 계류, 평지 하천

홑눈 있음

작은턱수염
3마디(수컷),
5마디(암컷)

다리 가시 1-2-4

날개는 갈색이고 광택이 없으며 가운데에 흐릿한 반점이 있지만 일정하지 않다. 반점은 보는 각도나 털이 빠진 정도에 따라서 달라 보이기도 하므로 종을 구별할 때 참고 사용하지 않는다. 앞날개 아전연맥(Sc)은 c-r로 갑작스레 끊어지고 털은 매우 짧다. 가장 이른 시기에는 3월, 가장 늦은 시기에는 11월에도 볼 수 있다. 낮에는 햇볕이 잘 드는 곳이나 따뜻한 돌에 앉아 있는데, 이들 날개 색은 출현하는 시기의 낙엽이나 바위 색과 유사해 몸을 숨기는 데에 유용하다. 온도가 낮은 밤에도 등화 채집 때 날아왔다.

대전. 2016. 03.

경북 영주. 2017.04.

앞날개
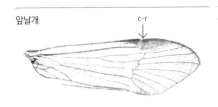
c-r

뒷날개
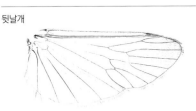

옆면

암컷 옆면

교미기

윗면

아랫면

110

애우묵날도래
Apatania sinensis (Martynov, 1914)

7~12mm

3~5월, 10월

산간 계류, 평지 하천

홑눈 있음

작은턱수염
3마디(수컷),
5마디(암컷)

다리 가시 1-2-4

날개는 갈색이고 광택이 없으며 가운데에 흐릿한 반점이 있지만 일정하지 않다. 반점은 보는 각도나 털이 빠진 정도에 따라서 달라 보이기도 하므로 종을 구별할 때 참고하지 않는다. 앞날개 아전연맥(Sc)은 c-r로 갑작스레 끊어지고 털은 매우 짧다. 낮에 햇볕이 잘 드는 곳이나 따뜻한 돌에 앉아 있는데, 이들 날개 색은 출현하는 시기의 낙엽이나 바위 색과 유사해 몸을 숨기는 데에 유용하다. 등화 채집 때 날아온다.

강원 영월. 2017.04.

414

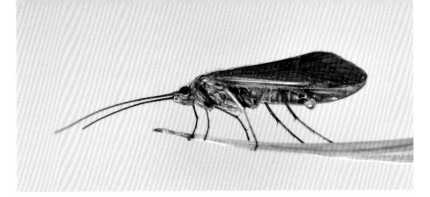

암컷. 경북 봉화. 2016.05.

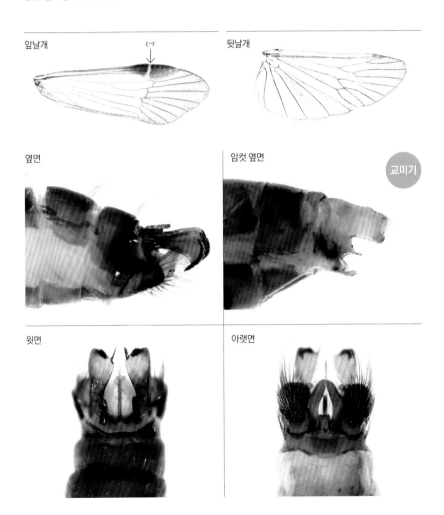

앞날개

c-r

뒷날개

옆면

암컷 옆면

교미기

윗면

아랫면

111

네모집날도래

Lepidostoma albardanum (Ulmer, 1906)

6.5~8.7mm

5~10월

산간 계류, 평지 하천

홑눈 없음

작은턱수염
3마디(수컷),
5마디(암컷)

다리 가시 2-4-4

수컷 더듬이 제1마디는 4.4mm이며 긴 털로 덮였고 두 부분으로 나뉜다. 첫 번째 부분(b.p.)은 1.7mm이고 마디 시작 부분에는 뾰족한 가시 모양 돌기가 있으며, 가늘고 긴 홈이 있다. 두 번째 부분(d.p.)은 2.7mm로 첫 번째 부분보다 길고, 더욱 긴 털이 한 줄로 늘어선다. 암컷 더듬이 제1마디는 2mm 안팎이고 성기게 털이 있다. 수컷 작은턱수염에는 털이 수북하고 말려 올라가며, 끝부분 절반 정도가 위로 굽었다. 흰점네모집날도래와 생김새가 비슷하나 네모집날도래 수컷 더듬이 제1마디가 흰점네모집날도래보다 1mm 정도 더 길다.

Ito (2001)는 1~3령 유충은 모래 알갱이로 원통형 집을 지으며, 3령 후반부터는 식물질을 사각형으로 잘라 붙여 사각기둥처럼 집 모양을 바꾸고, 5령 때는 식물질만으로 집을 짓는다고 기술했다.

강원 양양. 2016.06.

짝짓기. 강원 인제. 2017.07.

옆면

교미기

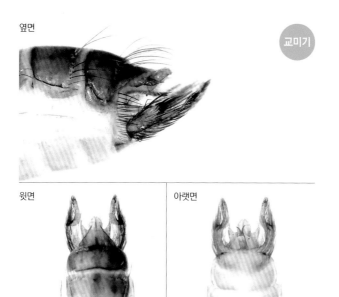

윗면

아랫면

더듬이 옆면

더듬이

417

112

털머리날도래

Lepidostoma coreanum (Kumanski & Weaver, 1992)

4.5~5.5mm

6~8월

산간 계류

홑눈 없음

작은턱수염
3마디(수컷),
5마디(암컷)

다리 가시 2-4-4

우리나라 네모집날도래 가운데 가장 작다. 온몸이 어두운 갈색이다. 수컷 더듬이 제1마디는 0.55mm이고 검은 털로 덮였으며 마디 중간에 삼각형 혹이 있다. 암컷 더듬이 제1마디는 1.3mm이고 곧은 막대 모양이며 털이 성기게 나 있다. 앞날개 기부에 털이 뭉친 냄새 분비샘(scant gland)이 있다(kumanski, 1992). 수컷 작은턱수염은 위로 말려 있고 제3마디는 털이 펼쳐진 듯하다.

Ito (1998)는 유충 몸길이는 10mm 정도이며, 몸은 좁은 원통형으로 약간 구부러지고 뒤로 갈수록 좁아진다. 모래로 집을 지으며 집 끝은 원 모양이라고 기술했다.

경북 봉화. 2017.06.

냄새 분비샘

옆면

교미기

윗면

아랫면

더듬이 옆면

더듬이

113

가시털네모집날도래

Lepidostoma ebenacanthus (Ito, 1992)

6~7.2mm

4~5월

산간 계류

홑눈 없음

작은턱수염
3마디(수컷),
5마디(암컷)

다리 가시 2-4-4

수컷 더듬이 제1마디는 1.5mm이며 털로 덮였고 두 부분으로 나뉜다. 첫 번째 부분(b.p.)은 0.9mm이고 마디 시작 부분에는 가늘고 뾰족한 가시 모양 돌기가 있다. 두 번째 부분(d.p.)은 0.6mm로 첫 번째 부분보다 짧고 털이 있다. 암컷 더듬이 제1마디는 1.7mm 정도이며 성기게 털이 있다. 수컷 작은턱수염은 몸 쪽으로 말리며 제1마디는 꼭대기가 이마 앞 위쪽으로 반쯤 접힌다.

Oh (2012)는 유충은 모래로 원통형 집을 짓고 집 앞쪽은 나뭇잎, 나무껍질 같은 식물질을 붙인다고 기술했다. Ito (1992)는 1~3령은 모래로 집을 짓고, 4령 때 나뭇잎으로 사각기둥처럼 바꾸지만, 실험실에서는 4령 때도 모래로 집을 지은 개체가 있었다고 기술했다.

수컷. 경기 가평. 2016.05.

암컷. 강원 평창. 2019.05.

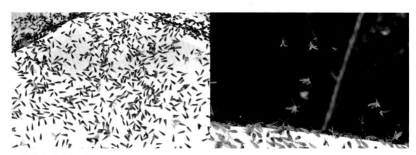

등화 채집 때 날아온 성충

옆면

교미기

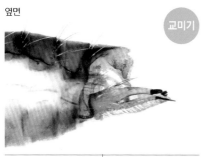

윗면

아랫면

더듬이

114

흰점네모집날도래

Lepidostoma elongatum (Martynov, 1935)

7.2~9mm

4~10월

산간 계류,
평지 하천, 강,
개방형 연못

홑눈 없음

작은턱수염
3마디(수컷),
5마디(암컷)

다리 가시 2-4-4

수컷 더듬이 제1마디는 3.3mm이며 긴 털로 덮였고 두 부분으로 나뉜다. 첫 번째 부분(b.p.)은 1.5mm이고 마디 시작 부분에 가늘고 뾰족한 가시 모양 돌기가 있으며 옆에서 보면 가운데가 넓어지는 삼각형이다. 두 번째 부분(d.p.)은 1.8mm로 첫 번째 부분보다 길고, 털이 더욱 길다. 암컷 더듬이 제1마디는 1.8mm 안팎이며 성기게 털이 있다. 수컷 작은턱수염은 몸 쪽으로 말리며 제1마디 꼭대기는 이마 앞 위쪽으로 반쯤 접힌다. 네모집날도래 가운데 가장 다양한 장소에서 보이고 봄부터 가을까지 꾸준히 나타난다. 네모집날도래와 생김새가 비슷하나 수컷 더듬이 제1마디가 1mm 정도 짧다.

Ito (1989)는 유충이 5~9mm까지 자라고, 1~2령까지는 모래 알갱이로 원통형 집을 지으며, 3령 때부터는 식물질을 사각형으로 잘라 붙여 사각기둥처럼 집을 바꾼다고 기술했다.

강원 횡성. 2016.09.

짝짓기. 경기 용인. 2015.05.

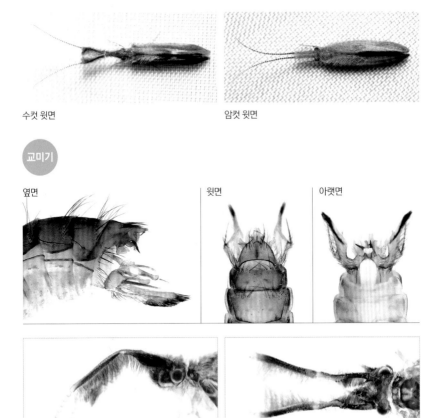

수컷 윗면

암컷 윗면

교미기

옆면

윗면

아랫면

더듬이

한네모집날도래

Lepidostoma itoae (Kumanski & Weaver, 1992)

7~7.2mm

4~6월, 9~10월

산간 계류, 평지 하천

홑눈 없음

작은턱수염
3마디(수컷),
5마디(암컷)

다리 가시 2-4-4

수컷 더듬이 제1마디는 1.7mm이며 털로 덮였고 두 부분으로 나뉜다. 첫 번째 부분(b.p.)은 1mm이고 마디 시작 부분에 가늘고 뾰족한 가시 모양 돌기가 있다. 두 번째 부분(d.p.)은 0.7mm로 첫 번째 부분보다 짧고 털이 있다. 암컷 더듬이 제1마디는 1.4mm 정도이며 성기게 털이 있다. 수컷 작은턱수염은 몸 쪽으로 말리며 제1마디 꼭대기는 이마 앞 위쪽으로 반쯤 접혔다. 생김새는 굽은네모집날도래와 비슷하나 더듬이 제1마디가 조금 짧고, 앞날개 앞 가장자리에 긴 털이 한 줄로 나 있다.

강원 평창. 2017.09.

제주 서귀포. 2016.04.

교미기

옆면 　　　　　　윗면 　　　　　　아랫면

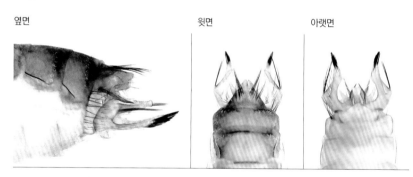

더듬이

동양네모집날도래

Lepidostoma orientale (Tsuda, 1942)

7.5~10mm
3~10월
산간 계류, 평지 하천, 강
홑눈 없음
작은턱수염 3마디(수컷), 5마디(암컷)
다리 가시 2-4-4

수컷 더듬이 제1마디는 0.9mm이며 짧은 털로 덮였다. 암컷 더듬이 제1마디는 1~1.3mm이며 수컷보다 성기게 털이 있다. 수컷 작은턱수염은 솟아나듯 몸 쪽을 향한다. 날개 폭이 3mm 안팎으로 네모집날도래 가운데 가장 넓다. 털머리날도래와 날개 모양과 몸 색깔이 비슷하나 날개 폭이 더 넓고 끝이 둥글다.

Ito (1989)는 유충 몸길이가 10mm 정도이고, 1~3령까지는 모래로 원통형 집을 지으며, 3령 후반부터는 식물질로 사각기둥처럼 집을 바꿔 가다가 5령에는 식물질만으로 집을 짓는다고 기술했다.

강원 평창. 2017.05.

강원 평창. 2017.09.

옆면

교미기

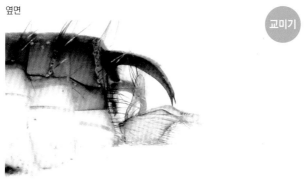

윗면

아랫면

더듬이

굽은네모집날도래

Lepidostoma sinuatum (Martynov, 1935)

6~8.5mm

3~10월
(3~5월, 8~9월 집중
날개돋이)

산간 계류, 평지 하천

홑눈 없음

작은턱수염
3마디(수컷),
5마디(암컷)

다리 가시 2-4-4

수컷 더듬이 제1마디는 2.2mm이며 털로 덮였고 두 부분으로 나뉜다. 첫 번째 부분(b.p.)은 1.4mm이고 마디 시작 부분에 가늘고 뾰족한 가시 모양 돌기가 있다. 두 번째 부분(d.p.)은 0.8mm로 첫 번째 부분보다 짧고 털이 있다. 암컷 더듬이 제1마디는 1.4mm 정도이며 성기게 털이 있다. 앞날개에 광택 도는 암갈색 털이 많고 앞날개 앞 가장자리에는 긴 털이 촘촘하다.

Ito (1992)는 종령 유충 몸길이가 5~6mm이며, 1~3령까지는 모래로 집을 짓고, 4령 초기에는 모래와 식물질을 같이 쓰거나 식물질로 바꾸나 5령 중반부터는 식물질로 사각기둥처럼 집 모양을 바꾼다고 기술했다.

강원 횡성. 2016. 05.

경남 창원. 2015.04.

옆면

교미기

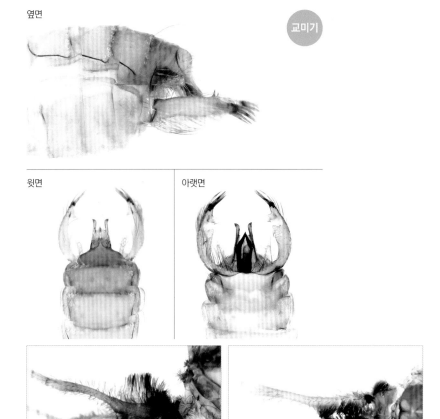

윗면

아랫면

더듬이

118

동양털날도래
Gumaga orientalis (Martynov, 1935)

6.5~8mm

4~6월

평지 하천, 강

홑눈 없음

작은턱수염
3마디(수컷),
5마디(암컷)

다리 가시 2-2-4

겹눈에 털이 있다. 작은턱수염과 아랫입술수염은 갈색 짧은 털로 덮였다. 가운데가슴 앞 가장자리 가운데가 움푹 파였다. 앞날개는 무늬가 없는 암갈색이고 다리는 연한 갈색으로 마른 막대처럼 보인다. 평지 하천과 강에서 6월경 날개돋이해 많은 성충이 한꺼번에 날아오른다. 같은 시기에 출현하는 가시날도래 성충과 생김새와 크기가 비슷하므로 동정에 유의해야 한다.

강원 양양. 2016.06.

 교미기

옆면

윗면

아랫면
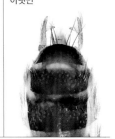

119 날개날도래

Molanna moesta Banks, 1906

10~13mm

4~10월

평지 하천, 연못, 저수지

홑눈 없음

작은턱수염 5마디

다리 가시 2-4-4

겹눈에 털이 있다. 앞날개 길이는 폭보다 3배 이상 길어 전체가 길쭉한 막대 모양이다. 앞날개 횡맥을 따라 회색 털이 반점 모양으로 흐릿하게 있고 중실이 없다. 낮에는 주로 풀줄기에 붙어 쉬며 등화 채집 때 잘 날아온다.

유충 몸길이는 10~12mm이며 머리 윗면은 밝은 노란색이고 이마방패선을 따라 V자처럼 생긴 짙은 세로줄이 뚜렷하다. 앞가슴과 가운데가슴 윗면은 커다란 경판 하나로 덮였고 뒷가슴은 막질이다. 제1배마디 등융기는 크고 끝이 뾰족하며 옆융기도 뚜렷하다. 각 다리에 강모가 있고 뒷다리가 매우 길다.

경기 용인. 2016.07.

431

전남 화순. 2017.05.

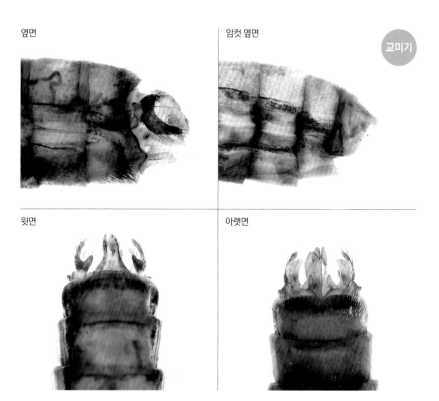

옆면

암컷 옆면

교미기

윗면

아랫면

미소 서식지

유충 집

유충

120

멧바수염날도래

Psilotreta falcula Botosaneanu, 1970

12~13mm

4~6월, 9~10월

산간 계류, 평지 하천

홑눈 없음

작은턱수염 5마디

다리 가시 2-4-4

온몸이 암갈색이다. 날개에는 아무런 무늬도 나타나지 않고 날개맥도 잘 보이지 않는다. 수컷 더듬이는 검은색이지만 끝으로 갈수록 색이 밝다. 작은턱수염과 아랫입술수염은 암갈색 짧은 털로 덮여 있다.

봄과 가을에 계곡 수변식물이 있는 곳에서 활발히 움직이는 모습이 관찰되며 여름에는 나타나지 않는다. 생김새는 수염치레날도래와 거의 구별되지 않는다. 다만 수염치레날도래에 비해 수컷 교미기 하부속기 기저부 끝이 확실히 튀어나온다. Oláh & Johanson (2010)은 *P. pyonga*를 멧바수염날도래로 동종이명 처리했다.

경기 용인. 2017.05.

짝짓기. 강원 영월. 2015.05.

옆면

교미기

윗면

아랫면

수염치레날도래

Psilotreta locumtenens Botosaneanu, 1970

12~14mm

4~6월, 9~10월

산간 계류, 평지 하천

홑눈 없음

작은턱수염 5마디

다리 가시 2-4-4

온몸이 암갈색이며 날개에 무늬가 없다. 수컷 더듬이는 검은색이지만 끝으로 갈수록 밝다. 멧바수염날도래와 생김새가 비슷해 구별이 어렵다. 수컷 교미기 하부속기 기저부 끝은 살짝 튀어나와 두드러지지 않는다. 대부분은 4~5월에 날개돋이하지만 강원 평창 용천수가 흐르는 하천에서는 연중 출현해 한겨울과 여름에도 관찰되었다. 봄에 돌이나 물풀에서 짝짓기하며 해 질 녘에는 알을 낳으려고 수면 위를 낮게 비행한다. 등화 채집 때는 거의 날아오지 않는다. 유충 몸길이는 10mm 안팎이고 머리 윗면에 검은 세로줄 3개가 뚜렷하다. 앞가슴은 경판으로 덮였으며 머리와 연결된 세로줄이 2쌍 있다. 가운데가슴 윗면에도 앞가슴과 연결된 세로줄이 2쌍 있으며, ㄷ자 모양이다. 배마디에 기관아가미가 있으며, 여러 개로 갈라졌다. Oláh & Johanson (2010)은 *Ganonema odaenum*을 수염치레날도래로 동종이명 처리했다. 한반도 고유종이다.

강원 평창. 2017. 11.

짝짓기. 강원 인제. 2016.05.

옆면   윗면   아랫면

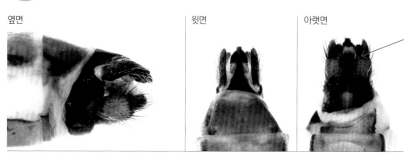

유충

유충 윗면

Anisocentropus kawamurai (Iwata, 1927)

8.5~11mm

4~9월

산간 계류,
평지 하천, 연못,
저수지

홑눈 없음

작은턱수염 6마디

다리 가시 2-4-3

온몸이 밝은 황갈색이다. 더듬이는 몸길이의 1.5배 정도이
며 가늘고 탄력이 있다. 작은턱수염은 6마디이고 제3마디
가 가장 길다. 앞날개는 끝이 둥글고 폭이 넓어지는 삼각형
이고 뒷날개 기부에 머리카락처럼 길게 늘어진 털이 있다.
앞날개에는 중실이 있다.

유충은 전국 계곡 낙엽이 쌓이고 물살이 약한 곳, 평지 하
천 물가, 계류와 연결되어 낙엽이 쌓인 곳에 산다. 낙엽을
타원형으로 2장 오려서 집을 지으며, 윗면으로 쓸 잎을 아
랫면 잎보다 크게 오린다. 윗면 잎을 앞뒤로 칼집을 내듯
오려서 입체감을 주어 집 안에서 자유롭게 움직일 수 있는
공간을 만든다. 아랫면 잎은 견사를 내어 잡아당기듯 윗면
에 붙이며, 이때 잎 윗면이 몸에 닿도록 한다. 몸은 납작하
고 몸길이는 12mm 안팎이며 밝은 담황색이다. 머리 윗면
에 반점이 있고 이마방패선 안쪽으로 Y자 무늬 있다. 앞가
슴 윗면은 경판으로 덮였고 앞쪽 옆 가장자리가 뾰족하게
튀어나왔다. 가운데가슴도 큰 경판으로 덮였고 八자 무늬
가 있다. 뒷다리는 매우 길어 가운데다리보다 2배 이상 길
다. 배마디에 옆줄털이 촘촘하고 기관아가미는 금빛에 가
는 실 모양이며 2, 3개로 갈라진다.

Hwang (2005)은 *A. minutus*를 한국산으로 처음 기록했
고 Ito et al., (2012)은 *A. kawamura*로 동종이명 처리했다.
Oh (2012)가 기록한 유충 *Anisocentropus* KGUa를 이번
조사 기간에 여러 곳에서 채집했으며, 사육한 결과 이 종이
라는 것을 확인했다.

전남 광양. 2017.06.

앞날개 뒷날개

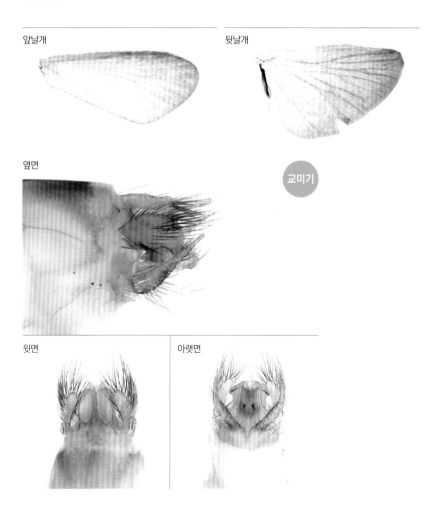

옆면

교미기

윗면　아랫면

미소 서식지. 전남 영암. 2016.08.

유충 집

유충 집 아랫면

유충

유충 다리

번데기

123

채다리날도래

Ganonema extensum Martynov, 1935

20~25mm

5~8월

산간 계류, 평지 하천

홑눈 없음

작은턱수염 5마디

다리 가시 2-4-4

온몸이 암갈색이다. 더듬이는 날개 길이의 3배 정도로 길고 가늘며, 작은턱수염은 5마디이고 제3마디가 가장 길다. 날개에 광택이 돌며 무늬가 없다. 앞날개에 중실이 있다.

유충은 주로 산간 계류 폭이 좁고 물이 차가우며 물살이 약한 곳에 살지만, 평지 하천 물이 맑고 수온이 낮으며 달뿌리풀 같은 수생식물이 자라고 나무 그늘이 진 곳에 많은 유충이 몰려 있는 것도 관찰했다. 속이 빈 억새 종류 줄기를 적당한 길이로 자르거나 물에 떨어진 벚나무, 참나무 종류 나뭇가지 속을 파내고 그 속에서 지낸다. 위에서 보면 그냥 나뭇가지처럼 보인다. 나뭇가지는 만졌을 때 거의 부스러질 정도로 삭아 있었다. 이동이 수월하도록 나뭇가지 아랫면에 반원 모양으로 홈을 낸다. 이동하거나 먹이를 먹을 때에는 가운데다리와 뒷다리를 집 밖으로 내민다. 몸은 갈색이고 몸길이는 20mm 안팎이다. 머리 윗면에 이마방패선을 따라 굵고 진한 갈색 Y자 세로줄이 있다. 앞가슴과 가운데가슴은 큰 경판으로 덮였으며 앞가슴 가운데와 양옆에 세로줄이 3개 있다. 앞다리는 매우 짧다. 기관아가미는 각 배마디에 있으며 2, 3개로 갈라진다.

채다리날도래 KUa로 알려진 유충을 사육하니 채다리날도래로 날개돋이했다.

전남 영암. 2015.05.

옆면

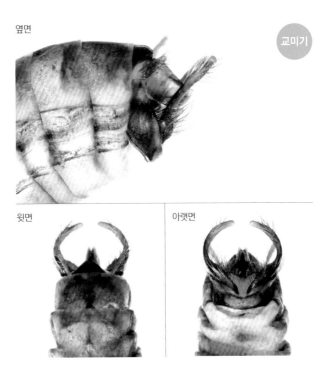

윗면

아랫면

서식지. 전남 영암. 2017.05.

유충

유충

유충

번데기 입구

고치

허물

124 어리나비날도래

Athripsodes ceracleoides Kumanski, 1991

8.5~9.2mm

7~8월

강

홑눈 없음

작은턱수염 5마디

다리 가시 2-2-2

온몸이 황갈색이며 광택 나는 털로 덮였다. 가슴과 날개 기부는 길고 광택 나는 흰 털로 덮였다. 정수리 한가운데에 봉합선이 있으나 매우 흐릿하다. 작은턱수염 제4마디는 딱딱해 제1~3마디 질감과 다르다. 뒷날개는 앞날개보다 폭이 넓다. 앞날개 횡맥 m과 m-cu가 나란하고 f$_3$과 떨어져 있다. Kumanski (1991a)가 북한 대동강에서 채집한 표본으로 발표한 뒤로 남한에서는 성충이 확인되지 않았으나, 이번 조사 기간에 충북 옥천 금강 본류에서 등화 채집해 남한 서식을 확인했다.

충북 옥천. 2016.08.

앞날개

뒷날개

옆면

교미기

윗면

아랫면

머리 봉합선

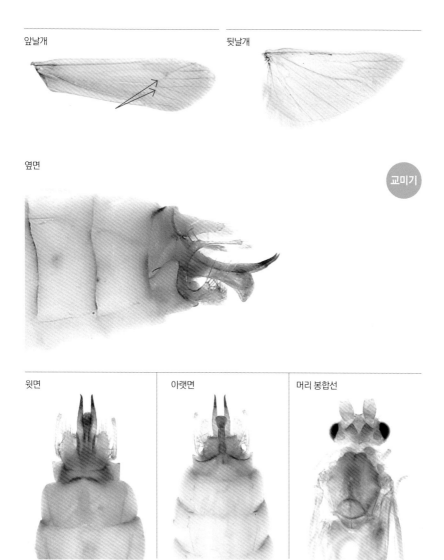

125

창나비날도래

Ceraclea (Athripsodina) armata Kumanski, 1991

8.5~9.5mm

5~6월

평지 하천

홑눈 없음

작은턱수염 5마디

다리 가시 2-2-2

날개는 갈색이고 광택이 없으며 아무런 무늬가 없다. 앞날개 안쪽 가장자리 끝에 살짝 굴곡이 있고 밝은 갈색 털이 조금 나 있으며 바깥 가장자리를 따라 갈색 털이 있다. 작은턱수염 제4마디는 덜 딱딱해 그 정도가 제5마디와 비슷하다. 연꽃나비날도래와 생김새가 비슷하고 같은 장소에서 나타나지만 연꽃나비날도래에 비해 크기가 1mm 정도 크고 날개 끝을 따라 난 털의 색이 다르다.

경기 가평. 2016.05.

446

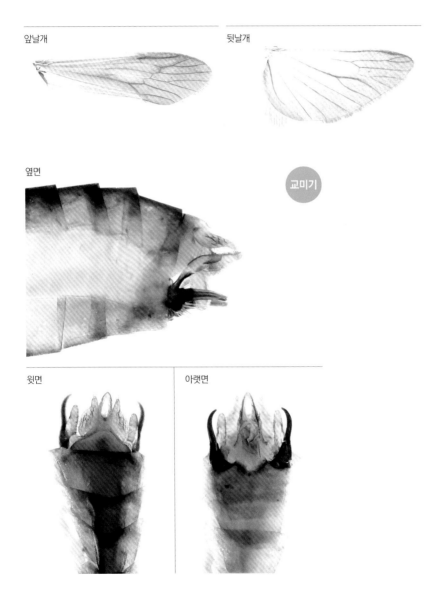

앞날개

뒷날개

옆면

교미기

윗면

아랫면

126 한국나비날도래

Ceraclea (Athripsodina) coreana kumanski, 1991

6~7.5mm

4~8월
(7~8월 집중
날개돋이)

평지 하천, 강

홑눈 없음

작은턱수염 5마디

다리 가시 2-2-2

날개는 황갈색이고 광택이 없다. 털이 고르게 나 있고 무늬
가 없다. 길주나비날도래와 생김새가 비슷해 구별이 어렵
다. 수컷 교미기를 옆에서 보면 하부속기가 2개로 나뉜다.
윗면 돌기가 길고 아랫면 돌기는 윗면 돌기 길이의 절반이
며, 1/2 지점에서 안쪽으로 굽는다.

충북 영동. 2017.08.

충북 옥천. 2016.07.

앞날개

뒷날개

옆면

교미기

윗면

아랫면

잎사귀나비날도래
Ceraclea (*Athripsodina*) *lobulata* (Martynov, 1935)

8.5~10mm

4~10월

평지 하천, 강

홑눈 없음

작은턱수염 5마디

다리 가시 2-2-2

앞날개 안쪽 가장자리 끝에 살짝 굴곡이 있고 흰색 털이 조금 있으며 바깥 테두리에 암갈색 털이 있다. 나비날도래과 가운데 가장 폭넓게 분포하며 4월부터 10월까지 꾸준히 나타난다.

Jung (2006)은 종령 유충 몸길이는 7~8mm이고 몸은 밝은 노란색이다. 집 길이는 7.2~9.2mm이고 가는 모래를 써서 끝으로 살짝 굽은 원통형 집을 짓는다. 머리 윗면과 앞가슴은 경판으로 덮였고 무늬는 없다. 가운데가슴 윗면은 경판으로 덮였고 가운데에는 괄호무늬가 있다. 제2~7 배마디에 다발 모양 기관아가미가 있다고 기술했다.

강원 영월. 2016.09.

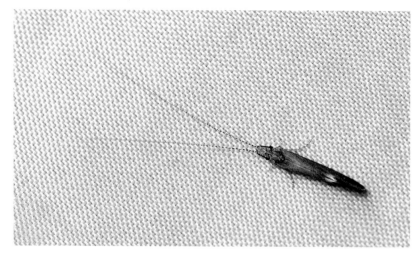

경기 연천. 2018. 09.

교미기

옆면	윗면	아랫면

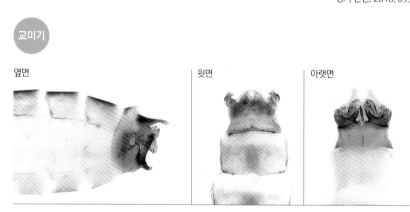

서식지. 경기 가평. 2015.05.

유충

유충 머리

128

연꽃나비날도래

Ceraclea (Athripsodina) mitis (Tsuda, 1942)

7~7.5mm

5~6월

평지 하천

홑눈 없음

작은턱수염 5마디

다리 가시 2-2-2

온몸에 광택이 없는 황갈색 털이 나고 앞날개 바깥 가장자리를 따라 흰색 털이 있다. 생김새는 창나비날도래와 가장 비슷하며, 창나비날도래에 비해 크기가 1mm 정도 작고 날개 끝을 따라 난 털의 색이 다르다.

경기 가평. 2016.05.

교미기

옆면

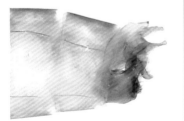

윗면

아랫면

129

길주나비날도래

Ceraclea (Athripsodina) shuotsuensis (Tsuda, 1942)

8~9.8mm

5~8월

평지 하천

홑눈 없음

작은턱수염 5마디

다리 가시 2-2-2

온몸에 밝은 갈색 털이 고르게 나며 앞날개 바깥 가장자리에 갈색 털이 있다. 한국나비날도래와 생김새가 비슷하지만 길주나비날도래 몸길이가 1mm 정도 더 길다. 수컷 교미기를 옆에서 보면 하부속기 아랫면 돌기가 길고 끝이 날카롭다.

강원 동해. 2016.06.

옆면

교미기

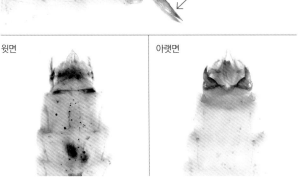

윗면

아랫면

시베리아나비날도래

Ceraclea (Athripsodina) sibirica (Ulmer, 1906)

8.5~9.5mm

4~8월

평지 하천, 강

홑눈 없음

작은턱수염 5마디

다리 가시 2-2-2

날개는 황갈색이다. 앞날개 안쪽 가장자리 끝에 살짝 굴곡이 있고 흰색 털이 나며, 바깥 가장자리에는 암갈색 털이 괄호처럼 둘러싸듯 나 있다.

강원 평창. 2016.05.

옆면

교미기

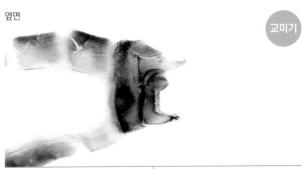

윗면

아랫면

가시나비날도래

Ceraclea (Ceraclea) albimacula (Rambar, 1842)

11~13.5mm

5~8월

평지 하천

홑눈 없음

작은턱수염 5마디

다리 가시 2-2-2

날개는 암갈색이며 안쪽 가장자리 끝에 살짝 굴곡이 있고 흰색 털이 약하게 나며 바깥 가장자리에는 검은 털이 솟아 있다. 날개 가운데에는 횡맥을 따라 흰 털이 있다. 지금까지 Kumanski (1991) 기록에 따라 모르스날도래(*C. morsei*)로 알려져 있던 종과 가시나비날도래를 같은 종으로 볼 것인가에 대한 이견이 있었다. 이 2종은 수컷 교미기 아랫면에서 보이는 하부속기 돌기(mesal ridge)의 짧은 가시 굵기 차이로 구별했다. 그러나 Malicky (2013)는 가시나비날도래로 동종이명 처리했고, 여기에서도 같은 종으로 보고 함께 싣는다.

경기 연천. 2017.09.

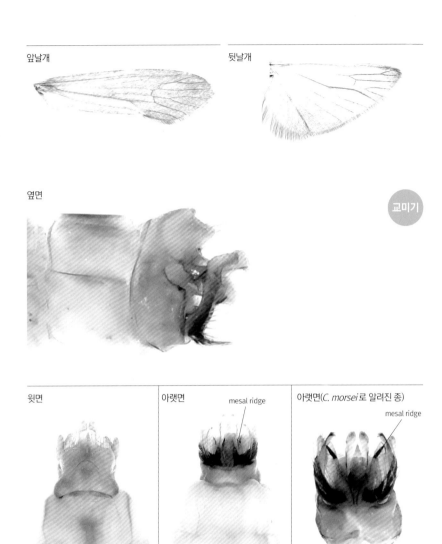

앞날개

뒷날개

옆면

교미기

윗면

아랫면   mesal ridge

아랫면(*C. morsei*로 알려진 종)   mesal ridge

장수나비날도래

Ceraclea (Ceraclea) gigantea Kumanski, 1991

14~15.5mm

4~6월

평지 하천

홑눈

작은턱수염 5마디

다리 가시 2-2-2

날개에 광택이 없으며, 갈색 바탕에 흐릿하지만 밝은 황갈색 무늬가 군데군데 있다. 우리나라 나비날도래 가운데 나비날도래 sp.1과 함께 가장 크다.

유충은 계류에 닿은 평지 하천 상류와 물이 깨끗한 평지 하천 호박돌과 자갈이 있고 물 흐름이 느린 곳에 산다. 몸길이는 15~20mm이고 전체가 밝은 노란색이다. 집은 20~25mm이고 가는 모래로 끝이 살짝 굽는 원통형이다. 머리 윗면은 경판으로 덮였고 이마방패선에는 갈색으로 V자 무늬가 있다. 앞가슴 윗면은 경판으로 덮였고 무늬는 없으며, 가운데가슴 윗면도 경판으로 덮였고 가운데에 괄호 무늬가 있다. 제2~7배마디는 윗면과 아랫면에 다발 모양 기관아가미가 있다.

유충은 다슬기 등에 붙어 이동하는 모습과 다슬기 각정 안으로 들어가 사냥하는 모습이 발견된다. 또한 다슬기 등에 붙어 고치를 튼다. 유충이나 성충을 발견한 하천에는 늘 다슬기가 있었다. 다슬기 등에 붙은 번데기와 돌에 붙은 번데기를 날개돋이까지 지켜본 결과, 다슬기 등에 붙어 있던 개체는 모두 무사히 날개돋이했고, 돌에 붙어 있던 번데기 가운데는 날개돋이에 실패한 개체가 있었다.

강원 영월. 2017.05.

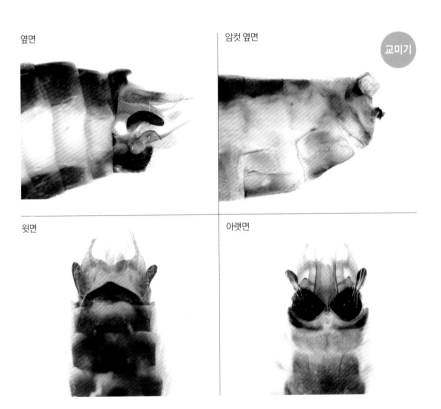

옆면

암컷 옆면

교미기

윗면

아랫면

서식지. 강원 영월. 2016.05.

다슬기에 번데기를 붙인 모습

유충과 집

유충

유충 윗면

나비날도래 sp.1

Ceraclea (Ceraclea) sp.1

14~16mm

4~5월

산간 계류

홑눈 없음

작은턱수염 5마디

다리 가시 2-2-2

온몸이 갈색이고 날개에 밝은 황갈색 털이 있으며 일정한 무늬는 없다. 머리와 가슴은 장수나비날도래보다 더 짙은 갈색이다. 성충은 봄에만 보였다.

유충은 장수나비날도래와 같이 산간 계류나 상류와 맞닿은 평지 하천 상류 돌과 자갈이 많은 곳에 산다. 11월에 채집한 종령 유충 집은 매끈한 원뿔형에 듬성듬성 모래가 박혔으며 매우 견고했다. 몸길이는 10mm 안팎이며 머리는 갈색이고 양옆으로 밝은 황색 줄무늬가 뚜렷하다. 앞가슴과 가운데가슴 윗면은 경판으로 덮였고 특히 가운데가슴 윗면에 괄호무늬가 뚜렷하다. 뒷가슴 양 옆면에 작은 경판이 있다. 제2~7배마디에는 갈라진 기관아가미가 있으나 매우 연약하다. 발톱은 가늘고 짧다. 그러나 이 종의 유충에 대한 확정은 보류한다. 유충 집 모양이 2종류로 채집되고 성충과 유충 채집지가 달라 정확히 성충과 연결 짓는 작업이 필요하므로 연구 과제로 남겨둔다.

강원 정선. 2019.05. ⓒ 박동하

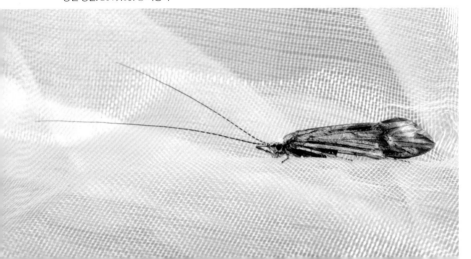

앞날개

뒷날개

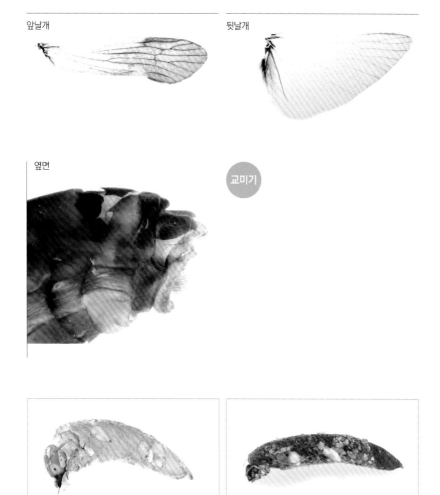

옆면

교미기

유충

134

Leptocerus sp.1

6.1~7mm

9월

평지 하천

홑눈 없음

작은턱수염 5마디

다리 가시 0-2-2

날개는 회갈색이며 크기가 다양한 갈색 반점이 흩어져 있다. 날개는 길쭉하고 폭이 좁으며 끝이 뾰족하다. 앞날개 M_1+M_2, M_3+M_4가 횡맥과 만나는 지점에서 나뉘며 M_1+M_2는 곧지 않다. 뒷날개는 앞날개보다 폭이 더 좁으며 돌돌 말린 듯하다. 작은턱수염은 갈색이며 다섯 마디 길이가 다 비슷하다.

경기 연천. 2017.09.

앞날개

뒷날개

135

청나비날도래

Mystacides azureus (Linnaeus, 1761)

6~8mm

4~10월

평지 하천, 강

홑눈 없음

작은턱수염 5마디

다리 가시 0-2-2

온몸이 푸른빛 도는 검은색이며 광택이 있다. 작은턱수염 다섯 마디가 모두 검은 털로 덮였다. 날개 끝이 안쪽으로 약간 접힌 듯하다. 앞날개는 광택 도는 검은빛이며 앞 가장 자리 끝이 약간 움푹하다. 청동나비날도래와 생김새로 구별되지 않는다. 수컷 제10배마디 교미기를 위에서 보면 제9배마디 윗면 가시돌기 2개가 비대칭으로 가늘게 나 있다. 왼쪽 가시돌기는 아래쪽에 있으며 오른쪽 가시돌기보다 2 배 길다.

충남 공주. 2015.06.

앞날개

뒷날개

옆면

암컷 윗면

교미기

윗면

아랫면

136

청동나비날도래

Mystacides dentatus Martynov, 1924

6~8mm

4~10월

산간 계류, 평지
하천, 강

홑눈 없음

작은턱수염 5마디

다리 가시 0-2-2

겹눈은 빨갛다. 날개는 광택 도는 검은색이며 날개 끝이 안쪽으로 살짝 접힌 듯하고, 앞 가장자리 끝이 약간 움푹하다. 수컷 교미기를 위에서 보면 제9배마디 등판 가시돌기 2개가 비대칭으로 가늘게 나 있다. 왼쪽 가시돌기는 위쪽, 오른쪽 가시돌기는 왼쪽 가시돌기보다 2배 길고 아래쪽에 있다.

경기 연천. 2017.09.

465

갓 날개돋이한 성충

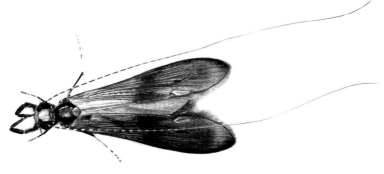

옆면

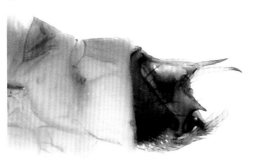

교미기

윗면

아랫면

137

털나비날도래

Oecetis antennata (Martynov, 1935)

6.1~7.5mm

4~10월
(4월과 9~10월
집중 날개돋이)

평지 하천

홑눈 없음

작은턱수염 5마디

다리 가시 (0~2)-2-2

온몸이 밝고 광택 나는 갈색이다. 수컷 더듬이 제2마디가 제1마디만큼 길며 냄새를 맡는 금빛 털 다발이 있다. 앞날개에 뚜렷한 흑갈색 반점이 있고 가운데에는 횡맥을 따라 검은 줄이 있다. 바깥 가장자리를 따라 흑갈색 긴 털이 솟아나듯 있다.

경기 연천. 2017.09.

옆면

윗면

아랫면

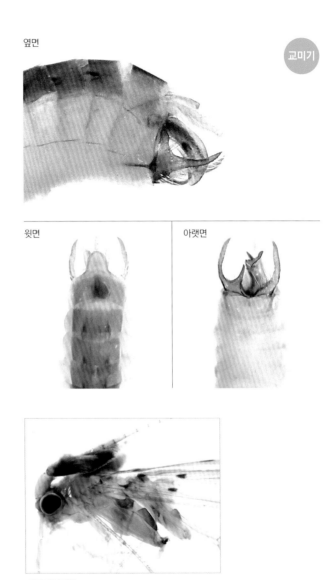

더듬이 털 다발

138

점나비날도래

Oecetis caucula Yang & Morse, 2000

5.9~7.2mm

4~10월

평지 하천

흩눈 없음

작은턱수염 5마디

다리 가시 (0~2)-2-2

온몸이 밝은 황갈색이다. 앞날개에 흑갈색 반점이 있고 가운데에 횡맥을 따라 검은 줄이 있다. 바깥 가장자리에 황갈색 긴 털이 솟아나듯 있다. 앞날개에 경실이 있고 M_1+M_2, M_3+M_4가 횡맥과 만나는 지점에서 나뉘며 M_1+M_2가 곧다. 수컷 제8배마디 윗면은 넓으며 두꺼운 벌집 모양 판이 튀어나왔다. 털나비날도래 암컷과 생김새가 비슷하나 날개 끝이 조금 더 완만하다.

경기 연천. 2017.10.

교미기

옆면

아랫면

469

139

연무늬나비날도래

Oecetis dilata Yang & Morse, 2000

5.8~6.5mm

6~9월

펑지 하천

홑눈 없음

작은턱수염 5마디

다리 가시 (0~2)-2-2

온몸이 밝은 황갈색이다. 수컷 더듬이 제1마디에 냄새 분비샘이 있다. 앞날개는 연한 황갈색 털로 덮였고 가운데에 횡맥을 따라 검은 줄이 있다. 앞날개에 경실이 있고 M_1+M_2, M_3+M_4가 횡맥과 만나는 지점에서 나뉘며 M_1+M_2가 곧다. 바깥 가장자리를 따라 황갈색 긴 털이 솟아나듯 있다.

강원 인제. 2016.09.

강원 인제. 2016.09.

옆면

교미기

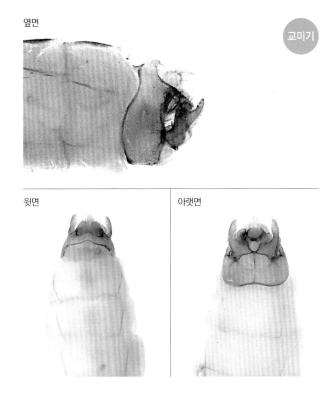

윗면

아랫면

140

얼룩무늬나비날도래
Oecetis nigropunctata Ulmer, 19080

7.2~8mm

5~9월

평지 하천, 연못

홑눈 없음

작은턱수염 5마디

다리 가시 (0~2)-2-2

온몸이 광택 없는 어두운 갈색이다. 앞날개에는 크게 번진 듯한 검은색 반점이 있으며 날개맥 끝에 흑갈색 반점이 있다. 앞날개에 경실이 있고 M$_1$+M$_2$, M$_3$+M$_4$가 횡맥과 만나는 지점에서 나뉘며 M$_1$+M$_2$가 곧다.

경기 용인. 2016.08.

경북 울진. 20018.07.

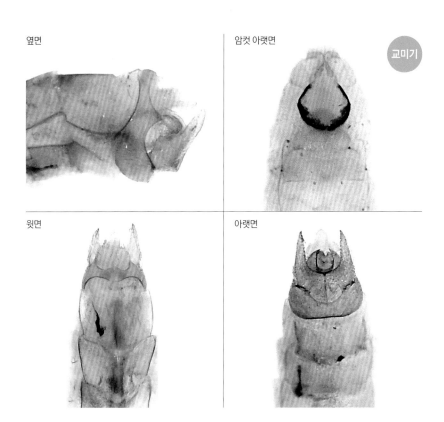

옆면

암컷 아랫면

교미기

윗면

아랫면

141

무늬나비날도래

Oecetis notata (Rambur, 1842)

6.6~7.5mm

6~10월

펑지 하천

홑눈 없음

작은턱수염 5마디

다리 가시 (0~2)-2-2

온몸이 광택 없는 갈색이다. 앞날개에 흑갈색 반점이 있고 횡맥을 따라 흑갈색 줄이 있다. 앞날개에 경실이 있고 M_1+M_2, M_3+M_4가 횡맥과 만나는 지점에서 나뉘며 M_1+M_2가 곧다. 수컷 제7, 8배마디 윗면에 그물 같은 촘촘한 막이 있으며, 가운데를 세로로 가로지르는 선이 있어 윗면이 양쪽으로 나뉜다. 무늬나비날도래 sp.1과 생김새가 비슷하지만 무늬나비날도래 뒷날개 기저부에 있는 진한 갈색 털이 짧다.

강원 영월. 2016.09.

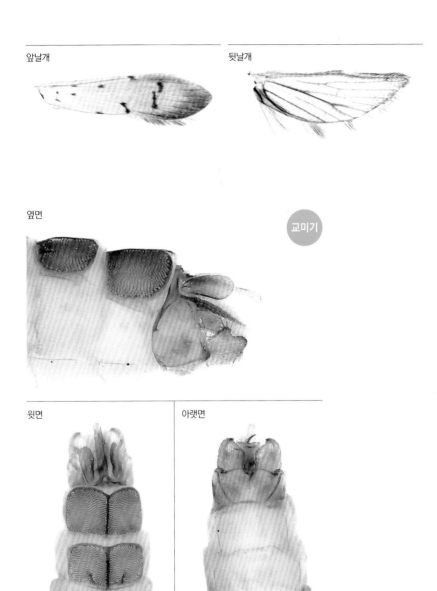

앞날개

뒷날개

옆면

교미기

윗면

아랫면

142

길쭉나비날도래

Oecetis testacea kumanskii Yang & Morse, 2000

5.8~6.3mm

5~9월

산간 계류,
평지 하천, 강

홑눈 없음

작은턱수염 5마디

다리 가시 (0~2)-2-2

온몸이 밝은 황갈색이며 앞날개에는 횡맥을 따라 흑갈색 선이 있고 반점이 몇 개 있다. 앞날개에 경실이 있고 M_1+M_2, M_3+M_4가 횡맥과 만나는 지점에서 나뉘며 M_1+M_2가 곧다. 수컷 제8마디에 넓고 두꺼운 벌집 모양 판이 튀어나왔다. 앞날개에 아무런 무늬가 없는 개체가 보였으며 수컷 교미기를 확인해 보니 차이가 없었다. 날개에 변이가 있는 것으로 보인다.

전남 강진. 2016.06.

전남 영암. 2016.06.

전남 강진. 2016.06.

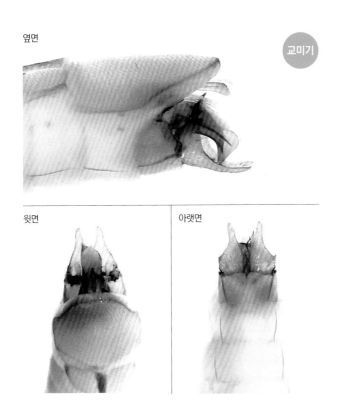

옆면

교미기

윗면

아랫면

143

고운나비날도래

Oecetis yukii Tsuda, 1942

6.5~7.5mm

5~10월

산간 계류,
평지 하천, 강

홑눈 없음

작은턱수염 5마디

다리 가시 (0~2)-2-2

온몸이 황갈색이며 날개에 넓은 암갈색 무늬가 있다. 앞날개에 경실이 있고 M_1+M_2, M_3+M_4가 횡맥과 만나는 지점에서 나뉘며 M_1+M_2가 곧다. 수컷 제6~8배마디 윗면은 촘촘한 그물막으로 덮였으며, 마디가 두 부분으로 나뉜 듯하고 부풀었다.

전남 화순. 2018.05.

충북 괴산. 2016. 06.

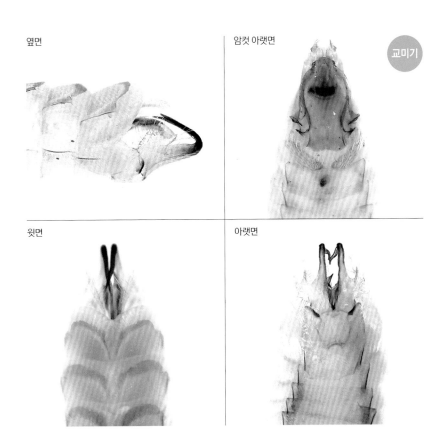

옆면

암컷 아랫면

윗면

아랫면

무늬나비날도래 sp.1

Oecetis sp.1

6.5~7mm

8~9월

평지 하천

홑눈 없음

작은턱수염 5마디

다리 가시 (0~2)-2-2

온몸이 광택 없는 갈색이다. 앞날개에는 흑갈색 반점과 횡맥을 따라 흑갈색 줄이 있다. 앞날개 M_1+M_2, M_3+M_4, 중맥은 횡맥과 만나는 지점에서 나뉘며 M_1+M_2가 곧다. 뒷날개 기부에는 긴 털이 끈처럼 나 있다. 수컷 제8배마디 윗면에는 판 같은 촘촘한 그물막이 1쌍 있다. 이 종은 무늬나비날도래와 같은 장소에서 채집되었으며 생김새와 날개 무늬, 수컷 교미기가 거의 비슷해 구별이 쉽지 않다. 그러나 수컷 배마디 그물막과 뒷날개 기부에 난 긴 털이 확실히 다르다.

경기 연천. 2017.09.

480

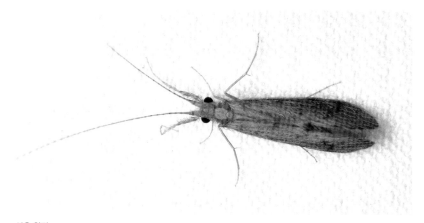

성충 윗면

앞날개

뒷날개

M₃+M₄
M₁+M₂

경실

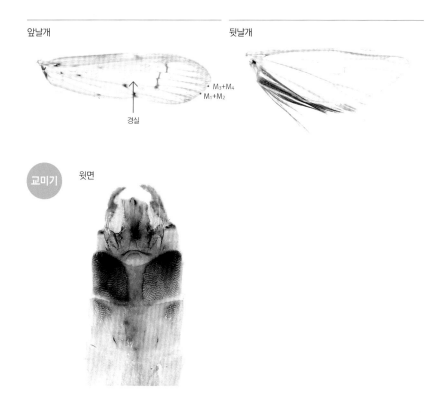

교미기

윗면

무늬날도래속 앞날개 비교

털나비날도래

점나비날도래

연무늬나비날도래

얼룩무늬나비날도래

무늬나비날도래

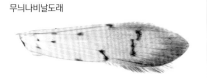

길쭉나비날도래

고운나비날도래

무늬나비날도래 sp.1

145

갈래나비날도래

Setodes furcatulus Martynov, 1935

5~6mm

8~10월

평지 하천

홑눈 없음

작은턱수염 5마디

다리 가시 0-2-2

온몸이 밝은 황갈색이다. 앞날개는 폭이 좁고 바깥 가장자리가 황갈색이고 긴 털이 있다. 날개 전체에 흰 줄이 있으며 날개 끝 세로맥과 맞닿는 지점에 흰 점이 뚜렷하다. 날개맥은 매우 약하게 드러나므로 현미경으로나 볼 수 있다. 앞날개 M_1+M_2, M_3+M_4가 날개 끝 가까이에서 나뉜다. Kumanski (1991a)가 북한 채집 표본으로 발표한 뒤에 남한에서는 성충이 확인되지 않았으나, 최근(2015) 경북 청도에서 확인되었다. 저자는 경기 연천에서 채집했다.

경기 연천. 2016.09.

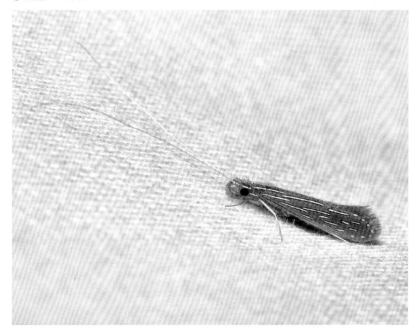

옆면

암컷 옆면

윗면

아랫면

암컷 아랫면

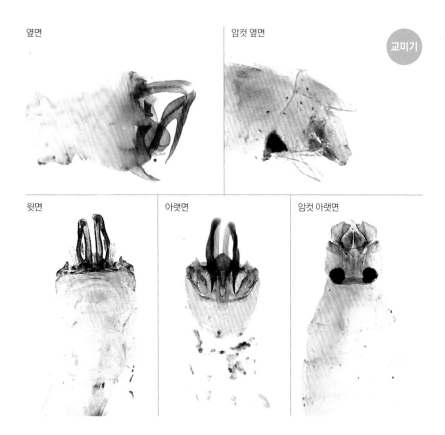

146

Setodes pulcher **Martynov, 1910**

5.5~6mm

8~10월

평지 하천

홑눈 없음

작은턱수염 5마디

다리 가시 0-2-2

온몸이 밝은 황갈색이다. 앞날개는 폭이 좁고 바깥 가장자리에 금빛 털이 있으며, 흰색과 갈색 점선 5줄이 번갈아 나타난다. 날개 끝 세로맥과 맞닿는 지점에 흰 점이 있다. 날개맥이 매우 흐릿하므로 현미경으로나 볼 수 있다. M_1+M_2, M_3+M_4가 날개 끝 가까이에서 나뉜다. 북한에서는 채집한 기록이 있었으나 남한에서는 성충이 확인되지 않다가 이번 조사 기간에 경기 연천에서 채집해 남한 서식을 확인했다.

경기 연천. 2016.09.

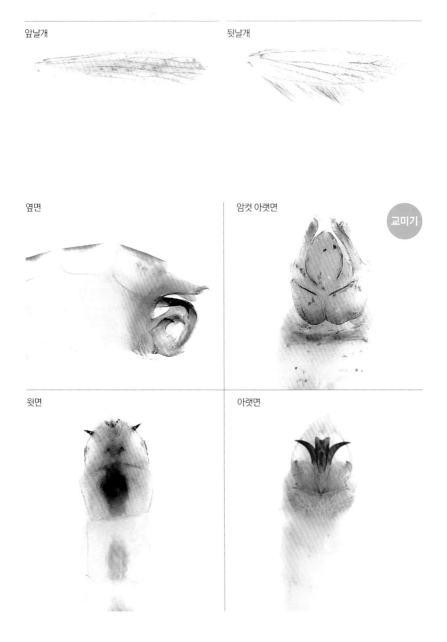

앞날개

뒷날개

옆면

암컷 아랫면

교미기

윗면

아랫면

요정연나비날도래

Triaenodes pellectus Ulmer, 1908

8~8.5mm

8~10월

평지 하천

홑눈 없음

작은턱수염 5마디

다리 가시 1-2-2

온몸이 밝은 회갈색이다. 수컷 더듬이 제1마디에 갈색 털 다발이 있다. 작은턱수염 제1, 2마디는 갈색이며 제3~5마디는 흰색과 갈색이 띠 모양을 이룬다. 제4마디가 다른 마디에 비해 짧으며 진한 갈색이다. 앞날개에 흑갈색 털 뭉치가 있으며 안쪽 가장자리 가운데에도 흑갈색 털 뭉치가 있다. 앞날개에 경실이 없고 뒷날개에 f_5가 없다. 암컷 제2~6 배마디 아랫면은 진한 갈색이다.

유충은 평지 하천 물살이 약하거나 정체된 곳, 수생식물이 자라는 곳에서 산다. 수생식물 잎줄기를 잘라 나선형으로 돌돌 말아 올려 긴 원통형 집을 짓는다. 몸길이는 10mm 안팎이며 머리는 폭보다 길이가 길고 윗면에는 검은 반점이 흩어져 있다. 앞가슴과 가운데가슴은 경판으로 덮였으며 반점이 있다. 연나비날도래보다 더 짙은 갈색이며 뒷가슴 양 옆면에 세로줄이 있으나 머리와 앞가슴과 가운데가슴 윗면에 난 반점이 같다. 뒷다리가 가장 길고 긴 털이 많다. 배마디에 기관아가미가 없다. 사육해서 확인한 결과 요정나비날도래였다(박형례 사육).

Kumanski (1991b)가 북한 채집 표본으로 발표한 뒤로 남한에서는 성충이 확인되지 않았으나, 이번 조사 기간에 경기 연천에서 확인했다.

경기 연천. 2017.09.

옆면

교미기

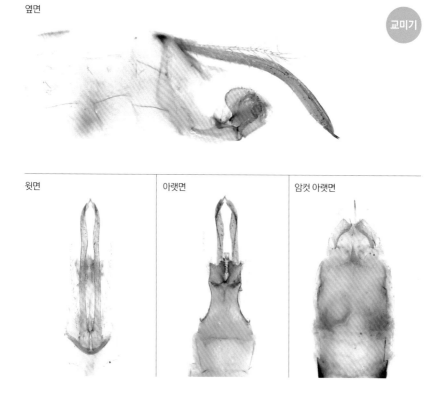

윗면   아랫면   암컷 아랫면

서식지 경기 연천. 2017.09.

암컷 배마디 　　　　　　　　　　　　　　　　더듬이

유충과 집 　　　　　　　　유충 머리 윗면

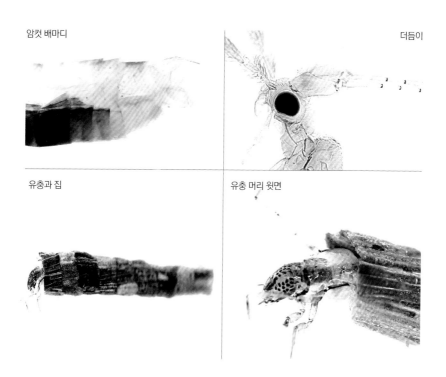

148

연나비날도래

Triaenodes unanimis McLachlan, 1877

8~9mm

5~10월

산간 계류,
평지 하천, 강

홑눈 없음

작은턱수염 5마디

다리 가시 1-2-2

온몸이 황갈색이다. 수컷 더듬이 제1마디에 진한 갈색 털 다발이 있다. 앞날개 끝에 겹 괄호처럼 생긴 진한 갈색 무늬가 있다. 앞날개에 경실이 없고 뒷날개에 f$_5$가 없다. 전국 평지 하천에서 등화 채집할 때 날아왔다.

유충은 평지 하천 물살이 약하거나 정체된 곳, 수생식물이 자라는 곳에서 산다. 수생식물 잎줄기를 잘라 나선형으로 돌돌 말아 올려 긴 원통형 집을 짓는다. 몸은 연한 갈색으로 밝아 요정연나비날도래와 대비된다. 몸길이는 10mm 안팎이며 머리는 폭보다 길이가 길고 윗면에는 검은 반점이 일정하게 있다. 앞가슴과 가운데가슴은 경판으로 덮였으며 반점이 있다. 뒷다리가 가장 길고 긴 털이 많다. 배마디에 기관아가미가 없다. 사육해서 확인한 결과 연나비날도래였다.

강원 영월. 2016.09.

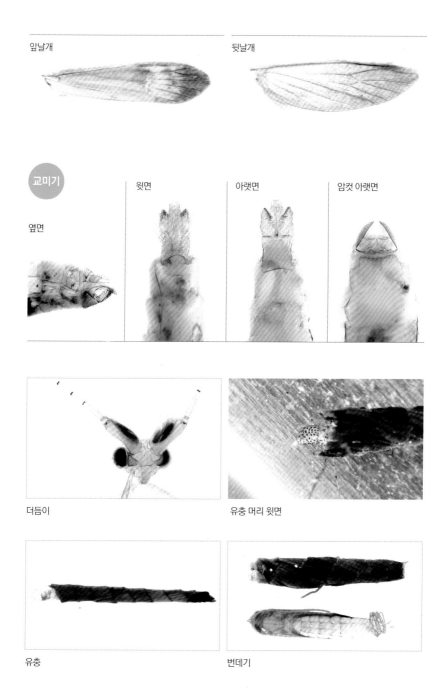

앞날개

뒷날개

교미기

옆면

윗면

아랫면

암컷 아랫면

더듬이

유충 머리 윗면

유충

번데기

149

솜털나비날도래

Trichosetodes japonicus Tsuda, 1942

5.2~6mm

9~10월

평지 하천

홑눈 없음

작은턱수염 5마디

다리 가시 0-2-2

온몸이 황갈색이다. 더듬이는 은백색으로 가늘고 길며, 더듬이 제1마디 길이는 폭의 3배 정도이고, 수컷은 그 끝에 긴 털 다발이 있다. 작은턱수염은 황갈색이며 제5마디에는 성기게 털이 있다. 앞날개 폭이 좁고 끝이 뾰족하며 평행하게 은백색 줄무늬가 있다. 앞날개에 경실이 있으며 M_1+M_2, M_3+M_4가 날개 끝 가까이에서 나뉜다. 뒷날개에 f_5가 있다. Kumanski (1991b)가 북한 채집 표본으로 발표한 뒤로 남한에서는 성충이 확인되지 않았으나, 이번 조사 기간에 경기 연천에서 채집해 남한 서식을 확인했다.

경기 연천. 2017.09.

앞날개

뒷날개

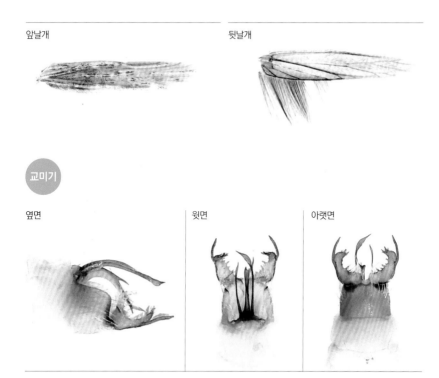

교미기

옆면

윗면

아랫면

더듬이 제1마디 털다발

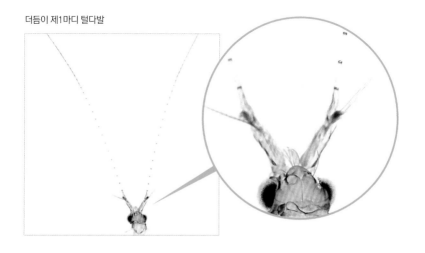

한 국 날 도 래

성충을 확인하지
못한 종

주름물날도래 *Rhyacophila articulata* Morton, 1900

Kim (1974), Yoon & Kim (1989b)이 유충으로 발표했으며, 성충 기록은 없다. 유충은 전국 산간 계류나 평지 하천 상류 호박돌과 자갈로 이루어진 여울에서 보인다. 몸길이는 15mm 안팎이며 머리 윗면 이마방패선을 따라 검은 V자 줄

이 있다. 제1~8배마디 윗면과 옆면에 가시 모양 기관아가미가 다발로 있다. 꼬리다리에 작은 덧발톱이 있고 고리발톱 안쪽에 큰 톱니와 작은 톱니가 1개씩 있다.

유충

두잎물날도래 *Rhyacophila bilobata* Ulmer, 1907

Yoon & Kim (1988, 1989b)이 유충으로 발표했으며, 성충 기록은 없다. 유충은 산간 계류 호박돌, 자갈로 이루어진 여울에서 보인다. 머리 윗면과 앞가슴에 반점이 있고 꼬리다리에 작은 덧발톱이 있으며 고리발톱 안쪽에 톱니가 1개 있다.

넓은머리물날도래 *Rhyacophila brevicephala* Iwata, 1927

Kim (1974), Yoon & Kim (1988, 1989b)이 유충으로 발표했으며, 성충 기록은 없다. 전국 산간 계류나 평지 하천 상류에 산다. 호박돌, 자갈로 이루어진 여울에서 볼 수 있다. 몸길이는 15mm 안팎이며 머리 윗면에 일정한 갈색 반점이 있다. 앞가슴 윗면은 커다란 경판으로 덮였고 반점이 있다. 기관아가미가 없고

고리발톱 안쪽에도 톱니가 없다. 우리나라에서는 아직 성충이 관찰되지 않았으나 일본에는 성충이 기록되었으며, 참물날도래와 생김새가 비슷

유충

하다. 우리나라에서 참물날도래 유충이 확인되지 않고 있으므로 넓은머리물날
도래 유충이 참물날도래 유충일 가능성이 있다.

클레멘스물날도래 *Rhyacophila clemens* Tsuda, 1940

Yoon & Kim (1988, 1989b)이 유충으로 발표했으며, 성충 기록은 없다. 유충은
산간 계류 호박돌, 자갈로 이루어진 여울에서 보인다. 몸길이는 12mm 안팎이
며 머리 윗면은 밝은 갈색이고 뒤쪽으로 갈색 띠가 있다. 앞가슴 윗면은 커다

란 경판으로 덮였고 뒤쪽 절반 정도
가 암갈색이다. 기관아가미가 없다.
꼬리다리에 가늘고 길며 날카로운
덧발톱이 있으며 고리발톱 안쪽으로
작은 톱니가 2개 있다.

유충

북해도물날도래 *Rhyacophila hokkaidensis* Iwata, 1927

Ko & Park (1988)이 경북 청송에서 채집한 성충으로 발표한 뒤로 기록이 없다.
이 발표에 따르면 수컷 앞날개 길이는 13.5~14mm이고 머리와 가슴은 암갈
색이며 날개는 갈색이다. 생김새와 수컷 교미기를 기술한 내용을 볼 때 갯물날
도래와 매우 비슷해 Hwang (2005)은 오류 발표일 수 있다고 기록했다. 이 종
은 일본과 러시아 사할린에 분포하며 재검토가 필요하다.

계곡물날도래 *Rhyacophila kuramana* Tsuda, 1942

Yoon & Kim (1988, 1989b)이 유충으로 발표했으며, 성충 기록은 없다. 유충은
산간 계류 호박돌, 자갈로 이루어진
여울에서 보인다. 몸길이는 12mm
안팎이며 갈색이다. 머리와 앞가슴
윗면에 모양이 일정한 짙은 갈색 반
점이 있다. 기관아가미가 없다. 꼬리

유충

다리에 작은 덧발톱이 있으며 고리발톱 안쪽에 큰 톱니 1개와 작은 톱니가 있다.

사랑무늬물날도래 *Rhyacophila manuleata* Martynov, 1934

Botosaneanu (1970)가 북한 채집 표본으로 발표했고, Ko & Park (1988)은 남한에서 채집한 표본으로 발표했다. Malicky (2014)는 카와무라물날도래와 동종이명이라고 발표했다. 저자는 Ko & Park (1988)의 도판을 기준으로 2종의 교미기를 비교해 카와무라물날도래로 정리했다.

▶카와무라물날도래 참고(206쪽)

묘향산물날도래 *Rhyacophila mjohjangsanica* Botosaneanu, 1970

Botosaneanu (1970)가 북한 채집 표본으로 발표했고 남한 채집 기록이 없다. 최근 Oláh *et al.* (2018)은 극동 아시아 날도래를 정리하면서 1980년과 1994년에서 북한 묘향산에서 채집한 표본으로 발표했다.

검은머리물날도래 *Rhyacophila nigrocephala* Iwata, 1927

Kim (1974), Yoon & Kim (1989b)이 유충으로 발표했으며, 성충 기록은 없다. 유충은 전국 산간 계류나 평지 하천 여울에서 보인다. 물날도래과 가운데 가장 널리 분포한다. 몸길이는 15mm 안팎이며 갈색이다. 머리와 앞가슴 윗면은 어두운 갈색이고 반점이 없다. 머리 길이가 폭보다 1.5배 정도 길다. 배마디에 기관아가미가 없다. 꼬리다리에 작은 덧발톱이 있으며 고리발톱 안쪽에 톱니가 없다. 우리나라에서는 아직 성충이 관찰되지 않았으나 일본에서는 성충이 기록되었다. 수컷 교미기가 올챙이물날도래와 비슷하다는 점, 우리나라 전역에 나타나는 올챙이물날도래 유충이 확인되지 않고 있다는 점에서 이 종이 올챙이물날도래 유충일 가능성이 있다.

▶올챙이물날도래 참고(210쪽)

유충

민무늬물날도래 *Rhyacophila shikotsuensis* Iwata, 1927

Yoon & Kim (1988, 1989b)이 유충으로 발표했으며, 성충 기록은 없다. 전국 산간 계류와 평지 하천에 산다. 몸길이는 12mm 안팎이며 갈색이다. 머리와 앞가슴 윗면은 적갈색이고 반점이 없다. 머리 길이가 폭보다 1.5배 정도 길다. 배마디에 기관아가미가 없고 꼬리다리에 작은 덧발톱이 있다.

유충

시베리아물날도래 *Rhyacophila sibirica* Mclachlan, 1879

Yoon & Kim (1988, 1989b)이 유충으로 발표했으며, 성충 기록은 없다.

너도물날도래 *Rhyacophila szeptyckii* Malicky, 1993

Malicky (1993)가 북한 채집 표본으로 발표했으며 남한에서는 성충 기록이 없다.

맑은물날도래 *Rhyacophila tonneri* Mey, 1989

Mey (1989)가 북한 두만강 채집 표본으로 발표했고, Kumanski (1990)가 북한 금강산과 함북에서 채집한 암컷으로 발표했으며, 남한에서는 성충 기록이 없다. 한반도 고유종이다.

곤봉물날도래 *Rhyacophila yamanakensis* Iwata, 1927

Kim (1974), Yoon & Kim (1988, 1989b)이 유충으로 발표했으며, 성충 기록은 없다. 유충은 전국 산간 계류 호박돌, 자갈로 이루어진 여울에서 볼 수 있다. 몸길이는 15mm 안팎이며 전체가 갈색이고 서식지에 따라 색 변이가 다양하다. 머리 윗면 이마방패선을 따라 V자 모양 굵은 선이 있고 뒤쪽으로 암갈색 반점이 있다. 머리 길이가

유충

폭보다 1.5배 정도 길다. 앞가슴 윗면은 경판으로 덮였으며 암갈색 반점이 있다. 가운데가슴과 뒷가슴 옆면에 손가락 모양 기관아가미가 1개씩 있다. 꼬리다리에 굵고 긴 덧발톱이 있으며 고리발톱 안쪽에도 큰 톱니가 4개 있다. 우리나라에서는 성충이 관찰되지 않고 있으나 일본에는 성충이 기록되었으며 그물무늬물날도래와 생김새가 비슷하다. 우리나라에서 그물무늬물날도래 유충이 확인되지 않고 있으므로 곤봉물날도래 유충이 그물무늬물날도래 유충일 가능성이 있다.

▶ 그물무늬물날도래 참고(198쪽)

애날도래과 Hydroptilidae

뾰족애날도래 *Hydroptila angulata* Mosely, 1922
Botosaneanu (1970), Kumanski (1990)가 북한 금강산에서 채집해 발표했다.

다른애날도래 *Hydroptila asymmetrica* Kumanski, 1990
Kumanski (1990)가 북한 채집 표본으로 발표했다. 이 발표에 따르면 몸길이는 수컷 2.2~2.5mm, 암컷 2.6mm이고 더듬이는 수컷 29~32마디, 암컷 25마디다. 수컷 머리 뒤쪽에 향기를 맡는 긴 관으로 된 막질 기관이 2개 있다. 수컷 제7배마디 아랫면 한가운데에 가늘고 긴 가시 모양 돌기가 있다.

꼬마애날도래 *Hydroptila botosaneanui* Kumanski, 1990
Kumanski (1990)가 북한 금강산과 묘향산에서 채집해 발표했다. 이 발표에 따르면 수컷과 암컷 앞날개는 2.6mm이고 더듬이는 수컷 30마디, 암컷 24~25마디다.

한국애날도래 *Hydroptila coreana* Kumanski, 1990

Kumanski (1990)가 북한 금강산과 묘향산에서 채집해 발표했다. 이 발표에 따르면 몸길이는 수컷 1.9~2.3mm, 암컷 2.3~2.4mm이고 더듬이는 수컷 27~30마디, 암컷 23~25마디다. 수컷 머리 뒤쪽에 향기를 맡는 긴 관으로 된 막질 기관이 2개 있다. 수컷 제7배마디 아랫면 한가운데에 가늘고 긴 가시 모양 돌기가 있다.

늪애날도래 *Hydroptila dampfi* Ulmer, 1929

Park *et al.* (2018)이 경남 주남저수지 주변과 함양 대평늪에서 채집한 종으로 기록했다. Ito *et al.* (2011)에 따르면 몸길이 2.6~3.2mm이고 더듬이는 34~37마디다. 암컷은 몸길이 3~3.4mm이고 더듬이는 24~28마디다.

막내애날도래 *Hydroptila extrema* Kumanski, 1990

Kumanski (1990)가 북한 대동강과 묘향산에서 채집해 발표했다. 이 발표에 따르면 몸길이는 수컷 2.8~3.2mm, 암컷 2.8mm이고 더듬이는 수컷 36마디, 암컷 27마디다. 수컷 머리 뒤쪽에 향기를 맡는 긴 관으로 된 막질 기관이 2개 있다. 수컷 제7배마디 아랫면 한가운데에 가늘고 긴 가시 모양 돌기가 있다.

어리애날도래 *Hydroptila giama* Oláh, 1989

Kumanski (1990)가 북한 금강산에서 채집해 *Hydroptila hubenovi*로 발표했으며, Malicky (2013)가 동종이명 처리했다. 이 발표에 따르면 수컷 앞날개 2.6mm, 암컷 앞날개 2.5~2.8mm이고 더듬이는 수컷 31~32마디, 암컷 25마디다. 수컷 머리 뒤쪽에 향기를 맡는 긴 관으로 된 막질 기관이 2개 있다. 수컷 제7배마디 아랫면 한가운데에 가늘고 긴 가시 모양 돌기가 있다.

팔가시애날도래 *Hydroptila introspinata* Zhou & sun, 2009

Park *et al.* (2018)이 경북 청도 운문천에서 채집한 표본으로 발표했다.

첫애날도래 *Hydroptila moselyi* Ulmer, 1932

Kumanski (1990)가 북한 대동강에서 채집한 표본으로 발표했다.

고은애날도래 *Hydroptila phenianica* Botosaneanu, 1970

Botosaneanu (1970), Kumanski (1990)가 금강산에서 채집한 표본으로 발표했다. Ito *et al.* (2011)에 따르면 수컷은 앞날개 2.2~3.1mm, 뒷날개 1.9~2.7mm이고 더듬이는 29~30마디다. 암컷은 앞날개 2.6~3mm, 뒷날개 2~2.6mm이고 몸길이는 2.7~3.3mm이다. 더듬이는 23~25마디다.

한국네모애날도래 *Orthotrichia coreana* Ito & Park, 2016

Ito & Park (2016)이 경북 청도 운남천에서 채집한 표본으로 발표했고, 앞날개 1.7~2.1mm, 뒷날개 1.4~1.7mm라고 기술했다. Park *et al.* (2015)에 따르면 유충은 호박돌과 자갈이 있고 물살이 있는 곳에 산다. 머리 윗면 앞쪽에 혹이 넓게 퍼져 있고 뒤쪽 양 옆면에 둥그런 혹이 1개씩 있다.

뿔애날도래 Orthotrichia costalis (Curtis, 1834)

Park *et al.* (2018)이 경북 청도, 경남 창원과 함안에서 채집한 표본으로 발표했다. 이 발표에 따르면 유럽과 동아시아 여러 지역에서 보인다. 수컷 교미기를 아랫면에서 보면 제9배마디가 비대칭으로 튀어나온 점이 다른 종과 크게 다르고 음경이 길며 끝이 판 모양으로 넓게 펼쳐진다.

민숭애날도래 *Orthotrichia tragetti* Mosely, 1930

Park *et al.* (2018)이 경남 창원과 함안에서 채집한 표본으로 발표했다. 이 발표에 따르면 유럽과 동아시아 여러 지역에서 보인다. 수컷 교미기를 아랫면에서 보면 하부속기가 짧고 끝은 매우 딱딱한 판 모양이다.

방울애날도래 Oxyethira campanula Botosaneanu, 1970

Botosaneanu (1970)가 북한 묘향산에서 채집한 표본으로 발표했다. 성충 몸 길이는 6.3mm이고 더듬이는 수컷 32마디, 암컷 33마디라고 기술했다.

구슬방울애날도래 Oxyethira datra Oláh, 1989

Kumanski (1990)가 금강산에서 채집한 표본으로 발표했다. 성충 암컷은 앞날 개 2.5mm, 더듬이는 25마디라고 기술했다.

이슬방울애날도래 Oxyethira josifovi Kumanski, 1990

Kumanski (1990)가 북한 금강산에서 채집해 발표했다. 이 발표에 따르면 성충 몸길이는 2.5mm이고 더듬이는 수컷 39마디, 암컷 25마디다. 수컷 제7배마디 아랫면 마디 끝에 짧고 뾰족한 가시 모양 돌기가 있다.

엄지애날도래 Oxyethira miea Oláh & Ito, 2013

Park et al. (2018)이 경북 청도 운남천에서 채집한 표본으로 발표했다. Oláh & Ito (2013)는 수컷은 엷은 갈색이고 앞날개는 2.1mm이고, 더듬이는 34마디라 고 기술했다.

여울애날도래 Stactobia makartschenkoi Botosaneanu & Levanidova, 1988

Ito et al. (2017)은 성충은 검고 수컷 앞날개는 2~2.5mm이고 더듬이는 18마 디이며 다리 가시는 1-2-4형이라고 기술했다.

두고리애날도래 Stactobia nishimotoi Botosaneanu & Nozaki, 1996

Park et al. (2018)이 경남 밀양 가지산에서 채집한 표본으로 발표했다. 수컷 음 경에 짧은 가시가 2개 있는 점이 다른 종과 다르다고 기술했다.

수양산애날도래 *Stactobia sujangsanica* Kumanski, 1990

Kumanski (1990)가 북한 황해도 수양산에서 채집해 발표했다. 몸길이는 수컷 1.8~2mm, 암컷 2~2.2mm이고 더듬이는 18마디라고 기술했다.

광택날도래과 Glossosomatidae

큰광택날도래 *Agapetus jakutorum* Martynov, 1934

Kumamski (1990)가 북한 채집 표본으로 발표하면서 시베리아큰광택날도래와 비슷하나 미묘한 차이가 있다고 기술했다. 남한에는 기록이 없다.

광택날도래 *Glossosoma boltoni* Curtis, 1834

Yamada (1938)가 유충으로 발표했으며, 성충 기록은 없다. 모식산지는 영국으로 일본에서도 Nozaki *et al.* (1994)이 오동정으로 정리했다.

가람광택날도래 *Padunia fasciata* (Tsuda, 1942)

Tsuda (1942)가 북한 채집 표본으로 발표했으며, 성충 기록은 없다.

어리흰줄날도래 *Aethaloptera evanescens* (McLachlan, 1880)

Kumamski (1992)가 북한 대동강에서 채집해 발표한 뒤로 남한에는 채집 기록이 없다.

곰줄날도래 *Arctopsyche ladogensis* (Kolenati, 1859)

Hwang (2005)은 Yoon & Kim (1998)이 유충으로 기록한 뒤로 성충이 확인되지 않았고 수염곰줄날도래는 성충만 기록되었으며, 2종의 유충이 매우 비슷하므로 곰줄날도래로 기록한 유충이 수염곰줄날도래 유충을 오동정했을 가능성이 있으므로 검토가 필요하다는 의견을 제시했다.

유충은 여울에 산다. 몸길이는 20mm 안팎이고 전체가 어두운 갈색이다. 머리와 가슴 윗면은 경판으로 덮였으며 암갈색 줄과 반점이 있다. 머리 아랫면은 앞배판에 따라 나뉘며, 양쪽 뺨에 있는 빨래판 같은 홈에 앞다리를 긁어 소리를 낸다. 가운데가슴부터 제7배마디까지 기관아가미가 있으며, 술처럼 갈라진 가지 모양이다. 유충은 은신처를 고정하고자 견사로 먼 거리에 있는 풀이나 돌에 거미줄처럼 연결한다.

▶수염곰줄날도래 참고(272쪽)

유충

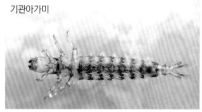
기관아가미

솔곰줄날도래 *Arctopsyche spinifera* Ulmer, 1907

Chu (1969)가 북한『곤충분류명집』에 기재한 뒤로 한반도 기록이 없다. 일본이 모식산지다.

꼬마줄날도래 *Cheumatopsyche brevilineata* (Iwata, 1927)

Kim (1970), Yoon & Kim (1988)이 유충으로 기록했다. 성충으로 나타나는 물결꼬마줄날도래는 유충이 밝혀지지 않았고 유충으로 나타나는 꼬마줄날도래는 성충이 밝혀지지 않았으므로 꼬마줄날도래 유충이 물결꼬마줄날도래 유충일 가능성이 크다.

유충은 정수역을 제외한 모든 하천에 살며, 여울이 있고 유기물이 풍부한 곳에 많다. 오염이 심한 도심 하천에서도 볼 수 있다. 몸길이는 10mm 안팎이며 대체로 갈색이지만 배는 녹색을 띠기도 하는 등 서식지에 따라 변이가 있다. 머리와 각 가슴 윗면은 경판으로 덮였고 머리 앞쪽 가장자리가 오목하다. 앞가슴 아랫면에 분리되지 않은 작은 경판이 하나 있다. 가운데가슴부터 제7배마디까지 기관아가미가 있으며,

서식지. 경기 용인. 2015.09.

서식지. 서울 양재천. 2016.10.

갈라진 술 모양이다. 꼬리다리 끝에 부채꼴로 긴 털이 있다.

▶ 물결꼬마줄날도래 참고(277쪽)

유충

유충 윗면

타니다꼬마줄날도래 *Cheumatopsyche tanidai* Oláh & Johanson, 2008
Park *et al.* (2017)이 한반도 미기록종으로 발표했다. 일본에 사는 종과 비교한 결과 꼬마줄날도래, 물결꼬마줄날도래와 수컷 교미기가 닮았으나 제10배마디 모양과 음경이 다르고, 상부속기 후측엽이 이 2종보다 가늘고 길며, 내음경이 음경 너비의 1/2이라고 기술했다.

날쌘줄날도래 *Hydropsyche dolosa* Banks, 1939
Kumanski (1992)가 북한 대동강에서 채집해 발표한 뒤로 남한에서는 성충 기록이 없다.

새롬줄날도래 *Hydropsyche newae* Kolenati, 1858
Mey (1989), Kumanski (1992)가 북한 채집 표본으로 발표한 뒤로 남한에서는 성충 기록이 없다.

강털줄날도래 *Hydropsyche setensis* Iwata, 1927
Hwang (2005)은 Yamada (1938)가 유충과 번데기로 기록한 뒤로 기록이 없으며 일본 외 지역에서는 기록이 없어 오동정으로 의심된다고 기술했다. Chu (1969)는 북한『곤충분류명집』에 기재했다.

남방큰줄날도래 *Macrostemum austrovicinorum* Mey, 1989
Mey (1989)가 북한 채집 표본으로 신종 발표한 뒤로 남한에서는 채집 기록이 없다.

점박이날도래 *Parapsyche maculata* (Ulmer, 1907)
Chu (1969)가 북한『곤충분류명집』에 기재한 뒤로 한반도 기록이 없다. 일본이 모식산지이고 혼슈를 비롯한 몇 지역에서 채집한 기록이 있다.

검은강줄날도래 *Potamyia czekanowskii* (Martynov, 1910)

Botosaneanu (1970), Kumanski (1992), Malicky (1993)가 북한 채집 표본으로 발표했고 Hwang (1996)은 강원 화천 용화산에서 채집한 표본으로 기록했다. 강줄날도래보다 뒷날개 끝이 더 둥글고 폭이 넓다. 수컷 제10배마디는 강줄날도래보다 짧고 옆에서 보면 상부속기 후측엽이 길다.

깃날도래과 Polycentropodidae

밤깃날도래 *Nyctiophylax* (*Nyctiophylax*) *angarensis* Martynov, 1910

Kumanski (1992)가 북한에서 채집해 기록한 뒤로 남한에서는 기록이 없다.

말리킷깃날도래 *Polyplectropus malickyi* Nozaki, Katsuma & Hattori, 2010

Park *et al.* (2017)이 남한에서 채집해 기록했다. Nozaki *et al.* (2010)은 수컷 몸길이 3.5~4.5mm, 암컷 4~5mm라고 기술했다.

Pseudoneureclipsidae

참갈래날도래 *Pseudoneureclipsis proxima* Martynov, 1934

Kumanski (1992)가 북한에서 채집해 기록한 뒤로 한반도 채집 기록이 없다.

가람통날도래 *Paduniella amurensis* Martynov, 1934

Kumanski (1992)가 북한 채집 표본으로 발표했다. Hwang (2005)은 앞날개는 3mm이며, 수컷 제9배마디가 가늘고 길며 끝은 딱딱하다고 기술했다.

운문통날도래 *Paduniella unmun* Inaba & Park, 2017

Park *et al.* (2017)이 경북 청도 운문사에서 채집한 표본으로 발표했으며, 성충은 황갈색이고 몸길이는 2.7~2.9mm라고 기술했다.

참통날도래 *Psychomyiella coreana* (Tsuda, 1942)

Tsuda (1942)가 북한 채집 표본으로 발표한 뒤로 기록이 없다. Oláh *et al.* (2018)은 러시아 우수리에서 채집했으며, 북한 종과 대조하지 못했지만 도판으로 수컷 교미기를 확인해 기록했다.

Tinodes higaschiyamanus Tsuda, 1942

Oláh *et al.* (2018)이 북한 금강산에서 채집해 기록했다.

단발날도래 *Agrypnia pagetana* Curtis, 1835

Yoon & Kim (1998)이 유충으로 발표했으며, 성충 기록은 없다. 유충은 저수지, 강가 습지에 산다. Wiggins (1998)는 성충 몸길이는 8~16mm이고 앞날개는 황갈색이며 날개맥은 조금 어두운 갈색이라고 기술했다.

맵시단발날도래 *Agrypnia picta* Kolenati, 1848

Botosaneanu (1970), Kumanski (1991b)가 북한 개성과 금강산에서 채집한 표본으로 발표한 뒤로 남한에서는 성충 기록이 없다. Wiggins (1998)는 성충 앞날개 길이가 13~17mm라고 기술했다.

소요산날도래 *Agrypnia sordida* (Mclachlan, 1871)

Doi (1933), Kamijo (1933)가 발표했고, Chu (1969)는 북한 『곤충분류명집』에 기재했다. Kuwayama (1973)가 홋카이도대학교가 소장한 표본으로 일본과 이웃 지역의 날도래를 정리하며 발표했다. 남한에는 성충 기록이 없다. Wiggins (1998)는 앞날개 길이는 18mm이고 흰색과 갈색이 섞였으며 갈색 얼룩무늬가 있다고 기술했다.

흰등날도래 *Agrypnia ulmeri* (Martynov, 1909)

Kuwayama (1922)가 날도래과 성충을 정리하며 발표했다. 그 뒤 Doi (1933), Kamijo (1933)도 기록했고, Tsuda (1942b)는 북한 채집 표본으로 기록했다. Chu (1969)는 북한 『곤충분류명집』에 기재했다. 남한에는 성충 기록이 없다. Wiggins (1998)는 앞날개 길이는 19mm이고 참단발날도래와 닮았지만 날개 밝은 부분이 노란색이라고 기술했다.

공주날도래 *Eubasilissa regina* (McLachlan, 1871)

Chu (1969)가 북한 『곤충분류명집』에 기재한 뒤로 기록이 없다. 일본에 분포하며 몸길이는 30~45mm이고 앞날개는 노란색이며 작은 흑갈색 반점이 있다. 유충은 계류에 살며, 성충은 등화 채집 때 잘 날아오고 밤에 수액을 빤다.

샛별공주날도래 *Eubasilissa signata* Wiggins, 1998

Wiggins (1998)가 모식산지를 한국으로 신종 발표했으나 채집 장소가 불분명하고 그 뒤로 기록이 없다.

그물눈날도래 *Oligotricha fulvifes* (Matsumura, 1904)

Matsumura (1904)가 발표한 뒤로 기록이 없다. Nozaki (2017)는 성충 몸길이는 15~20mm이고, 날개는 갈색으로 흑갈색 그물무늬가 있으며, 고원 습지에서 산다고 기술했다.

희시무루표범날도래 *Semblis atrata* (Gmelin, 1789)

Doi (1933)가 발표한 뒤로 한반도에는 기록이 없다. Wiggins (1998)는 성충 몸길이는 20~26mm이고 앞날개는 굴뚝날도래처럼 흰색 바탕에 갈색 또는 검은색 반점이 있으며, 뒷날개 가장자리 부근 갈색 띠가 희미하거나 밝다고 기술했다.

먹굴뚝날도래 *Semblis melaleuca* (McLachlan, 1862)

Chu (1969)가 북한 『곤충분류명집』에 기재한 뒤로 기록이 없다. Nozaki (2017)는 성충 몸길이는 25~30mm이고 앞날개 검은 반점이 굴뚝날도래에 비해 작고 날개 전체에 흩어져 있으며, 뒷날개 바깥 가장자리에 검은 띠가 나타나고, 안쪽 가장자리에 있는 반점과 띠는 굴뚝날도래에 비해 흐리다고 기록했다.

둥근얼굴날도래과 Brachycentridae

찬얼굴날도래 *Micrasema gelidum* Mclachlan, 1876

Botosaneanu (1970)가 북한 양강도에서 채집한 표본으로 발표한 뒤로 한반도에는 기록이 없다. 이 발표에 따르면 성충 몸길이는 5~6mm이고 전체가 흑갈색이다.

Brachycentrus japonicus (Iwata, 1927)

Botosaneanu (1970)가 북한 양강도에서 채집한 표본으로 발표한 뒤로 한반도에는 기록이 없다.

슈미드우묵날도래 *Brachypsyche schmidi* Choe, Kumanski & Woo, 1999

Choe, Kumanski & Woo (1999)가 강원 인제에서 채집해 신종으로 발표했다. Choe *et al.* (1999)은 앞날개 길이는 23mm이고 황색이며, 뒷날개가 앞날개보다 조금 짧고 너비는 2배 이상이며, 다리 가시는 1-2-2형이라고 기술했다. 한반도 고유종이다.

누리우묵날도래 *Dicosmoecus jozankeanus* (Matsumura, 1931)

모식산지는 일본이며 시베리아에 분포하는 것으로 기록되었다. Oláh & Park (2018)은 *D. coreanus*와 닮았고 수컷 생식기 생김새도 비슷하지만 *D. coreanus*에 비해 항문옆판 윗면 가지가 매우 짧다고 기술했다.

가람우묵날도래 *Dicosmoecus palatus* (McLachlan, 1872)

Kumanski (1992)가 북한 함경도 삼지연에서 성충을 채집해 발표한 뒤로 한반도에 기록이 없다.

줄무늬우묵날도래 *Hydatophylax sakharovi* Kumanski, 1991

Kumanski (1991b)가 북한 금강산 채집 표본으로 처음 발표한 뒤로 기록이 없다. 수컷 몸길이는 20~25mm이고 큰우묵날도래와 생김새가 매우 닮았다고 기술했다.

모시우묵날도래 *Limnephilus correptus* Mclachlan, 1880

Doi (1932)가 한국산으로 발표했다. Choe *et al.* (1999)에 따르면 성충 몸길이가 13mm이고 앞날개는 노란색으로 투명하며 뒷날개도 투명하다. 수컷 교미기를 옆에서 보면 상부속기가 직사각형이고 중부속기는 상부속기보다 길며 하부속기는 작고 뭉툭하다.

검정모시우묵날도래 *Limnephilus fuscovittatus* Matsumura, 1904
Kumanski (1991b)가 북한 채집 표본으로 발표했다. Choe *et al.* (1999)은 성충 몸길이가 15~21mm이고 전체가 검다. 앞날개 뒤쪽 부경실이 어둡다. 뒷날개는 넓고 투명하다. 수컷 상부속기에 강모가 있고 달걀 모양이며 오목하다. 중부속기는 위쪽에서 보면 기저부가 닫혔고 끝이 갈라진다. 하부속기는 제9배마디와 넓게 닿고 끝으로 갈수록 좁아지며 끝은 뭉툭하다고 기술했다.

Limnephilus quadratus Martynov, 1914
Oláh *et al.* (2018)이 북한 삼지연 채집 표본으로 발표했다.

비단우묵날도래 *Limnephilus sericeus* (Say, 1824)
Kumanski (1991b)가 북한 양강도 채집 표본으로 처음 발표한 뒤로 한반도에서는 기록이 없다.

북방우묵날도래 *Limnephilus sibiricus* Martynov, 1929
Kumanski (1991b)가 북한 평안남도, 대동강 채집 표본으로 처음 발표한 뒤로 한반도에서는 기록이 없다.

줄우묵날도래 *Nemotaulius* (*Nemotaulius*) *brevilinea* (McLachlan, 1871)
Doi (1932)가 처음 발표했다. Choe *et al.* (1999)은 성충 앞날개 길이는 20mm이고 노란색이며 좁고 바깥 가장자리에 약간 굴곡이 있으며 잘린 듯하다. 수컷 상부속기는 달걀 모양이고 오목하며 안쪽 한가운데에 작게 튀어나온 곳이 있다. 중부속기는 단단하고 날카로우며, 하부속기는 작고 안쪽으로 구부러진다고 기술했다.

고려우묵날도래 Nemotaulius (Macrotaulius) coreanus Oláh, 1985

Oláh (1985)가 북한 금강산 채집 표본으로 처음 발표한 뒤로 기록이 없다. 온몸이 갈색이고 앞날개 길이는 27~28mm이며 더듬이는 몸길이의 2/3, 다리 가시는 1-3-4형이라고 기술했다.

두잎우묵날도래 Nothopsyche bilobata Park & Bae 2000

Park & Bae (2000)가 신종 발표했다. 큰갈색우묵날도래와 수컷 교미기가 매우 비슷하나 제10배마디 안쪽 가지(int. br.)가 다소 뭉툭하고 하부속기를 옆에서 봤을 때 약간 뾰족한 점, 음경 모양 등으로 구별할 수 있다고 기술했다. Oláh et al. (2018)은 북한 묘향산에서 채집한 사실을 기록했다. 한반도 고유종이다.

삵우묵날도래 Nothopsyche ruficollis (Ulmer, 1905)

Chu (1969)가 북한『곤충분류명집』에 기재한 뒤로 기록이 없었으나 Oláh et al. (2018)이 제주 한라산에서 수컷 3개체, 암컷 1개체를 채집했다.

맵시우묵날도래 Nothopsyche speciosa Kobayashi, 1959

Kumanski (1991b)가 북한 금강산 채집 표본으로 발표한 뒤로 한반도에서 기록이 없다.

헛우묵날도래 Pseudostenophylax riedeli Botosaneanu, 1970

Botosaneanu (1970)가 처음 발표했으며, Oláh (2018)는 북한 금강산 채집을 기록했다.

재원날도래 *Goera jaewoni* Park & Bae, 1999

Park이 1996년 인제 방태천에서 채집한 표본으로 처음 기록했으나 이후 채집 기록이 없다. 저자가 채집한 가시날도래 sp.3과 수컷 교미기가 매우 비슷하고 출현 지역도 강원 일대로 비슷해 2종을 꼼꼼히 비교해 살펴야 한다. 한반도 고유종이다.

털가시날도래 *Goera pilosa* Fabricius, 1775

Yamada (1938)가 남한에서 채집한 유충으로 기재한 뒤 기록이 없다. 모식 산지는 스웨덴으로 오동정일 가능성이 있다. 일본에서는 Iwata가 1927년에 *G. pilosa* 유충을 처음으로 기재했으며, 그 뒤로 Tsuda & Akagi (1955)는 *G. pilosa*가 *G. japonica*의 오동정이라고 발표했으며, Nozaki *et al.* (2000)은 Tsuda & Akagi의 논문을 인용해 *G. pilosa*를 *G. japonica*로 정리했다.

북방가시날도래 *Goera tungusensis* Martynov, 1909

Mey (1989)가 북한에서 채집해 기록한 뒤로 남한에서는 기록이 없다.

잔가시날도래 *Goera yamamotoi* (Tsuda, 1942)

Tsuda (1942)가 북한에서 채집해 기록한 뒤로 남한에서는 기록이 없다. 한반도 고유종이다.

Neophylax goguriensis Oláh & Park, 2018

Oláh & Park (2018)이 1987년 10월 북한 묘향산 채집 표본과 경기대학교가 소장한 표본으로 한반도산 신종으로 발표했다. 이 발표에 따르면 성충은 온몸이 어두운 갈색이고 앞날개 길이는 12mm이며 반점이 있다. 생김새와 수컷 교미기가 가시우묵날도래와 비슷하며, 항문옆판 구조로만 구별된다.

Neophylax relictus (Martynov, 1935)

Vojnits & Zombori가 1985년 북한 양강도 삼지연 폭포 2,100m 고지에서 채집해 기록했으며, 성충 몸길이는 10~15mm라고 기술했다.

가시우묵날도래 Neophylax ussuriensis (Martynov, 1914)

Merk & Szél이 1988년 북한 두만강 1,000m 고지에서 채집했다. Oláh et al. (2018)이 러시아와 일본의 표본 그림과 대조했을 때 항측편 1쌍 끝이 둥글다고 기술했다.

유충 몸길이는 15mm 안팎이며, 머리는 진한 갈색이고 앞쪽이 뒤쪽보다 좁고 항상 바닥을 향한다. 앞가슴과 가운데가슴은 커다란 경판으로 덮였으며 짧고 굵은 강모가 있다. 뒷가슴에 작은 경판이 3쌍 있다. 각 다리 마디에 노란색 무늬가 있다. 제1배마디에 등융기와 옆융기가 있다. 제2~8배마디에는 한 가닥으로 된 기관아가미가 윗면, 아랫면, 양쪽 옆면에 있다. 우리나라에 나타나는 성충은 N. sillensis로 재동정되었으므로 지금까지 가시우묵날도래로 알려진 유충도 성충과 연계해 종을 결정해야 한다.

유충

▶N. sillensis 참고(408쪽)

아랫면  윗면

Apatania yenchingensis Ulmer, 1932

Oláh *et al.* (2018)이 제주 안덕 계곡에서 채집해 발표했다.

거친네모집날도래 *Lepidostoma hirtum* (Fabricius, 1775)

Botosaneanu (1970), Mey (1989), Kumanski & Weaver (1992)가 북한 채집 표본으로 발표한 뒤로 남한에는 기록이 없다. Kumanski & Weaver (1992)는 수컷 더듬이 제1마디는 마디가 나뉘지 않고 짧으며 털이 많다고 기술했다.

각진네모집날도래 *Lepidostoma japonicum* (Tsuda, 1936)

Tsuda (1936), Yamada (1938)가 발표했고 Chu (1969)가 북한『곤충분류명집』에 기재한 뒤로 남한에는 기록이 없다. Nozaki (2017)는 수컷 몸길이는 6~9mm이며 더듬이 제1마디는 짧고 두 마디로 나뉜 듯 보이며 털이 많다고 기술했다.

묘향산네모집날도래 *Lepidostoma myohyangsanicum* (Kumanski & Weaver, 1992)

Kumanski & Weaver (1992)가 북한 묘향산에서 채집해 신종 발표한 뒤로 남한에는 기록이 없다. 성충 몸길이는 수컷 7.7mm, 암컷 7.8mm이며 더듬이 제1마디는 짧고 두 마디로 나뉜 듯 보이며 털이 많다고 기술했다.

날개날도래과 Molannidae

언저리날개날도래 *Molanna submarginalis* Mclachlan, 1872

Tsuda (1942), Kumanski (1991)가 북한 채집 표본으로 발표한 뒤로 남한에는 기록이 없다.

바수염날도래과 Odontoceridae

Psilotreta kerka Oláh, 2018

Oláh (2018)가 북한 천진에서 채집한 표본으로 발표했다. 앞날개 길이는 11mm 안팎이고 멧수염날도래와 생김새가 닮았지만 음경측편(paramere) 1쌍이 더 길고 견고하며 끝이 갈고리 모양이 아니라고 기술했다.

바수염날도래 *Psilotreta kisoensis* Iwata, 1927

Hwang (2005)은 Kim (1974)이 유충으로 발표한 바수염날도래 성충이 확인되지 않아 오동정이라고 의심하며 수염치레날도래일 것이라고 제안했다. Park (1999a)은 바수염날도래 유충을 사육해 날개돋이까지 관찰한 결과 수염치레날도래라는 것을 확인했다. Oh (2012)가 사육한 유충도 멧바수염날도래와 수염치레날도래 2종으로 날개돋이했다.

▶수염치레날도래 참고(436쪽)

Ganonema uchidai Iwata, 1930

Kuwayama (1930)가 한국에서 채집한 유충을 *Asotocerus nigripennis*로 기록한 뒤로 Doi (1932), Tsuda (1942)가 기록했다. Nozaki & Tanida (2010)는 *G. nigripennis*를 *G. uchidai*로 동종이명 처리했다.

반지나비날도래 *Ceraclea* (*Athripsodina*) *annulicornis* (Stephens, 1836)

Botosaneanu (1970)가 북한 함북 수성천에서 채집한 표본으로 발표한 뒤로 남한에는 기록이 없다.

끝나비날도래 *Ceraclea* (*Athripsodina*) *excisa* (Morton, 1904)

Kumanski (1991a)가 북한 대동강에서 채집해 발표한 뒤로 남한에는 기록이 없다.

뾰족나비날도래 *Ceraclea* (*Athripsodina*) *hastata* (Botosaneanu, 1970)

Botosaneanu (1970), Kumanski (1991)가 북한 묘향산에서 채집한 표본으로 발표한 뒤로 남한에는 기록이 없다.

참나비날도래 *Leptocerus valvatus* (Martynov, 1935)

Kumanski (1991a)가 북한 채집 표본으로 발표한 뒤로 남한에는 기록이 없다.

세점무늬나비날도래 *Oecetis tripunctata* (Fabricius, 1793)

Kumanski (1991b)가 북한 묘향산에서 채집한 표본으로 발표한 뒤로 남한에는 기록이 없다.

은나비날도래 *Setodes argentatus* Matsumura, 1907

Tsuda (1942a, 1942b), Kumanski (1991b)가 북한 채집 표본으로 발표한 뒤로 남한에는 기록이 없다. Chu (1969)는 북한 『곤충분류명집』에 기재했다.

엇나비날도래 *Setodes crossotus* Martynov, 1935

Kumanski (1991b)가 북한 채집 표본으로 발표한 뒤로 남한에는 기록이 없다.

맨드리나비날도래 *Setodes ujiensis* (Aakagi, 1960)

Kumanski (1991b)가 북한 채집 표본으로 발표한 뒤로 남한에는 기록이 없다.

달팽이날도래과 Helicopsychidae

달팽이날도래 *Helicopsyche yamadai* Iwata, 1927

Kim (1974)이 1967년 강원 원주 입석천(논문에는 도명이 없어 원주, 상주에 있는 입석천 중 어딘지 모르겠으나 조사 지역 표시에 상주는 언급되지 않아 원주라고 추정)과 1968년 전북 무주 구천동에서 채집한 유충으로 기록했다. 이 기록에 따르면 유충은 몸길이 5~6mm이고 굽었으며 황갈색이다. 뒷가슴은 막질이며 갈고리발톱에 톱니가 1개 있다. 배는 하얗고 기관아가미는 없다. 집은 달팽이 모양이고 시계 방향으로 감겨 있다.

Arefina, T. I., 2003. Caddisflies of the Family Ecnomidae MacLachlan (Insecta: Trichoptera) of the Russian Far East. Vladmir Ya. Levanidov's Biennial Memorial Meetings, 2: 178-183.

Arefina, T. I., T. Ito, V. D. Ivanov, I. M. Levanidova, J. C. Morse, A.P. Nimmo, T. S. Vshivkova and L. Yang. 1997. Trichoptera. In: P. A. Lehr (ed), Key to the Insects of Russian Far East. Vol. 5. Trichoptera and Lepidoptera, part 1. Dal'nauka Vladivostok, 10-206. (in Russian)

Botosaneanu, L., 1970. Trichopères de la République Démocratique-Populaire de la Corée. Annales Zoologici, 27 (15): 276-359.

Choe, H. J., K. Kumanski, and K. S., Woo, 1999. Taxonomic Notes on Limnephilidae and Goeridae (Trichoptera: Limnephiloidae) of Korea, Korean J. Syst. Zool. 15 (1): 27-49.

Chu, Tong-Iyal. 1969. Systematic list of the Insects. Pyongyang, Acad. sci. P. D. R. Korea. 347p. [Trichoptera: 181-183] [in korea]

Doi, H., 1932 Konchuzakki (2). J. Chosen Nat. Hist. Soc. 14:64-78. (in Japanese)

Doi, H., 1933 Konchuzakki (3). J. Chosen Nat. Hist. Soc. 15:85-96. (in Japanese)

Emoto Y., 1979, A Revision of the retracta-Group of the Genus Rhyacophila Pictet (Trichoptera: Rhyacophilidae), Kbntyfi, 47 (4): 556-569.

Gall, Wayne K., Tatiana I. Arefina-Armitage and Brian J. Armitage. 2007. Resolution of the taxonomic status of problematic goerid caddisflies (Trichoptera: Goeridae) from the eastern Palaearctic Region. Proceedingsof the 11th International Symposium on Trichoptera. 103-112.

Glime, J. M. 2015, Chapter 11-11: Aquatic Insect Holometabola - Trichoptera, Suborder Annulipalpia, 11-11-2-19.

Glime, J. M. 2015. Chapter 11-12: Aquatic Insects: Holometabola - Trichoptera, Suborders Integripalpia and Spicipalpia. 11-11-2-32.

Holzenthal R. W. and Calor, A. R., 2017. Catalog of the Neotropical Trichoptera (Caddisflies). ZooKeys 654: 1 - 566.

Holzenthal, R. W., Blahnik, R. J., Prather, A. L., Kjer, K. M., 2007, Order Trichoptera Kirby, 1813 (Insecta), Caddisflies, Zootaxa 1668: 639 - 698.

Hur, J. M., D. H. Won, T. H. Ro and Y. J. Bae, 2000b. Descriptions of Immature and Adult Stages of Hydropsyche orientalis Martynov (Trichoptera: Hudropsychidae). Korean J. Appl. Entomol. 39 (1): 25-29.

Hur, J. M., J. H. Hwang and Y. J. Bae, 1999. Association of Larval and Adult Stages of Hydropsyche valvata Martynov (Trichoptera: Hudropsychidae). Entomol. Res, Bull. (KEI). 25: 13-15.

Hur, J. M., J. H. Hwang, T. H. Ro and Y. J. Bae, 2000a. Association of Immature and Adult Stages of Hydropsyche Kozhantschikovi Martynov (Trichoptera: Hudropsychidae). Korean J. Entomol. 30 (1): 57-61.

Hwang, J. H. 2005, 한국산 날도래목의 분류학적 연구, PhD Thesis, Korea University, Korea. 251pp.

Hwang, J. H. abd I. B. Yoon, 1996. A taxonomic study of subfamily Hydropsychinae from Korea (Trichoptera: Hydropsychidae). Entomol. Res. Bull. (KEI) 22: 7-15.

Hwang, J. H. and Chun, D. J., 2006, New records of Polycentropodid Caddisflies from Korea (Inseca: Trichoptera), Entomological Research 36: 94-97.

Ito, T. and Y. Nagayasu, 1991 A taxonomic note on the caddisfly genus Dicosmoecus in Japan (Trichoptera, Limnephilidae). Jpn. J. Ent. 59 (1): 165-169.

Ito, T., 1985. Morphology and ecology of three species of orientalis group of Goerodes (Trichoptera, Lepidostomatidae). Kontyú 53 (1):12-24.

Ito, T., 1989. Lepidostomatid Caddisfiies (Trichoptera) from the Tsushima Islands of Japan, with Descriptions of a New Species, .Jpn. J, Ent. 57 (1): 46-60.

Ito, T., 1991. A Taxonomjc Note on the Caddisfly Genus *Dicosmoecus* in Japan (Trichoptera, Limnephilidae). Jpn. J. Ent. 59 (I): 165-1

Ito, T., 1992. Lepidostomatid Caddisfiies (Trichoptera) of the Russian Far East, with Descriptions of Female and Larva of *Goerodes sinuatus* (Matynov). Jpn. J. Ent. 60 (3): 93-96.

Ito, T., 1992. Lepidostomatid Caddisflies (Trichoptera) from the Ryukyu Islands of Southern Japan, with Description of Two New Species. Jpn. J. Ent. 60 (2):333-342.

Ito, T., 1995. Description of a boreal caddisfly, *Micrasema gelidum* McLachlan (Trichoptera, Brachycentridae). from Japan and Mongolia, with notes on bionomics. Jpn. J. Ent. 63 (3): 493-502.

Ito, T., 1998. Description of a Far Eastern Lepidostomatid Caddisfly, Dinarthrum coreanum (Kumanski et Weaver, 1992) (Trichoptera), Entomological Science. 1 (4): 585-588.

Ito, T., 1998. The Family Molannidae Wallengren in Japan (Trichoptera), Entomological Science. 1 (1): 87-97.

Ito, T., 2001. Description of the type species of the genus *Goerodes* and generic assignment of three East Asia species (Trichoptera, Lepidostomatidae). Limnology 2:1-9.

Ito, T., Hayashi, Y. & Shmula, N., 2012. The genus *Anisocentropus* McLachlan (Trichoptera, Calamoceratidae) in Japan. Zootaxa, 3157: 1-17.

Ito, T., Ohkawa, A. and Hattori, T., 2011. The genus *Hydrotilia* Dalman (Trichoptera, Hydroptilidae) in Japan. Zootaxa, 2801: 1-26.

Ito, T., Park, S. J., 2016. A New Species of the Genus *Orthotrichia* (Trichoptera, Hydroptilidae) from Korea. Anim. Syst. Evol. Divers. Vol. 32, No. 3: 230-233.

Ivanov, V. D. & I. M. Levanidova, 1993. A New Species of Apataniidae from the Russian far East. Braueria (Lunz am See, Austria) 20:15-16.

Jung, S. W., and Bea, Y. J. 2006. Discription of the Larva of *Ceraclea lobulata* (Martynov) (Insecta: Trichoptera: Leptoceridae), Korean J. Syst. Zool. Vol. 22 N0 2:149-151.

Kim, J. W., 1974a. On the Larva of Trichoptera from Korea. Korean J. Linnol. 7 (1-2): 1-42.

Ko, M. K. and K. T. Park, 1988. A Systematic Study of Rhyacophilidae (Trichoptera) In Korea, The Korean j. of Entomology, Vol. 18, No. 1, 7-16.

Kobayashi, M,. 1983. On the species of the subfamilies Apataniinae and Dicosmoecinae from Japan. Bull. Kanagawa Pref. Mus. 14: 45-78.

Kobayashi, M,. 1989. A Taxonomic Study on the Trichoptera of South Korea, with Description of Four New Species (Insecta), Bull. Kanagawa Pref. Mus., 18: 1-9.

Kuhara, N,. 2016. Revision of Japanese species of the genus *Ecnomus* McLachlan (Trichoptera: Ecnomidae), with descriptions of two new species. Zootaxa 4114 (5): 561 - 571.

Kuhara, N,. 2016. The genus *Wormaldia* (Trichoptera, Philopotamidae) of the Ryûkyû Archipelago, southwestern Japan. Zoosymposia 10: 257-271.

Kumanski, K. and J. S. Weaver, III, 1992. Studies on the fauna of Trichoptera (Insecta) of Korea. IV. The family Lepidostomatidae. Aquatic Insects 14 (3): 153-168.

Kumanski, K., 1990. Studies on the fauna of Trichoptera (Insecta) of Korea I . Superfamily Rhyacophiloidea. Hist. nat. bulg. 2: 35-59.

Kumanski, K., 1991a. Studies on the fauna of Trichoptera (Insecta) of Korea. II . Family Leptoceridae. Hist. nat. bulg. 3: 67-71.

Kumanski, K., 1991b. Studies on Trichoptera (Insecta) of Korea (North). V . Superfamily of Limnephiloidea, except Lepidostomatidae and Leptoceridae. Ins. Koreana 8: 15-29.

Kumanski, K., 1992. Studies on Trichoptera of Korea (North) III . Superfamily Hydropsychoidea, Ins. Koreana, 9:52-77.

Kuranishi, R. B. 2016. Rhyacophilidae. In Editorial committee of Catalogue of Insects of Japan (Ed.) Catalogue of the Insects of Japan, Volume 5. Neuropterida, Mecoptera, Siphonaptera,

Trichoptera and Strepsiptera, Entomological Society of Japan, Fukuoka, p.60-68. (in Japanese).

Kuwayama, S,, 1930a. A new and two unrecorded Species of Trichoptera from Japan, Ins. Mats. Vol. 5 (1-2): 53-57.

Kuwayama, S,, 1930b. The Stenopsychidae of Nippon. Ins. Mats. Vol. 4 (3): 109-120.

Leader, J. P., 1970. Hairs of the Hydroptilidae (Trichoptera), Tone 16: 121-129

Lee, s. J., 2012. Taxonomic Review of the Korean Leptoceridae (Insecta: Trichoptera), Master Thesis. Korea University, Korea, 92pp.

Li, Y. J. and J. C. Morse, 1997. Tinodes species (Trichoptera: Psychomyiidae) from The People's Republic of China, Insecta Mundi, Vol. 11 (3-4): 273-280.

Lukyanchenko T. I., 1993. A New Species of Caddisfly of the Genus *Rhyacophila* Pictet (Trichoptera: Rhyacophilidae) from Eastern Asia, Brauelia (Lunz am See, Austria) 20: 5-6.

Malicky, H., 1993. Neue asiatische köcherfliegen (Trichoptera: Rhyacophilidae, Philopotamidae, Ecnomidae und Polycentropodidae). Entomologische Berichte Luzern 29: 77-88.

Malicky, H., 2013. Synonyms and possible synonyms of Asiatic Trichoptera / Synonyme und mögliche Synonyme von asiatischen Köcherfliegen. Braueria (Lunz am See, Austria) 40: 41-54.

Malicky, H., 2014. Köcherfliegen (Trichoptera) von Taiwan, mit Neubeschreibungen. Linzer biol. Beitr. 46/2 1607-1646.

Malm T., Johanson, K. A. and Wahlberg, N., 2013. The evolutionary history of Trichoptera (Insecta): A case of successful adaptation to life in freshwater Systematic Entomology (2013), 38: 459 - 473.

Marshall, J. E., 1979. A review of the genera of the Hydroptilidae (Trichoptera). Bull. Mus. nat. Hist. (Ent.) 39 (3): 135-239.

Martynov, A. B., 1926. On the family Stenopsychidae Mart. with a revision of the genus *Stenopsyche* McLachl. Eos 2: 281-308. (cited from svhimid, 1969).

Martynov, A. B., 1933. On an interesting collection oh Trichoptera from Japan. Annot. Zool. Japon 14: 139-156.

Merritt-Cummins 1996. An Introduction to the Aquatic Insects of North America (third Edition) P309-386.

Mey, W., 1989. Taxomische und faunistische Notizen zu einigen Köcherfligen (Trichoptera) aus Korea, Acta Entomol. Bohemoslov. 86: 295-305.

Moor F. C. and Ivanov V. D., 2008. Global diversity of caddisflies (Trichoptera: Insecta) in freshwater, Hydrobiologia 595: 393 - 407.

Morse, J. C., 2011. The Trichoptera World Checklist, Zoosymposia 5: 372 - 380.

Neboiss, A., 1991. The Insects of Australia 2nd Edition, Vol. II. Chater 40. Trichoptera. Melbourne University Press. 787-816.

Nishimoto, H,. 1994. A New Species of Apatania (Trichoptera, Limnephilidae) from Lake Biwa, with Notes on its Morphological Variation within the Lake Jpn. J. Ent. 62 (4): 775-785.

Nishimoto, H. and Nozaki, T., 2001. Immature Stages of *Phryganea* (*Colpomera*) *jaopnica* McLachlan (Trichoptera: Phryganeidae), Entomelogical Science,4 (3):361-368.

Nishimoto, H., 2011. The genus *Paduniella* (Trichoptera: Psychomyiidae) in Japan, Zoosymposia 5: 381 - 390.

Nozaki, T. & Tanida, K., 1996, The genus *Limnephilus* Lesch (Trichoptera ,Limnephilidae) in Japan, Jpn. J. Ent. 64 (4): 810-824.

Nozaki, T. & Tanida, K., 2006. The genus *Goera* Stephens (Trichoptera: Goeridae) in Japan, Zootaxa 1339: 1 - 29.

Nozaki, T. and Tanida, K., 2010. Synonymic notes on three Japanese caddisfly species (Trichoptera: Calamoceratidae, Odontoceridae). 陸水生物学報 (Biology of Inland Waters), 25: 97 - 99.

Nozaki, T., 2002. Revision of the Genus *Nothopsyche* Banks (Trichoptera: Limnephilidae) in Japan,

Entomological Science, 5 (1): 103–124.

Nozaki, T., 2017. Discovery in Japan of the second species of the genus *Dolichocentrus* Martynov (Trichoptera: Brachycentridae). Zootaxa 4227 (4): 554‑562.

Nozaki, T., Park, S. J., Kong, D. S., 2019. Reexamination of Five Caddisfly Species (Trichoptera, Insecta) Recorded from South Korea by Kobayashi (1989). Anim. Syst. Evol. Divers. Vol. 35, No. 1: 1–5.

Oh, M. W., 2012. Taxonomic Study of Integripalpia (Insecta: Trichoptera) from Korea, Master thesis, Kyonggi University, Korea. 113pp.

Oh, M. W., Jin Young Kim and Dong soo Kong 2013. New Record of *Lepidostoma ebenacanthus* (Trichoptera: Lepidostomatidae) from Korea. Entomological Research Bulletin 29 (2): 210–211.

Oláh, J., 1985. Three new Trichoptera from Korea, Folia Entomologica Hungarica 46: 137–142.

Oláh, J., Johanson, K. A., 2010. Description of 33 new species of Calamoceratidae, Molannidae, Odontoceridae and Philorheithridae (Trichoptera), with detailed presentation of their cephalic setal warts and grooves. Zootaxa 2457: 1–128.

Oláh, J., Johanson, K. A., Li, W. & Park, S. J., 2018. On the Trichoptera of Korea with Eastern Palaearctic relatives, Opusc. Zool. Budapest. 49 (2): 99‑139.

Park, S. J. and Bae and L. Yang, 1999. New Records of the Leptoceridae (Trichoptera) from Korea, Ins. Koreana 16 (2): 155–162.

Park, S. J. and Bae, Y. J., 1998a. New Records of the Limnephilidae (Insecta, Trichoptera) from Korea, The Korea Journal of Systematic Zoology Vol. 14 (4): 361–370.

Park, S. J. and Bae, Y. J., 1999. Description of Goera Jaewoni n. sp., and Reports of Larval Stages of G. interrogationis and G. parvula (Trichoptera: Goeridae) from Korea, Korean J Biol Sci 3: 365–367.

Park, S. J. and Bae, Y. J., 2000. A New Species and Two New Records of the Limnephilidae (Insecta, Trichoptera) in Korea, The Korea Jounal of Systematic Zoology Vol. 16, 15–21.

Park, S. J. and Bea, Y. J., 1998. Checklist of the Limnephilidea (Insecta: Trichoptera) of Korea. Entomological Research Bulletin 24: 33–42.

Park, S. J., Shu Inaba, Takao Nozaki, Dong soo Kong,, 2017. One New Species and Four New Records of Caddisflies (Insecta: Trichoptera) from the Korean Peninsula, Anim. Syst. Evol. Divers. Vol. 33, No. 1: 1–7.

Park, S. J., Tomiko Ito, Takao Nozaki, Dong soo Kong,, 2018. Six New Records of Hydroptilidae (Trichoptera) from Korea. Anim. Syst. Evol. Divers. Vol. 34, No. 2: 101–109.

Parker, C. R. and G. B. Wiggins. 1987. Revision of the caddisfly genus *Psilotreta* (trichoptera: Odontoceridae). Life Sci. Contr., R. Ont. Mus. 144. 55pp.

Qiu, S. and Yan, Y., 2016. New species and new records of genus *Rhyacophila* Pictet (Trichoptera: Rhyacophilidae) from Dabie Mountains, east-central China, Zootaxa 4171 (2): 347‑356.

Ross, H. H., 1944. The Caddisflies or Trichoptera of Illinois, Bull. Ⅲ. Nat. Hist. Surv 23:1–326.

Ross, H. H., 1956. Evolution and Classification of the Mountain Caddisflies. The University of Illinoiss Press, Urbana, 213pp.

Schmid, F., 1987. Considerations Diverses Sur Quelques genres Leptocerins (Trichoptera, Leptoceridae). Bull. Inst. R. Sci. Nat. Belg., Entomologie 57 (suppl.) 147pp.

Schmid, F., 1989. Les Hydrobiosides (Trichoptera, Annulipalpia). Bull. Inst. R. Sci. Nat. Belg., Entomologie 59 (suppl.) 154pp.

Shimazaki K., 2005. A Fly Fisher's View, Furai no zasshi. 288pp.

Tanida, K., 1986. A revision of Japanese species of the genus *Hydropsyche* (Trichoptera, Hydropsychidae) Ⅰ, Kontyū 54 (3):467–484.

Tsuda, M., 1940b. Zur Kenntnis der Japanischen Rhyacophilinen (Rhyacophilidae, Trichoptera). Annot. Zool. Japon 19 (2): 119–135.

Tsuda, M., 1942a. Zur Kenntnis der Koreanischen Trichopteren. Mem. Coll. Sci, Kyoto Imper. Univ. (B) 17 (1): 227-237.

Tsuda, M., 1942b. Japanisch Trichopteren Ⅰ. Systematik. Mem. Coll. Sci, Kyoto Imper. Univ. (B) 17 (1): 239-339.

Wallace, I., Illustrated by Phil Wilkins, 2003. The Beginner's Guide to Caddis (Order Trichoptera), Bulletin of the Amateur Entomologists' Society Volume 62 15-26.

Wells, A., 2004. The long-horned caddisfly genus *Oecetis* (Trichoptera: Leptoceridae) in Australia: two new species groups and 17 new species, Memoirs of Museum Victoria 61 (1): 85 - 110p.

Wiggins, G. B. 1998. Larvae of the North American Caddisfly Genera (Trichoptera) 2nd edition. Toronto, University of Toronto Press.

Wiggins, G. B. 1998. The Caddisfly Phraganeidae (Trichoptera). University of Toronto Press Incorporated, Toronto, Buffal, London, 306pp.

Wiggins, G. B., Currie, D. C. 2008. Chapter 17. Trichoptera families. P439-480 in Merritt, R. W., Cummins, K. W., Berg, M. B. (eds.) An introduction to the aquatic insects of North America. Dubuque, Iowa, Kendall Hunt Publishing Co.

Wiggins, G. B., K. Tani and K. Tanida, 1985. *Eobrachycentrus*, a genus new to Japan, with a review of the Japanese Brachycentridae (Trichoptera). Kontyú, Tokyo, 53 (1): 59-74.

Yang, L., & J. S. Weaver III, 2002. The Chinese Lepidostomatidae (Trichoptera), Tijdschrift voor Entomologie 145: 267-352.

Yoon, I. B. and Kim, K. H., 1989a. A Systemic Study of the Caddisfly Larvae in Korea (Ⅰ), The Korean j. of Entomology, Vol. 19 (1), 25-40.

Yoon, I. B. and Kim, K. H., 1989b. A Taxonomic Study of the Caddisfly Larvae in Korea (Ⅱ), The Korean j. of Entomology, Vol. 19 (4), 299-318.

권순직 · 전영철 · 박재흥. 2013. 물속생물도감. 자연과생태, p.627-767.

김명철 · 천승필 · 이존국. 2013. 하천생태계와 담수무척추동물. 지오북, p.416-469.

윤일병. 1988. 한국동식물도감 제30권 동물편 (수서곤충류). 문교부, p.430-551

윤일병. 1995. 수서곤충검색도설. 정행사, p.187-218.

川合禎次, 谷田一三. 2005. 日本産水生昆虫:科 · 屬 · 種-の檢案. 東海大學出版會. p393-572.

川合禎次. 1985. 日本産水生昆虫檢案圖說 東海大學出版會. p167-215.

丸山傳紀 · 花田聰子. 2016. 原色 川忠圖鑑 (成蟲編). 全國農村教育協會. p294-461.

국가생물종목록 [www.kbr.go.kr/index.do]

Bold Systems [www.boldsystems.org/index.php]

Electronic Publications [http://trichoptera.insects-online.de]

Japanese Caddisfly [http://tobikera.eco.coocan.jp/index.htm]

Trichoptera World Checklist [https://entweb.sites.clemson.edu/database/trichopt]

성충 수컷으로 빨리 찾기

*일부 종은 성충 사진이 없어 싣지 못했다.

그물무늬물날도래 *Rhyacophila angulata* • 198

덕유산물날도래 *Rhyacophila confissa* • 200

참물날도래 *Rhyacophila coreana* • 202

카와무라물날도래 *Rhyacophila kawamurae* • 206

금강산물날도래 *Rhyacophila kumgangsanica* • 208

올챙이물날도래 *Rhyacophila lata* • 210

갯물날도래 *Rhyacophila maritima* • 212

톱가지물날도래 *Rhyacophila mroczkowskii* • 214

무늬물날도래 *Rhyacophila narvae* • 216

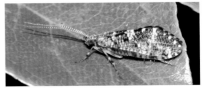

용수물날도래 *Rhyacophila retracta* • 218

꼬마물날도래 *Rhyacophila riedeliana* • 220

검은줄물날도래 *Rhyacophila singularis* • 222

나도물날도래 *Rhyacophila soldani* • 224

집게물날도래 *Rhyacophila vicina* • 226

물날도래 sp.1 *Rhyacophila* sp.1 • 228

물날도래 sp.2 *Rhyacophila* sp.2 • 230

물날도래 sp.3 *Rhyacophila* sp.3 • 232

긴발톱물날도래 *Apsilochorema sutshanum* • 234

애날도래 sp.1 *Hydroptila* sp.1 • 236

애날도래 sp.2 *Hydroptila* sp.2 • 237

애날도래 sp.3 *Hydroptila* sp.3 • 237

애날도래 sp.4 *Hydroptila* sp.4 • 237

긴다리애날도래 sp.1 *Oxyethira* sp.1 • 238

시베리아큰광택날도래 *Agapetus sibiricus* • 239

알타이광택날도래 *Glossosoma altaicum* • 241

우수리광택날도래 *Glossosoma ussuricum* • 243

앵도입술날도래 *Chimarra tsudai* • 246

배돌기입술날도래 *Dolophilodes affinis* • 248

멋쟁이입술날도래 *Dolophilodes mroczkowskii* • 250

넓은입술날도래 sp.1 *Dolophilodes* sp.1 • 252

넓은입술날도래 sp.2 *Dolophilodea* sp.2 • 254

넓은입술날도래 sp.3 *Dolophilodea* sp.3 • 255

각시입술날도래 *Kisaura aurascense* • 256

추다이입술날도래 *Kisaura tsudai* • 258

긴꼬리입술날도래 *Wormaldia longicerca* • 260

입술날도래 *Wormaldia niiensis* • 262

연날개수염치레각날도래 *Stenopsyche bergeri* • 264

고려수염치레각날도래 *Stenopsyche coreana* • 266

멋쟁이각날도래 *Stenopsyche marmorata* • 268

한가람각날도래 *Stenopsyche variabilis* • 270

수염곰줄날도래 *Arctopsyche palpata* • 272

흰띠꼬마줄날도래 *Cheumatopsyche albofasciata* • 274

물결꼬마줄날도래 *Cheumatopsyche infascia* • 277

산골줄날도래 *Diplectrona kibuneana* • 279

줄날도래 *Hydropsyche kozhantschikovi* • 281

동양줄날도래 *Hydropsyche orientalis* • 284

흰점줄날도래 *Hydropsyche valvata* • 287

줄날도래 sp.1 *Hydropsyche* sp.1 • 289

줄날도래 sp.2 *Hydropsyche* sp.2 • 290

줄날도래 sp.3 *Hydropsyche* sp.3 • 291

큰줄날도래 *Macrostemum radiatum* • 292

강줄날도래
Potamyia chinensis • 295

손가락깃날도래
Nyctiophylax digitatus • 297

고리깃날도래
Nyctiophylax hjangsanchonus • 299

깃날도래 *Plectrocnemia baculifera* • 301

용추깃날도래 *Plectrocnemia kusnnezovi* • 303

깃날도래 sp.1 *Plectrocnemia* sp.1 • 306

그물깃날도래 *Polyplectrops nocturnus* • 307

샛별날도래 *Ecnomus japonicus* • 310

별날도래 *Ecnomus tenellus* • 312

갈고리통날도래 *Metalype uncatissima* • 315

마르티노프통날도래 *Paduniella martynovi* • 317

Paduniella uralensis • 319

십자통날도래 *Psychomyia cruciata* • 322

집게통날도래 *Psychomyia forcipata* • 324

꼬마통날도래 *Psychomyia minima* • 326

갈래통날도래 *Tinodes furcata* • 329

참단발날도래 *Agrypnia czerskyi* • 331

매끈날도래 *Oligotricha lapponica* • 334

중국날도래 *Phyganea sinensis* • 337

굴뚝날도래 *Semblis phalaenoides* • 340

둥근날개날도래 *Phryganopsyche latipennis* • 343

둥근얼굴날도래 *Microsena hanasense* • 346

Dolichocentrus sp.1 • 348

아무르검은날개우묵날도래
Asynarchus amurensis • 354

고려큰우묵날도래 *Dicosmoecus coreanus* • 356

캄차카우묵날도래 *Ecclisomyia kamtshatica* • 360

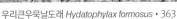

우리큰우묵날도래 *Hydatophylax formosus* • 363

무늬날개우묵날도래 *Hydatophylax grammicus* • 365

큰우묵날도래 *Hydatophylax magnus* • 367

띠무늬우묵날도래 *Hydatophylax nigrovittatus* • 369

Hydatophylax soldatovi • 372

동양모시우묵날도래 *Limnephilus orientalis* • 374

우묵날도래 *Nemotaulius admorsus* • 379

어리우묵날도래 Nemotaulius mutatus • 382

붉은가슴갈색우묵날도래 Nothopsyche nigripes • 384

큰갈색우묵날도래 Nothopsyche pallipes • 387

Pseudostenophylax amurensis • 389

방동가시날도래 Goera curvispina • 391

알록가시날도래 Goera horni • 393

일본가시날도래 Goera japonica • 396

Goera kawamotonis • 398

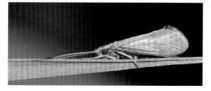

그물가시날도래 Goera parvula • 400

Goera squamifera • 402

가시날도래 sp.1 *Goera* sp.1 • 404

가시날도래 sp.2 *Goera* sp.2 • 405

가시날도래 sp.3 *Goera* sp.3 • 406

Neophylax sillensis • 408

Apatania aberrans • 410

큰애우묵날도래 *Apatania maritima* • 412

애우묵날도래 *Apatania sinensis* • 414

네모집날도래 *Lepidostoma albardanum* • 416

털머리날도래 *Lepidostoma coreanum* • 418

가시털네모집날도래 *Lepidostoma ebenacanthus* • 420

흰점네모집날도래 Lepidostoma elongatum • 422

한네모집날도래 Lepidostoma itoae • 424

동양네모집날도래 Lepidostoma orientale • 426

굽은네모집날도래 Lepidostoma sinuatum • 428

동양털날도래 Gumaga orientalis • 430

날개날도래 Molanna moesta • 431

멧바수염날도래 Psilotreta falcula • 434

수염치레날도래 Psilotreta locumtenens • 436

Anisocentropus kawamurai • 438

어리나비날도래 Athripsodes ceracleoides • 444

채다리날도래 *Ganomema extensum* • 441

창나비날도래 *Ceraclea armata* • 446

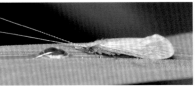

한국나비날도래 *Ceraclea coreana* • 448

잎사귀나비날도래 *Ceraclea lobulata* • 450

연꽃나비날도래 *Ceraclea mitis* • 452

길주나비날도래 *Ceraclea shuotsuensis* • 453

시베리아나비날도래 *Ceraclea sibirica* • 454

가시나비날도래 *Ceraclea albimacula* • 456

장수나비날도래 *Ceraclea gigantea* • 457

나비날도래 sp.1 *Ceraclea* sp.1 • 460

Leptocerus sp.1 • 462

청나비날도래 *Mystacides azurea* • 463

청동나비날도래 *Mystacides dentatus* • 465

털나비날도래 *Oecetis antennata* • 467

점나비날도래 *Oecetis caucula* • 469

연무늬나비날도래 *Oecetis dilata* • 470

얼룩무늬나비날도래 *Oecetis nigropunctata* • 472

무늬나비날도래 Oecetis notata • 474

길쭉나비날도래 Oecetis testacea kumanskii • 476

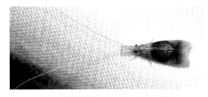

고운나비날도래 Oecetis yukii • 478

무늬나비날도래 sp.1 Oecetis sp.1 • 480

갈래나비날도래 Setodes furcatulus • 483

Setodes pulcher • 485

요정연나비날도래 Triaenodes pellectus • 487

연나비날도래 Triaenodes unanimis • 490

솜털나비날도래 Trichosetodes japonicus • 492

독자와 함께 만드는 생물 도감

〈자연과생태〉는 '사람도 자연이다. 우리 사는 모습도 생태다'라는 생각으로, 자연을 살피는 일이 나와 이웃을 살피는 일과 다르지 않다고 여기며, 자연 원리에서 사회 원리도 찾아보려고 노력합니다.

숨은 소재를 찾고, 주목받지 못하는 분야를 들여다보며, 원하는 사람이 적더라도 꼭 있어야 할 도감, 우리나라에서뿐만 아니라 전 세계 어디에서도 찾아볼 수 없는 도감을 꾸준히 펴내는 데에 나란히 걸어 주실 독자 회원님을 모십니다.

회원제도 운영 취지

우리나라에는 연구자나 정보 소비자가 매우 적은 생물 분야가 많습니다. 그러므로 오랜 세월 한 분야를 파고든 연구자가 자료를 정리해 기록으로 남기려 해도 소비해 줄 독자가 적어서 도감으로 펴내기 어려운 일이 많습니다.

책으로 펴내려면 최소한 500부 이상의 독자가 확보되어야 하는데, 턱없이 못 미치는 일이 많습니다. 생물 도감을 꾸준히 받아 보려는 독자가 200~300명이라도 확보된다면 다소 소외된 분야 도감이더라도 펴낼 수 있겠다고 생각했습니다. 자연과학 여러 분야에서 묵묵히 자료를 쌓아 가는 미래 저자에게도 힘이 되리라 생각합니다.

회원이 되시면(회원 유지 기간 중)

- 연 5회 회원만을 대상으로 한 저자 강연을 들으실 수 있습니다.
- 회원 증정본 외에 책을 추가로 구입하실 경우 10% 할인해 드립니다.
- 신간 안내 및 행사 정보를 담은 소식을 보내 드립니다.
- 즐겁게 공유할 일들을 함께 궁리합니다.
- 다음 네 가지 회원 유형에 따라 〈자연과생태〉에서 새롭게 펴내는 도감을 받으실 수 있습니다.

〈생물 도감 독자 회원제도〉 안내

❶ 풀꽃 회원

- 회비는 10만 원이며, 〈자연과생태〉에서 새롭게 펴내는 생물 도감 5권을 보내 드립니다.
- 이전에 발행한 책을 원하시면 2권까지(권당 3만 원 이하 책) 대체 가능합니다.

❷ 나무 회원

- 회비는 30만 원이며, 〈자연과생태〉에서 새롭게 펴내는 생물 도감 17권을 보내 드립니다.
- 이전에 발행한 책을 원하시면 8권까지(권당 3만 원 이하 책) 대체 가능합니다.

❸ 열매 회원

- 회비는 50만 원이며, 〈자연과생태〉에서 펴내는 생물 도감 30권을 보내 드립니다.
- 이전에 발행한 책을 원하시면 10권까지(권당 3만 원 이하 책) 대체 가능합니다.

❹ 뿌리 회원(개인/단체/기업)

- 회비는 100만 원이며, 후원 회원을 일컫습니다.
- 〈자연과생태〉에서 새롭게 발행하는 생물 도감 60권을 보내 드립니다.
- 이전에 발행한 책을 원하시면 20권까지(가격 제한 없음) 대체 가능합니다.
- 발행하는 도감에 책을 펴내는 데에 도움을 주신 회원 님의 이름을 싣습니다.

※ 회원으로 가입하시려면 다음 계좌로 입금하신 뒤 아래 연락처로 이름, 책 받으실 주소, 전화번호,
  이메일 주소를 알려 주세요.

- **회비 계좌** : 국민은행 054901-04-142979 예금주: 조영권(자연과생태)
- **전화** : 02-701-7345~6 | **팩스** : 02-701-7347 | **이메일** : econature@naver.com

뿌리 회원 님, 고맙습니다.

강미영 님	류동표 님	오규성 님	허운홍 님
경남숲교육협회 님	류새한 님	㈜나비마을 님	환경교육연구지원센터 님
권경숙 님	박소은 님	이동환 님	
길지현 님	박운남 님	㈜수엔지니어링 님	
김현순 님	송은희 님	철수와영희 님	

*이름은 가나다순입니다.